建設工事における
他産業リサイクル材料
利用技術マニュアル

編著／独立行政法人 土木研究所

株式会社 大成出版社

まえがき

　公共事業をはじめとする建設事業から排出される廃棄物は年間8,300万トンに達するが、そのうち減量化・再利用によって、最終処分場で処理されるものは664万トン（8％）となっている。また、家庭や事務所から排出される一般廃棄物の年間発生量は5,500万トン、最終処分1,100万トン（20％）である。産業廃棄物（鉱業廃棄物を除く）の年間排出量は23,580万トン、最終処分量は1,179万トン（5％）である。建設廃棄物と比べると、一般廃棄物は排出量こそ少ないが、最終処分量は多い。産業廃棄物は、排出量が4倍であるため、最終処分量の割合が小さいにも関わらず、最終処分場で処理される廃棄物の量は、建設廃棄物の2倍となっている。

　このような廃棄物全般の発生及び処理状況のもとで、近年、最終処分場の枯渇が社会問題として顕在化しつつある。廃棄物の処理はその発生者が責任を持つのが原則である。すなわち、建設廃棄物・一般廃棄物・産業廃棄物の発生者が、廃棄物の減量化と再利用によって、最終処分量を圧縮する努力をする必要がある。したがって、この原則に従えば、廃棄物の発生者以外はその再利用に積極的に取組む必要はないとする考えもある。しかし、一方ではより広い見地に立って、そのような廃棄物を有効に利用したリサイクル材料を産業分野の垣根を越えて受け入れるべきとする考え方もある。日本全体が循環型社会の構築を目指している現状および土木事業の公共性を考えると、建設産業が廃棄物処理の分野でも社会貢献を果たすことが不可欠な状況になっている。それに加えて、廃棄物の有効利用によって、本来使用すべき材料を購入する代わりに、有価であってもそれに代わるリサイクル材料の利用方法によっては、材料費の節減・省エネルギー・省資源につながり、事業費のコスト削減にもつながる可能性がある。しかし産業廃棄物の有効利用には、新材とは異なったさまざまな配慮が必要になる場合が多く、有効利用とその影響のバランスに十分に配慮しながら活用していくことが不可欠である。

　土木研究所では、従来の廃棄物の利用に対する技術的メニューを多様にし、活用できる範囲を拡大するため、一般廃棄物や産業廃棄物のような建設業以外で発生する廃棄物、すなわち他産業廃棄物の再利用に関する研究を数多く実施してきた。すでに、それらの成果の一部を「公共事業における試験施工のための他産業再生資材評価マニュアル案」（土木研究所資料3667号、平成11年9月）としてとりまとめている。本マニュアルは、土木研究所内外におけるその後の研究・開発の成果を追加すると同時に、より積極的に他産業で排出される廃棄物を原料としたリサイクル材料を積極的に受け入れることを大前提とした内容に一新されている。

　このマニュアルが、廃棄物の再利用に関して公共事業をはじめとする建設事業が日本の社会全体に

大きな貢献を果たすための一助となることを期待してやまない。

独立行政法人　土木研究所
理事長　坂本忠彦

「他産業リサイクル材料の利用技術に関する調査検討委員会」
委 員 名 簿

委員長　辻　幸和　群馬大学工学部建設工学科　教授

委　員　伊藤　弘　独立行政法人建築研究所材料研究グループ　研究総括監

委　員　小林　幹男　独立行政法人産業技術総合研究所環境管理技術研究部門
　　　　　　　　　　　　　　　　　リサイクル基盤技術研究グループ　研究グループ長

委　員　白石　寛明　独立行政法人国立環境研究所　化学物質環境リスク研究センター長

委　員　松江　正彦　国土交通省国土技術政策総合研究所環境研究部緑化生態研究室　室長

委　員　三木　博史　独立行政法人土木研究所技術推進本部　総括研究官

委　員　大下　武志　独立行政法人土木研究所技術推進本部施工技術チーム　主席研究員

委　員　渡辺　博志　独立行政法人土木研究所技術推進本部構造物マネジメント技術チーム
　　　　　　　　　　　　　　　　　　　　　　　　　　　　　　　　　　主席研究員

幹事長　河野　広隆　独立行政法人土木研究所材料地盤研究グループ　グループ長

幹　事　明嵐　政司　独立行政法人土木研究所材料地盤研究グループ　特命事項担当上席研究員

幹　事　西崎　到　独立行政法人土木研究所材料地盤研究グループ新材料チーム　上席研究員

幹　事　尾崎　正明　独立行政法人土木研究所材料地盤研究グループリサイクルチーム　上席研究員

幹　事　小橋　秀俊　独立行政法人土木研究所材料地盤研究グループ土質チーム　上席研究員

オブザーバー
　　　　小林　茂敏　財団法人土木研究センター　理事
　　　　坂本　浩行　財団法人土木研究センター　専門調査役
事務局　荒川勢起子　財団法人土木研究センター　企画・審査部　部長
　　　　浅海　順治　財団法人土木研究センター　企画・審査部　次長

目　次

第1編　共通事項

1．総　説 …3
1.1　目　的 …3
1.2　適用範囲 …5
2．リサイクル材料の品質と適用 …9
2.1　品質 …9
2.2　環境安全性 …9
3．本マニュアルの構成 …11
3.1　マニュアルの内容 …11
3.2　マニュアルの記述方式 …11
4．用語の定義・解説 …13

第2編　利用技術マニュアル

1．一般廃棄物焼却灰 …21
1.1　溶融固化処理 …21
1.1.1　舗装の路盤材料 …25
1.1.2　アスファルト舗装の表層および基層用骨材 …34
1.1.3　現場打ちコンクリート用骨材 …38
1.1.4　コンクリート工場製品用骨材 …43
1.1.5　埋戻し材 …47
1.2　焼成処理（セメント化処理） …49
1.2.1　現場打ちコンクリート …54
1.2.2　コンクリート工場製品 …59
2．下水汚泥 …65
2.1　溶融固化処理 …66
2.1.1　舗装の路盤材料 …68
2.1.2　アスファルト舗装の表層および基層用骨材 …70
2.1.3　現場打ちコンクリート用骨材 …74
2.1.4　コンクリート工場製品用骨材 …76
2.1.5　埋戻し材 …78
3．石炭灰 …81

3.1　セメント混合固化 …… 82
3.1.1　盛土・人工地盤材料 …… 83
3.1.2　路盤材料 …… 88
3.2　石灰混合固化 …… 91
3.2.1　路盤材料 …… 91
3.3　焼結・焼成処理 …… 94
3.3.1　人工骨材 …… 94
3.4　粉砕処理 …… 99
3.4.1　アスファルト舗装用フィラー …… 99

4．木くず …… 102
4.1　破砕処理 …… 103
4.1.1　マルチング材・クッション材 …… 104
4.1.2　歩行者用舗装 …… 109
4.1.3　緑化基盤材 …… 114
4.1.3-1　生チップ緑化基盤材 …… 115
4.1.3-2　堆肥化緑化基盤材 …… 122

5．廃ガラス …… 128
5.1　粉砕処理 …… 129
5.1.1　舗装の路盤材料 …… 131
5.2　粉砕焼成処理 …… 134
5.2.1　タイル・ブロック …… 135
5.3　溶融・発泡 …… 141
5.3.1　盛土材 …… 144

第3編　試験施工マニュアル

1．一般廃棄物焼却灰 …… 155
1.1　焼結・焼成固化処理 …… 155
1.1.1　舗装の路盤材料 …… 157

2．下水汚泥 …… 159
2.1　焼結・焼成固化処理 …… 159
2.1.1　タイル等の焼成製品 …… 160
2.2　焼却灰石灰混合固化 …… 164
2.2.1　土質改良材 …… 164
2.2.2　路盤材料 …… 164

3．石炭灰 …… 166
3.1　粉砕処理 …… 166

3.1.1　アスファルト舗装用フィラー ……………………………………………………………166
　3.2　水熱固化 ………………………………………………………………………………………168
　　3.2.1　アスファルト舗装 …………………………………………………………………………168
　3.3　選別利用 ………………………………………………………………………………………171
　　3.3.1　コンクリート用混和材 ……………………………………………………………………172
　　3.3.2　路盤材料 ……………………………………………………………………………………176
　　3.3.3　路床材料 ……………………………………………………………………………………178
　　3.3.4　盛土材 ………………………………………………………………………………………179
　　3.3.5　中詰め材 ……………………………………………………………………………………180
　　3.3.6　裏込材 ………………………………………………………………………………………181
　　3.3.7　土質改良材 …………………………………………………………………………………182

4．廃ガラス …………………………………………………………………………………………184
　4.1　粉砕処理 ………………………………………………………………………………………184
　　4.1.1　アスファルト舗装の表層用骨材 …………………………………………………………184
　　4.1.2　樹脂系舗装の表層用骨材 …………………………………………………………………188
　　4.1.3　インターロッキングブロック用骨材 ……………………………………………………189
　4.2　溶融・発泡 ……………………………………………………………………………………190
　　4.2.1　緑化保水材 …………………………………………………………………………………190
　　4.2.2　湧水処理材 …………………………………………………………………………………193
　　4.2.3　地盤改良材 …………………………………………………………………………………194
　　4.2.4　軽量骨材 ……………………………………………………………………………………195

5．廃ゴム（廃タイヤ） ……………………………………………………………………………197
　5.1　粉砕・再生処理 ………………………………………………………………………………198
　　5.1.1　アスファルト舗装用骨材 …………………………………………………………………198
　　5.1.1-1　凍結抑制舗装 ……………………………………………………………………………198
　　5.1.1-2　多孔質弾性舗装 …………………………………………………………………………202
　　5.1.1-3　歩道用弾性舗装 …………………………………………………………………………204
　　5.1.1-4　歩道用弾性ブロック舗装 ………………………………………………………………206

6．古　紙 ……………………………………………………………………………………………208
　6.1　粉砕熱圧処理 …………………………………………………………………………………208
　　6.1.1　コンクリート型枠 …………………………………………………………………………209

7．木くず ……………………………………………………………………………………………211
　7.1　炭化 ……………………………………………………………………………………………211
　　7.1.1　土壌改良材 …………………………………………………………………………………211
　　7.1.2　護岸用土留材 ………………………………………………………………………………211
　7.2　木粉＋プラスチック …………………………………………………………………………212

7.2.1　型枠材 ……………………………………………………………………………212
　　　7.2.2　土木用資材 …………………………………………………………………………212

第4編　今後の検討を待つ材料

1．石炭灰 …………………………………………………………………………………………217
1.1　溶融固化 …………………………………………………………………………………217
2．瓦・陶磁器くず ………………………………………………………………………………223
3．貝殻 ……………………………………………………………………………………………224
4．廃プラスチック ………………………………………………………………………………225
4.1　粉砕・再生処理 …………………………………………………………………………226
　　　4.1.1　アスファルト舗装用改質材 ………………………………………………………226
　　　4.1.2　アスファルト舗装用骨材 …………………………………………………………227
　　　4.1.3　プラスチック工場製品（擬木、杭等）……………………………………………228
5．未記述のリサイクル材料 ……………………………………………………………………231

付　属　資　料

1．土壌の汚染に係る環境基準について ………………………………………………………235
　　別表 ………………………………………………………………………………………………235
　　付表 ………………………………………………………………………………………………237
2．土壌汚染対策法施行規則（抄）………………………………………………………………241
　　別表第二（第18条第1項関係）…………………………………………………………………241
　　別表第三（第18条第2項関係）…………………………………………………………………242
3．土壌含有量調査に係る測定方法を定める件 ………………………………………………243
　　別表 ………………………………………………………………………………………………243
　　付表 ………………………………………………………………………………………………243
4．環境リスク評価基準値 ………………………………………………………………………246

第1編
共通事項

1 総　説

1.1 目　的

　近年、資源の有効利用と環境保全を促進するために、建設工事以外から発生するリサイクル材料、すなわち「他産業リサイクル材料」を公共事業の建設工事に積極的に受け入れることが求められている。

　本マニュアルは、他産業リサイクル材料を建設工事へ適用しようとする技術者が、リサイクル材料の品質試験と評価の方法および利用技術の手引き書として活用できるようにとりまとめたものである。

　公共事業に用いられる他産業リサイクル材料には、用途に応じて材料の物理化学的品質と環境安全性が求められる。さらに、舗装用アスファルト混合物のように、繰返し再生利用されることが前提となっている材料に、リサイクル材料を使用する場合には、繰返し使用の可否も付加される。このため、本マニュアルには、各要求項目の照査のための試験と評価方法が示されている。

　リサイクル材料の開発および利用に関する研究には、材料の長期耐久性などに関する十分な技術的情報が出されていないものも多い。したがって、本マニュアルでは、使用実績があり、比較的問題が少ないと思われるリサイクル材料を優先して取り上げた。

　本マニュアルで扱うリサイクル材料の位置付けを明確にするために、廃棄物の定義を図1-1、産業廃棄物（副産物）の種類と本マニュアルでの記述場所を表1-1、産業廃棄物（副産物）の種類と建設廃棄物との関係を図1-2に示す。

```
廃棄物                                    産業廃棄物（20種類）
ごみ・粗大ゴミ・燃え殻・汚泥・ふん尿・    事業活動から出てきた廃棄物であって、
廃油・廃酸・廃アルカリ・動物の死体その    法律で定めるもの
他の汚物または不要物
（固形状・液状のもので、気体は除く。）
                                          一般廃棄物
                                          産業廃棄物以外のもの
```

図1-1　廃棄物の種類と区分（概略）

表1-1　産業廃棄物（建設廃棄物も含む）の例と本マニュアルでの記述

種　類	具体的な例　（□は建設廃棄物が含まれる）	本マニュアルでの記述場所、名称
(1) 燃え殻	石炭がら・コークス灰・重油灰・廃活性炭産業廃棄物の焼却残灰・炉内掃出物	第2編3　石炭灰 第3編3　石炭灰
(2) 汚泥	工場廃水等処理汚泥・各種製造業の製造工程で生じる泥状物・ベントナイト汚泥等の建設汚泥・生コン残さ・下水道汚泥・浄水場汚泥	第2編2　下水汚泥 第3編2　下水汚泥

(3)	廃油	廃潤滑油・廃洗浄油・廃切削油・廃燃料油・廃食用油・廃溶剤・タールピッチ類	—
(4)	廃酸	廃硫酸・廃塩酸・廃硝酸・廃クロム酸・廃塩化鉄・廃有機酸・酸洗浄工程その他の酸性廃液	—
(5)	廃アルカリ	廃ソーダ液・写真現像廃液・アルカリ洗浄工程その他のアルカリ性廃液	—
(6)	廃プラスチック類	合成樹脂くず・合成繊維くず・合成ゴムくずなど・合成高分子系化合物・廃タイヤ（合成ゴム）・廃イオン交換樹脂など	第4編4　廃プラスチック 第3編5　廃ゴム（廃タイヤ）
(7)	紙くず	建設業に係るもの・パルプ・紙または紙加工品の製造業・新聞業・出版業・製本業・印刷物加工業に係るもの	第3編6　古紙
(8)	木くず	建設業に係るもの・木材または木製品製造業（家具製造業を含む。）パルプ製造業及び輸入木材卸売業に係るもの	第2編4　木くず 第3編7　木くず
(9)	繊維くず	建設業に係るもの・繊維工業（衣服その他の繊維製品製造業を除く。）	—
(10)	動植物性残さ	原料として使用した動物または植物に係る固形状の不要物—醸造かす・ぬか・ふすま・おから・コーヒーかす・ハムくず・製造くず・原料かす	第2編1　一般廃棄物焼却灰 第3編1　一般廃棄物焼却灰 第2編2　下水汚泥 第3編2　下水汚泥
(11)	動物系固形不要物	屠畜場において屠殺または解体した獣畜・食鳥処理場において処理をした固形状不要物	第4編3　貝殻
(12)	ゴムくず	天然ゴムくず	第3編5　廃ゴム（廃タイヤ）
(13)	金属くず	切削くず・研磨くず・空缶・スクラップ	—
(14)	ガラスくずコンクリートくず及び陶磁器くず	ガラスくず・耐火レンガくず・陶磁器くず・セメント製造くず	第2編5　廃ガラス 第3編4　廃ガラス 第4編2　瓦・陶磁器くず
(15)	鉱さい	高炉・転炉・電気炉等のスラグ・キューポラのノロ・鋳物廃砂・不良鉱石	—
(16)	がれき類	コンクリート破片（セメント・アスファルト）・レンガの破片、かわら片などの不燃物	—
(17)	動物のふん尿	畜産農業に係るもの	—
(18)	動物の死体	畜産農業に係るもの	—

⑲ ばいじん （ダスト類）	大気汚染防止法に規定するばい煙発生施設において発生するばいじんであって集じん施設（乾式、湿式）によって捕捉したもの	―
⑳ 処分するために処理したもの （政令第2条第13号廃棄物）	(1)～⑲に掲げる産業廃棄物または輸入された廃棄物のうち航行廃棄物及び携帯廃棄物を除いたものを処分するために処理したもの	―

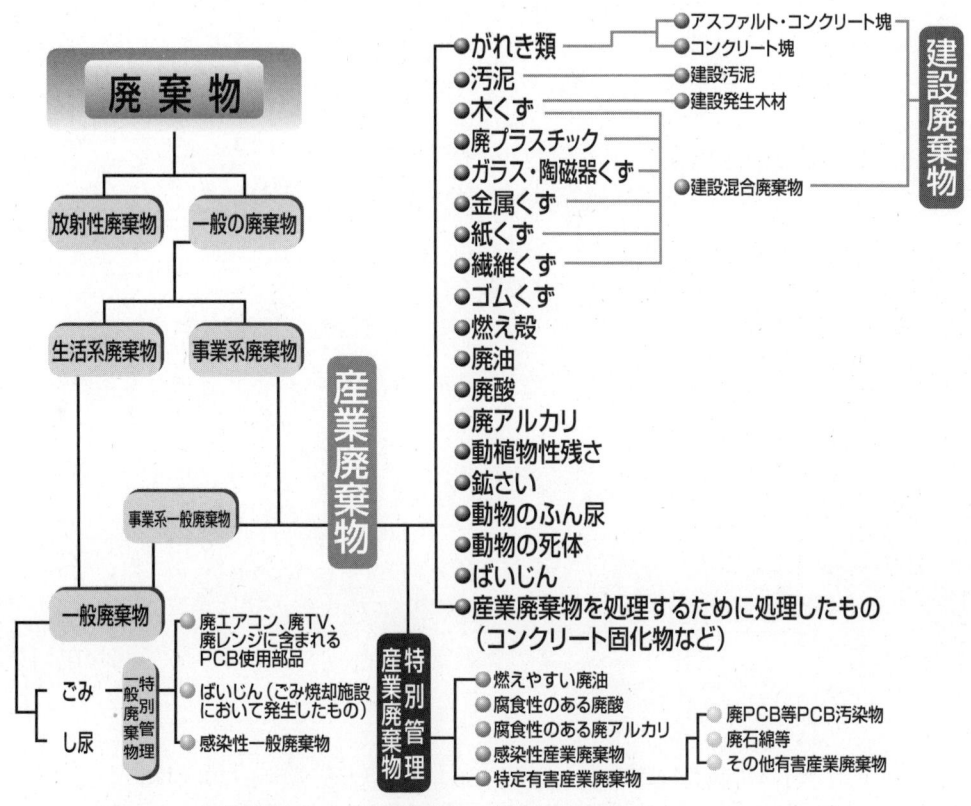

図1-2 産業廃棄物と建設廃棄物（国土交通省ホームページより）

1.2 適用範囲

　本マニュアルは、建設事業以外の他産業で発生するリサイクル材料を建設工事に利用する場合に適用する。

　本マニュアルが対象とするリサイクル材料の環境安全性は、環境基準改訂の最新動向などに配慮して規定している。環境安全性以外の品質項目については、通常の材料と同等の性能を要求している。しかし、同等以上の性能が得にくいリサイクル材料には、あえて高い性能を求めず、リサイクル材料の性能に見合った用途と適用範囲としたものもある。

　本マニュアルは、利用方法が明確になっていないリサイクル材料の建設工事における利用を促進することを目的として作成したものである。したがって、コンクリート用混和材としてのフライアッシュと高炉スラグのように、法令あるいは建設技術審査証明等により品質基準が定められ、実用的に使用されている材料は、原則として記述を省略している。このように、一般的に使用可能ではあるが、

記述を省略しているリサイクル材料を表1-3および表1-4に示す。

なお、下水汚泥中のコンポスト化汚泥・乾燥汚泥・消化脱水汚泥を土壌改良材あるいは肥料として都市緑化に使用する場合も、指針[1]が作成されているので記述を省略する。

表1-3 JIS化されているリサイクル材料

JIS製品名	廃棄物名	用途
鉄筋コンクリート用再生棒鋼	廃鉄鋼	鉄筋コンクリート用棒鋼
高炉セメント フライアッシュセメント	鉱さい（高炉スラグ） 石炭灰（フライアッシュ）	コンクリート用セメント
フライアッシュ	石炭灰（フライアッシュ）	コンクリート用混和材 路盤、アスファルトフィラー
高炉スラグ微粉末	鉱さい（高炉スラグ）	コンクリート用混和材
高炉スラグ骨材 電気炉酸化スラグ骨材 道路用鉄鋼スラグ	鉱さい（高炉スラグ） 鉱さい（製鋼スラグ） 鉱さい（高炉スラグ）	コンクリート用骨材 路盤材料
フェロニッケルスラグ骨材	鉱さい（ニッケルスラグ）	コンクリート用骨材・路盤材料
銅スラグ骨材	鉱さい（銅スラグ）	コンクリート用骨材・路盤材料
再生プラスチック棒・くい・板 再生プラスチック標識くい	廃プラスチック	棒、くい、板、標識くい
ゴム粉	ゴムくず（廃加硫ゴム）	ブロック・弾性舗装材

表1-4 建設技術審査・証明を取得しているリサイクル材料

廃棄物名	資材名・「製品名」	取得会社（審査機関）*	用途
石炭灰	分級フライアッシュ「ファイナッシュ」	住友大阪セメント 他（土）	コンクリート用混和材
石炭灰	路盤・路床・盛土材「ポゾテック」	三井鉱山（土）	路盤・路床・盛土材
石炭灰	下層路盤材「アッシュロバン」	中部電力（土）	下層路盤・路床材料
石炭灰	軽量地盤材「頑丈土破砕材」	沖縄電力（土）	盛土・路盤・埋戻材
石炭灰	人工地盤材料「コアソイルQ」	九州電力（土）	盛土・路盤・埋戻材
石炭灰	人工地盤材料「ゼットサンド」	宇部興産 他（土）	盛土・裏込・埋戻材
石炭灰	粒状地盤材料「灰テックビーズ」	四国電力（土）	盛土・路床・埋戻材
石炭灰 発生土	排水工法「リソイル工法」	中部電力 他（国）	排水材料
発生土	粒状土「TGフェニックスソイル」	東京瓦斯（土）	埋戻土
発生土	下層路盤材「ポリナイト」	大幸工業 他（土）	下層路盤材料

古紙・廃繊維	代用合板型枠「エコパルパネル」	三和建材（土）	型枠
焼却灰	地盤固化材「ジオセットエコ」	太平洋セメント（土）	地盤固化材
木くず	緑化基盤「Newネッコチップ工法」	熊谷組、他（先）	緑化基盤
木くず	緑化基盤「Wチップ工法」	ライト工業（土）	緑化基盤
木くず	緑化基盤「根をリサイクル工法」	西松建設　他（先）	緑化基盤
廃プラスチック	根固用袋材「エコサンクネット」	繊維土木　他（土）	根固・護岸・水制
廃プラスチック	根固用袋材「キョーワ式フィルターユニットエコグリーン」	キョーワ（土）	根固・護岸・水制
廃プラスチック	根固用袋材「ボトルユニット」	前田工繊　他（土）	根固・護岸・水制
廃ガラス	軽量地盤材「スーパーソル」	岸本国際技術研究所　他（土）	軽量地盤材
製鋼スラグ	締固め工法用材「TAFDEX」	大成建設　他（土）	地盤締固め材

＊（国）：国土技術研究センター、（土）：土木研究センター、（先）：先端建設技術センター
　建設技術審査・証明を取得しているリサイクル材料の使用マニュアル等はその技術審査報告書に記載されている。技術審査報告書は審査取得会社もしくは審査機関から入手できる。

なお、グリーン購入法によって公共事業に使用されているリサイクル材料も多いが、これらはJIS製品などのように、使用方法が明確な資材から選ばれている。したがって本マニュアルにはそれらの記述も省略した。参考のために平成15年度に公共事業で購入された資材の品目と量を表1-5に示す。

表1-5　公共事業におけるグリーン購入実績（平成15年度）　　（国土交通省ホームページ）

No.	品目名（品目分類）	品目名（品目名）	単位	使用量
1	盛土材等	建設汚泥から再生した処理土	m³	91,316
2		土工用水砕スラグ	m³	199,842
3	コンクリート塊・アスファルトコンクリート塊・リサイクル資材	再生加熱アスファルト混合物	t	3,709,355
4	アスファルト混合物	鉄鋼スラグ混入アスファルト混合物	t	10,796
5	コンクリート用スラグ骨材	高炉スラグ骨材	m³	24,451
6		フェロニッケルスラグ骨材	m³	6,425
7		銅スラグ骨材	m³	7
8	コンクリート塊・リサイクル資材	再生骨材等	m³	3,637,576
9	路盤材料	鉄鋼スラグ混入路盤材料	m³	115,775
10	小径丸太材	間伐材	m³	4,412
11	混合セメント	高炉セメント	t	259,236
12		フライアッシュセメント	t	130,430
13		生コンクリート（高炉）	m³	5,120,508
14		生コンクリート（フライアッシュ）	m³	17,647
15	コンクリート・コンクリート2次製品	透水性コンクリート	m³	3,496
16		透水性コンクリート2次製品	個	531,418
17	塗料	下塗用塗料（重防食）	kg	139,378
18		低揮発性有機溶剤型の路面標示用水性塗料	m²	909,405
			kg	703
19	園芸資材	バークたい肥	kg	1,683,435
20		下水汚泥を用いた汚泥発酵肥料	kg	749,151
21	道路照明	環境配慮型道路照明	個	13,722
22	タイル	陶磁器質タイル	m²	43,190
23	建具	断熱サッシ・ドア	件	66
24	再生木質ボード	パーティクルボード	m²	129
25		繊維板	m²	1,520
26		木質系セメント板	m²	6,505
27	断熱材	断熱材	件	229
28	照明機器	照明制御システム	件	157

2 リサイクル材料の品質と適用

　他産業リサイクル材料の受入れにあたっては、品質・環境安全・経済性・供給量等の条件を満たす必要がある。このうち、品質と環境安全性についての考え方を以下に示す。

2.1　品　質

　他産業リサイクル材料を用いる場合には、その用途先で要求される性能を満足するために必要な「品質」を有することが必須である。

　本マニュアルで品質規定の設けられていないリサイクル材料の品質照査は、新材料に対して規定されている既存の品質基準と試験方法を準用する。ただし、現状ではリサイクル材料は新規のものと性質がまったく等しいものは少ないので、建設副産物のコンクリート用再生骨材のように、新規の材料に使用される骨材の品質規定とは異なった品質規定を設けて利用しているものもある。新規の材料に適用される品質規定あるいはリサイクル材料特有の品質規定のどちらを適用するかに関わりなく、リサイクル材料を使用する現場技術者には、材料の性質をよく観察・記録し、その合理的かつ経済的な使い方を模索することを期待したい。

2.2　環境安全性

(1)　評価基準と試験方法

　リサイクル材料の環境安全性の評価基準としては、有害物質の溶出量による評価方法と含有量による評価方法がある。溶出量を規制する基準としては「土壌の汚染に係る環境基準について」（平成3年8月23日環境庁告示第46号）があり、25種類の有害物質の溶出量規制値とその試験法を定めている。この基準は平成13年に改定され、新たにふっ素・ほう素が加わり、現在は27品目の物質の溶出を規制している。また、「土壌汚染対策法施行規則」（平成14年12月26日環境省令第29号）第18条第1項および別表第2においても、同様の規制がある。前者と後者の違いは、後者が水田にのみ適用される銅の溶出量基準を省いていることだけである。

　一方、含有量を規制する基準には「土壌汚染対策法施行規則」第18条第2項および別表第3があり、9種類の有害物質含有量の限界値を規定している。

　したがって、本マニュアルでは、リサイクル材料の環境安全性の基準は、溶出量と含有量の両方の規制を満足することを原則とする。

　厚生省は、一般廃棄物の焼却灰溶融スラグの再生利用に係わる通達（「一般廃棄物溶融固化物の再生利用の実施の促進について」（平成10年3月26日生衛発第508号））において、1,200℃以上で溶融固化した溶融スラグに対しては、カドミウム・鉛・六価クロム・砒素・総水銀およびセレンの6項目の

溶出限界を定めている。そして溶融スラグ以外の材料は、土壌の環境基準を満足しなければならないという考え方を示している。

したがって、1,200℃以上の温度で溶融したスラグは、厚生省の溶融固化物の基準に示される6項目の溶出量基準と、「土壌汚染対策法施行規則」第18条第2項および別表第3に示される有害物質含有量基準の中の溶融スラグ基準と同じ6項目の含有量の規制値を選定し、両者を適合することをもって環境安全性を満足するものとする。

溶融スラグ以外は、リサイクル材料の環境安全性についての一般的な基準が定められていない。したがって、有機材料（木くず・ゴム廃タイヤ、廃プラスチック等）および1,200℃以下の温度で焼結処理されるリサイクル材料に対しては、「土壌の汚染に係る環境基準について」で定められた27項目の溶出量基準から水田に適用される銅を除いた26項目（「土壌汚染対策法施行規則」第18条第1項および別表第2で定められた項目と同じ。）の溶出量基準（以下では「溶出量基準」と記す）および「土壌汚染対策法施行規則」第18条第2項および別表第3で定められた9種類の有害物質の含有量基準（以下では「含有量基準」と記す）を有害物質の規制値とし、必要に応じて試験により確認するものとした。

(2) 試験の頻度

定期的に有害物質の溶出試験と含有量試験を行い、その適合性を確認する。試験頻度は、定まったものはなく、今後の課題である。一般的な動向として、リサイクル材料の利用期間中は1ロットに1回、1年に最低でも4回程度は、有害物質の溶出量と含有量の試験を行うこと、リサイクル材料の利用に先立ち、利用前1年間程度の溶出量と含有量の試験結果を製造者に提出してもらうことなどで、安全性の確認を行うことを標準とする。

(3) リサイクル材料の使用行程における評価の時期

リサイクル材料の環境安全性は、リサイクル材料の原料の流通もしくは使用行程のできるだけ上流側で確認するのが望ましい。これを用いた製品（混合物等）は、原料の安全性が確認されていれば原則として製品での検査を行う必要はない。原料では確認できないような製品の場合、例えば環境安全性の試験結果のない焼却灰と焼結製品をコンクリートに混ぜてコンクリート工場製品を製造する場合は、セメントモルタルの固化体と工場で製造された製品について試験を行う。この場合には、製品製造工程などを考慮の上、適用条件を限定する。

(4) 事前・事後処理

路盤や盛土などの土工においてリサイクル材料を使用する際には、あらかじめ適用する箇所が「土壌の汚染に係る環境基準」を満足することを確認しなければならない。これにより、事後に重金属が検出された場合にそれがリサイクル材料に起因するか否かを確認することができる。また、使用後は、現場管理者はリサイクル材料が将来また再生利用される可能性も考えて、使用材料に関する記録を保存しておく必要がある。

(5) 準用基準の変更に伴う対処

本マニュアルが発行された後に、JIS等の本マニュアルで準用している基準が改定された場合には、改定された基準に読みかえて実施するものとする。

3 本マニュアルの構成

3.1 マニュアルの内容

　他産業リサイクル材料を利用する際、材料の品質と環境安全性を確保しなければならないことは前述した。材料の物理的特性や耐久性などの品質は、他の材料との混合使用・加工または材料特性に合った使用方法を模索することにより解決される場合が多い。しかし、材料によっては環境安全性に係る無害化が困難なものもある。このため本マニュアルでは、「編」に分けて内容を次のように分割した。

第2編　リサイクル材料として比較的信頼性の高いものの使用方法を記述する。
　　　　「利用技術マニュアル」としてこれに従えば、一般的に使用してよいリサイクル材料とその使用方法とする。

第3編　実績や検討例は少ないが、試験施工であれば使用可能と考えられるリサイクル材料を記述する。
　　　　「試験施工マニュアル」としてこれに従えば、試験施工ならば使用してよいリサイクル材料と使用方法とする。

第4編　使用実績等の報告がほとんど無く、現時点では技術基準を決めることができないリサイクル材料を「今後の検討を待つ材料」として技術情報だけを記述する。

　なお、「試験施工マニュアル」として記述してある材料でも、試験施工の結果、合理的な使用方法が確認できたものは、以後はその方法であれば、一般的に使用してよい材料となる。

3.2 マニュアルの記述方式

　第2編は概ね以下のような形式とし、条文と解説のついた記述とする。

```
1. ○○○○○       1章             章は原材料の種類を表す。
1.1 ○○○○○     1章 1節          節は、リサイクル材料の「処理の方法」を表す。
1.1.1 ○○○○○   1章 1節 1項      項は、リサイクル材料の「用途・適用先」を表す。
    (1) 適用範囲
    (2) 試験評価方法
      1) 品質基準と試験方法
      2) 環境安全性基準と試験方法
    (3) 利用技術
      1) 設計方法
```

　　　　2) 施工方法
　　　　3) 記　　録
　　(4) 課　題

第3編は第2編と同じであるが、自由度を多くするため、条文と解説との区分はしない。

第4編はリサイクル材料の現状と用途等について知り得た情報を、書式にはこだわらずに記述した。

4 用語の定義・解説

(1) 第1編　共通事項

・廃棄物

「廃棄物の処理及び清掃に関する法律」（昭和45年12月25日法律第137号）で規定されており、占有者自らが利用し、または他人に有償売却できないため不要になった固形状または液状のものをいう。「産業廃棄物」と「一般廃棄物」に区分される。

・産業廃棄物

事業活動から生ずる廃棄物であって、法（「廃棄物の処理及び清掃に関する法律」）および政令で指定されたものをいう。これに該当しないものは、一般廃棄物として取扱う。このうち、爆発性、毒性、感染性等人の健康または生活環境への影響から、特別の基準で取扱う必要がある廃棄物は、それぞれ特別管理産業廃棄物・特別管理一般廃棄物として区分されている。

・リサイクル材料

再生資源のうち再生資源化施設等で製造されて再生利用できる資材。

・グリーン購入法

循環型社会の形成のためには、再生品等の供給面の取組に加え、需要面からの取組が重要であるという観点から、循環型社会形成推進基本法の個別法の一つとして平成12年5月に制定された。

国等の公的機関が率先して環境物品等（環境負荷低減に資する製品・サービス）の調達をするとともに、環境物品等に関する適切な情報提供を促進することにより、需要の転換を図り、持続的発展が可能な社会の構築を推進しなければならないことを定めている。

・再生資源

一度使用される、あるいは使用されずに収集・廃棄された物品、または副産物のうち、有用であって原材料として利用できるもの、もしくは利用できる可能性のあるものをいう。

・新材

使用する資材のうちリサイクル材料以外の新しい原材料。

・副産物

土木建築工事・製品の製造等に伴い副次的に得られた物品。

・建設産業リサイクル材料

建設工事から発生する再生資源を原料とするリサイクル材料。

・他産業リサイクル材料

主として建設工事以外から発生する再生資源を原料とするリサイクル材料。

・繰返し再生利用性

公共事業の資材として利用した他産業リサイクル材料が、利用後の解体等の建設工事に伴い、建設

副産物として再び発生したものを建設産業リサイクル材料として繰返し利用できること。
・環境安全性
　開発行為による土・生物などの環境に及ぼす影響が、人の健康を保護し生活環境を保全するのに支障のない性質。
・土壌の汚染に係る環境基準
　「環境基本法」（平成5年11月19日法律第91号）第16条第1項による土壌の汚染に係る環境上の条件につき、人の健康を保護し、および生活環境を保全するうえで維持することが望ましい基準として、土壌の溶出試験における25成分（ふっ素とほう素が平成13年に加わり、現在は27成分）の環境上の条件（溶出量基準）を定めている。
・土壌汚染対策法
　有害物質の土壌汚染による健康影響懸念や対策確立への社会的要請が強まっている状況を踏まえ、国民の安全と安心の確保を図るため、土壌汚染の状況の把握、土壌汚染による人の健康被害の防止に関する措置等の土壌汚染対策を実施することを内容とする法律。平成14年5月22日に成立し、29日環境省より公布された。
・土壌汚染対策法施行規則
　平成14年12月26日に公布された環境省令。第18条第1項および別表第2で土壌に含まれる特定有害物質26成分の溶出量の限界（溶出量基準）を、第18条第2項および別表第3で土壌に含まれる特定有害物質9成分の含有量の限界（含有量基準）を示している。
・溶出試験
　固形物質中に含まれる有害成分を、純水中等の一定の条件で溶出させ、定量する試験。

(2) 第2編　利用技術マニュアル　第3編　試験施工マニュアル　第4編　参考資料

1) 焼却灰・下水汚泥

・下水汚泥焼却灰
　下水汚泥を脱水し焼却して得られた灰。大別すると石灰系焼却灰と高分子系焼却灰がある。前者は焼却の前処理工程である脱水時に消石灰・塩化第二鉄等の凝集剤を添加したものである。後者は、脱水前に高分子系凝集剤を添加したものである。
・一般焼却灰
　清掃工場等の焼却炉から排出される一般廃棄物の焼却灰。

2) 木くず・廃ガラス・古紙

・クリンカアッシュ
　微粉炭燃焼ボイラの炉底に落下したものを採取した石炭灰。砂状に砕かれている。脱水槽等で脱水したあと、砂状のまま貯蔵される。
・フライアッシュ
　微粉炭燃焼ボイラの燃焼ガスから集じん器で採取された微粒の石炭灰。
・木くず

建設工事・開墾・木材伐採と木製品製造・パルプ製造および輸入木材卸売などの際に生じ、廃棄される木材あるいは木材のくず。

・間伐材

間伐のために伐採される小径の木材。幹全体における径が14〜16cm以上の太い部分は資材として柱と梁材に使われるが、それより細い上の部分は林地に放棄されている。本マニュアルでは廃棄される部分を木くずとしてとりあげている。

・ガラスカレット

ガラスびん等を分別して細かく砕き粒度選別したもの。

・古紙

一度使用された紙あるいは製紙メーカから出荷された後、再生利用する目的で回収された紙。未使用の紙でも不要となって印刷、製本工場等から回収されれば古紙に含まれる。

・バーク堆肥

樹皮に鶏糞や尿素などの窒素源を添加して発酵腐熟させたもの。樹皮（水分40〜50％）に、1トンあたり50kg程度の鶏糞と硫安あるいは尿素を10〜20kg混ぜ、水分を50〜60％にしてコンポスト化している。

・マルチング材

土壌の保温、乾燥防止、防草、侵食防止などのために、バーク・わら・ビニールシートなどの各種資材で土壌表面を被覆する資材。

・リターナブルびん

一升びん・ビールびん・牛乳びんなど、繰返し使用されるガラスびん。生きびんともいう。

・ワンウェイびん

一度使っただけで使い捨てにされるガラスびん。

3）溶融固化・焼結等

・溶融スラグ

再生資源を溶融炉で溶融した時の融液を冷却して得られる非金属物質。冷却方法により水砕スラグ・空冷スラグ等に分類される。

・水砕スラグ

流れている融液に水を散布することにより、急冷して得られるガラス質で細粒状のスラグ。

・空冷スラグ

融液をそのまま放冷することによって得られるスラグ。なお、放冷時の温度コントロールを行い、結晶化を高めた徐冷スラグもある。

・ガラス質スラグ

融液を急速に冷却すると、凝固点に達しても特に異常な体積変化を起こさずに冷却されて、過冷却液体となる。この過冷却液体がある温度（ガラス転移点）まで冷却され、結晶化しないまま硬化してガラス状態の固体になったスラグ。

・結晶化スラグ

融液をゆっくり冷却すると、融点で融液は固化し結晶体となる。理想的な結晶では原子はどこまでも規則的に配列している。結晶化スラグは、融液を温度制御しながら徐冷することにより得られるスラグ。

・残灰

ストーカ式焼却などにおいて火格子下に残った灰。

・焼結

粉体を融点以下あるいは一部液相を生じる温度に加熱した場合に、焼き締まってある程度の強度を持つ固体になる現象。

・焼成

原材料を成形したものを焼結させること。ここでは、焼結品（一次製品）を原材料として、それに添加剤を加え成形し、炉で焼結させることをいう。

・飛灰

廃棄物等の焼却の際、排ガスとともに移動して集じん機等に捕集される細かい灰。

・焼結粉砕セメント

都市ごみ焼却灰や下水汚泥等を主原料としたセメント。焼却灰や下水汚泥等の都市型総合廃棄物と石灰石などの天然原料を用いて成分調整した調合原料を、回転窯等によって1,300℃以上で焼成し、得られた半溶融状態の焼結物（クリンカー）に石こうなどを加えて、冷却粉砕して製造される。

・焼却残渣溶融方式

ごみの焼却処理によって排出される残渣（焼却灰、飛灰）を、燃料の燃焼熱や電気から得られた熱エネルギー等により、概ね1,200℃以上の高熱条件下において無機物を溶融する方式。

・ガス化溶融方式

ごみを熱分解し、発生ガスを燃焼するとともに、灰・不燃物等を溶融する機能を有する溶融方式。熱分解と溶融を一体で行う方式と分離して行う方式がある。

4）道　路

・アスファルト舗装要綱・セメントコンクリート舗装要綱・簡易舗装要綱

舗装関係の旧指針。新たに発行された「舗装の構造に関する技術基準・同解説」・「舗装設計施工指針」・「舗装施工便覧」等に移行しているが、新基準では記載されていない事項もあるため、しばらくは併用する。

・舗装の構造に関する技術基準・同解説

道路構造令改正に伴い、環境不可の少ない舗装の導入および舗装構造の性能規定化を図るべく、舗装の構造の基準に関する省令が制定された。この省令を具体化した舗装の構造に関する技術基準が国土交通省より通知され、この基準の解説書として、日本道路協会がとりまとめたものである。

・舗装設計施工指針

新たに制定された舗装技術基準に定められる内容を適切かつ効率的に実施するため、舗装関係者の理解と判断を支援する実務的なガイドラインとして、日本道路協会の舗装委員会が発刊したもの。

・舗装施工便覧

従来の「アスファルト舗装要綱」・「セメントコンクリート舗装要綱」・「簡易舗装要綱」をもとに、舗装の適切な施工を行うための技術書として、文献・資料等を日本道路協会がとりまとめたもの。

・インターロッキングブロック

　インターロッキングブロック舗装用のブロックで、高振動加圧即時脱型方式によって製造されるコンクリート製ブロック。このブロックは、路盤上にクッション砂を置いて敷設し、目地に砂を充填して施工される。隣り合うブロックのかみ合いによって荷重を分散する機能を有しており、かみ合い効果を得るために、側面に波形を設けたものが一般的であるが、側面に波形のないストレートタイプのものもある。

・改質材

　重交通道路でアスファルト舗装に大きな轍ぼれを発生させないために、舗装に使用されるアスファルト混合物に添加する材料。改質材には、ゴム、熱可塑性エラストマーなどがあり、添加されたアスファルトを改質アスファルトという。

・下層路盤

　舗装の路盤が2種類以上の層で構成されるときの下部の層。

・上層路盤

　舗装の路盤が2種類以上の層で構成されるときの上部の層。上層路盤はアスファルト舗装の表層・基層あるいはコンクリート舗装版の直下にあり、作用する応力も下層路盤に比べて大きい。

・締固め度

　路床・路盤から基層・表層各層の施工に際し、そこで使用される材料を締め固める程度を表す度合い。通常、基準密度に対する百分率で表す。

・修正CBR

　路盤に用いる砕石と砂利、砂など粒状材料の強度を表す指標。JIS A 1211 に示す方法に準じて3層に分けて各層92回の突固めで得られる。最大乾燥密度に対する所要の締固め度に相当するCBRで表す。締固め度は3層92回突固め時の乾燥密度の95％とする。

・等値換算係数

　アスファルト舗装を構成する各層に適用される材料および工法ごとに、層厚1cmが強度的に表層基層用加熱アスファルト混合物の厚さ何cmに相当するかを示す値。

5) コンクリート・地盤

・エポキシ樹脂塗装鉄筋

　静電粉体塗装法を用いてエポキシ樹脂塗装を施した鉄筋。

6) その他

・表乾密度

　表面乾燥飽水状態の骨材質量を骨材の絶対容積で除した値。

・吸水率

　吸水飽和した骨材中の水の質量と固体部分の質量の比。一般に百分率で表す。

・再生ゴム

加硫ゴムを物理的または化学的に処理して再び粘着性と可塑性とを与え、原料ゴムや未加硫ゴム生地と同様の目的に利用できるようにしたもの。

（参考文献）
1）　建設省都市局：都市緑化における下水道汚泥の施用指針、平成7年9月

第2編
利用技術マニュアル

1 一般廃棄物焼却灰

廃棄物の概要

　平成16年版環境白書によれば、平成13年度における一般廃棄物ごみの排出量は、国民1人当たり1,124 g/日、国全体を合計すれば年間に5,210万トン（東京ドーム140杯分）に達している。そのうち78.2％が直接焼却処理されている。焼却処理により発生する焼却灰（都市ごみ焼却灰）は年間約720万トン（平成13年度実績）で、現状ではそのほとんどが埋め立て処分されている。

1.1　溶融固化処理

(1)　処理の概要

　一般廃棄物は中間処理として焼却処理が行われ、焼却前の1/20～1/30の容積となった焼却残渣（灰）は、最終処分場で埋め立て処分される。しかし、現在使用している最終処分場の残余容量は次第に少なくなる一方、周辺環境の汚染の不安等から新たな最終処分場用地の確保も困難となりつつある。

　溶融固化処理は、廃棄物を概ね1,200℃以上の高温の条件下で融液の状態とした後、水冷または空冷で冷却し、固形物にする処理である。高温にすることにより揮発分の分離・溶融による体積の減少と均質化・無害化、さらには固化物の有効利用を図る処理方法と位置づけることができる。この処理により、容積は焼却残渣（灰）の1/2程度に減少する。溶融固化物にはスラグと若干の金属が含まれるが、大半を占めるスラグは、SiO_2、CaO、Al_2O_3を主成分とする物質である。

　スラグは、冷却方法により水砕スラグと空冷スラグに大別される。水砕スラグは、水と直接接触させることで急冷する方法によるものである。ガラス質かつ砕砂状であることを特徴とする。空冷スラグは、スラグの形状を塊状にすることと、冷却時間を長くしてスラグを結晶化させることを目的として大気中で冷却したスラグである。特に、冷却速度を遅くし結晶化が進んだ塊状のスラグを徐冷スラグと呼ぶが、ここでは空冷スラグに含める。空冷スラグの生産工程で、冷却を十分ゆっくり行い塩基度を適切に保つと、結晶化が進んで外観が玄武岩等の火成岩のような結晶質スラグができる。図1.1-1に溶融方式の分類を示す。

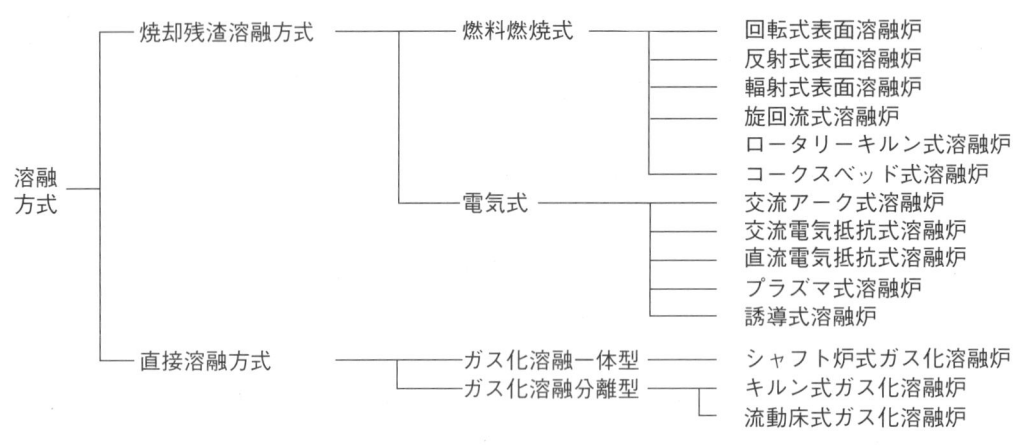

```
                                                    ┌─ 回転式表面溶融炉
                                                    ├─ 反射式表面溶融炉
                        ┌─ 燃料燃焼式 ──┤─ 輻射式表面溶融炉
                        │                           ├─ 旋回流式溶融炉
                        │                           ├─ ロータリーキルン式溶融炉
        ┌─ 焼却残渣溶融方式 ┤                           └─ コークスベッド式溶融炉
        │               │                           ┌─ 交流アーク式溶融炉
溶融    │               │                           ├─ 交流電気抵抗式溶融炉
方式  ──┤               └─ 電気式 ─────┤─ 直流電気抵抗式溶融炉
        │                                           ├─ プラズマ式溶融炉
        │                                           └─ 誘導式溶融炉
        │                  ┌─ ガス化溶融一体型 ─── シャフト炉式ガス化溶融炉
        └─ 直接溶融方式 ────┤                       ┌─ キルン式ガス化溶融炉
                           └─ ガス化溶融分離型 ────┤
                                                   └─ 流動床式ガス化溶融炉
```

図1.1-1　溶融方式の分類

　溶融固化処理方式は、廃棄物を焼却灰にしてからその焼却残渣を溶融する方法と、廃棄物を生のまま直接溶融する方法に大別される。前者の焼却残渣溶融方式は、灯油やコークス等の燃料を燃焼してその熱で溶融する燃料燃焼方式と、電気から得られた熱エネルギーにより溶融する電気方式に区分される。一方、後者の方式はガス化溶融方式と呼ばれ、廃棄物中の有機物等を無酸素状態でガス化し、次いで無機物を高温で溶融する方式である。なお、ガス化溶融の方法には、これを一つの炉で行う方式と分離した炉で行う方式がある。なお、一般廃棄物ごみ1トンを焼却する場合、燃料による二酸化炭素発生量は0.005トンであり、0.05トンの焼却灰が発生する。したがって焼却灰1トン当たり0.1トンの二酸化炭素が発生する。

　焼却灰を溶融する場合の燃料等による二酸化炭素発生量は、1トンの焼却灰を溶融するのに約200リットルの重油を必要とし、燃焼により0.52トンの二酸化炭素を発生する。その結果0.65トンのスラグが製造される。したがって1トンの溶融スラグを製造するのに一般廃棄物ごみの焼却工程も含めると0.95トンの二酸化炭素を発生させることになる。

(2) 物理化学的性質

1) 焼却灰の性状・組成

　焼却灰の組成は、スラグの性状に影響を与える重要な要素である。東京都の報告から引用した焼却灰の組成を表1.1-1に示す。

　主灰（炉下に堆積する灰）の主成分は、ガラス質の成分である二酸化珪素（SiO_2）・酸化カルシウム（CaO）・酸化アルミニウム（Al_2O_3）である。飛灰（集じん機に捕捉される灰）の主成分は酸化カルシウム（CaO）・二酸化珪素（SiO_2）となっている。主灰に比べ、酸化カルシウムが多いのは、溶融工程での有害ガス除去装置などで使用される生石灰と消石灰に起因している。また、塩素（Cl）の割合が高くなっているのは、高温で気化した塩化物が付着しているためと考えられる。

2) 物理化学的性質

　水砕スラグ・空冷スラグの物理性状の例を表1.1-2に示す。

　水砕スラグの表乾密度は、2.7（g/cm³）程度であり、天然砂の一般値の2.5〜2.6（g/cm³）と比べてやや重い。吸水率は平均値1.0％であり、天然砂の値1.5〜2.5％より低く緻密である。すりへり減量値は平均37％であり、「舗装設計施工指針」に示される上層路盤用砕石の品質目標値の50％以下を

表1.1-1　主灰および飛灰の組成例

項　目		主灰単独		飛灰単独	
		水　冷	空　冷	水　冷	空　冷
成分	SiO_2（%）	36.1〜57.2	35〜49.4	30.5〜35.4	19〜48.4
	Al_2O_3（%）	15.3〜26.6	16.2〜26.8	18.3〜18.7	7.3〜18.4
	CaO（%）	10.4〜32.49	13.1〜22	27.1〜37.5	27.7〜41.8
	Fe_2O_3（%）	0.71〜10.2	<0.01〜13	0.37〜5.41	0.61〜10.4
	MgO（%）	1.3〜5.22	3.07〜4.5	4.37〜5.5	1.99〜5.5
	Na_2O（%）	2.66〜7.8	2.9〜7.13	0.38〜3.74	0.27〜3.3
	K_2O（%）	0.57〜1.7	0.48〜2.8	0.12〜1.7	0.14〜1.5
	Cu（%）	0.02〜0.09	<0.01〜1.4	0.02〜0.16	<0.01〜0.03
	Pb（%）	<0.01〜0.06	0.0042〜0.022	0.0008〜0.04	0.0005〜0.03
	Zn（%）	0.01〜0.67	<0.01〜0.15	0.04〜0.15	0.01〜0.55
	Cl（%）	0.03〜1.1	<0.1〜0.4	0.002〜0.64	0.15〜8.6
微量成分	Cd（mg/kg）	<0.005〜5	<5	<0.4	<0.001〜5.51
	As（mg/kg）	<0.5〜10	<0.05〜3.4	<0.5	<0.001〜1.45
	Hg（mg/kg）	<0.005〜0.5	<0.01〜0.072	<0.01	<0.01〜0.43

「特別管理廃棄物の処理技術に関する調査報告：東京都」より作成

満足している。修正CBR値は19%であり、単独では「舗装設計施工指針」に示されるクラッシャランの品質規格値の20%以上を満足していない。

　空冷スラグのデータは少ない。徐冷スラグも含めて整理すると、表乾密度は2.8（g/cm³）であり、天然砂の一般値2.5〜2.6（g/cm³）と比べてやや重い。吸水率は平均値1.1%であり、天然砂の値1.5〜2.5%より低く緻密である。すりへり減量値は平均26%であり、品質目標値50%以下を満足している。修正CBR値は54%であり、クラッシャランの品質規格値の20%以上を十分満足している。

表1.1-2　水砕スラグ、空冷スラグの物理性状

項　目	水　砕 平　均	空　冷 平　均
見掛け密度（g/cm³）	2.74	—
表乾密度（g/cm³）	2.73	2.8
絶乾密度（g/cm³）	2.70	2.8
単位容積質量（kg/ℓ）	1.51	1.7
吸水率（%）	1.03	1.1
実積率（%）	60.5	54.8
安定性（%）	5.08	0.6
洗い試験（%）	1.3	0.2
ロサンゼルスすりへり減量（%）	37.3	25.7
最大乾燥密度（g/cm³）	1.71	2.4
最適含水比（%）	9.2	2.5
修正CBR（%）	19.3	53.8

　水砕スラグの粒度分布例を図1.1-2に示す。

水砕スラグは細骨材より粗く、粒径0.6mm以下の細粒分が少ない。

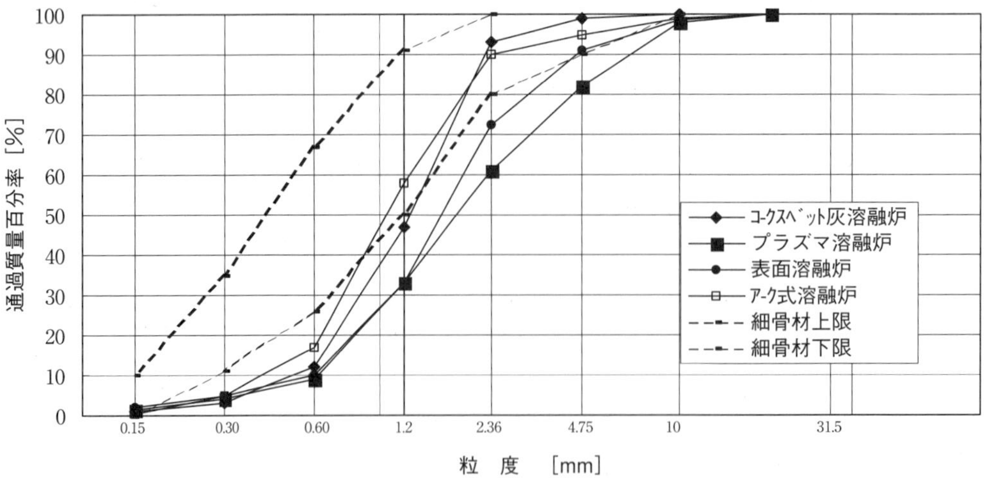

図1.1-2 水砕スラグの粒度分布例

水砕スラグ・空冷スラグ（徐冷スラグを含む）の化学組成を表1.1-3に示す。スラグの主たる成分は SiO_2・CaO・Al_2O_3 であり、それらを合計すると約80％を占めているが、その構成比率は処理対象物の成分や添加材（塩基度調整材）の有無に依存している。冷却方法で成分が変化する傾向は認められない。

表1.1-3 水砕スラグ、空冷スラグの化学組成

	全体平均	水砕 最大	水砕 最小	空冷 最大	空冷 最小
SiO_2 (％)	37.3	53.7	23.0	50.0	16.3
CaO (％)	24.6	45.0	16.5	28.9	13.1
Al_2O_3 (％)	17.2	21.2	14.9	24.7	8.8
Fe_2O_3 (％)	6.1	16.7	1.6	13.0	3.1
TiO_2 (％)	1.2	1.5	0.8	1.6	1.0
MgO (％)	2.6	3.5	1.7	5.0	2.0
Na_2O (％)	3.5	4.5	0.6	7.0	0.6
K_2O (％)	0.9	1.5	0.2	0.5	0.1

水砕スラグの重金属含有量を表1.1-4に示す。

スラグ中の重金属含有量は、処理対象物の成分および溶融炉の形式と処理条件（温度・雰囲気等）に依存し、変動幅も大きい。

表1.1-4 水砕スラグの重金属含有

	最大	最小		最大	最小
Hg (mg/kg)	0.0707	<0.001	As (mg/kg)	100	0.402
Cd (mg/kg)	0.53	<0.5	B (mg/kg)	1,800	29.9
Pb (mg/kg)	440	7.8	Mo (mg/kg)	86	<1
Cu (mg/kg)	2,300	26.8	Ni (mg/kg)	110	<10
Zn (mg/kg)	5,870	15.4	Sb (mg/kg)	100	<0.5
Cr (mg/kg)	1,300	1.7	Se (mg/kg)	38	<0.1

標準情報 TR A 0017「一般廃棄物、下水汚泥の溶融固化物を用いた道路用骨材」[4]が、平成14年7月に経済産業省から公表されている。加熱アスファルト混合物用骨材および路盤材料に使用する一般廃棄物および下水汚泥溶融スラグについての品質・試験方法・検査・表示および報告などを規定している。しかし、平成17年3月においてはJISにはなってはいないので、必ずしも多くの溶融固化処理施設がこの品質規格に基づいて溶融スラグを製造出荷しているという状況ではない。したがって溶融スラグを道路用骨材等に使用する場合は、個々にその品質性状等を調査確認しなければならない。

(参考文献)
1) （財）廃棄物研究財団：スラグの有効利用マニュアル（一般廃棄物の溶融固化物の再生利用に関する指針解説）、1999年
2) （社）日本産業機械工業会エコスラグ利用普及センター：平成13年度 汚泥や焼却灰の減容化・循環に関する研究報告書、平成14年7月
3) （社）日本産業機械工業会エコスラグ利用普及センター：循環社会の輪をつなぐごみと下水の溶融スラグ（エコスラグ）有効利用の課題とデータ集、2002年6月
4) 経済産業省：標準情報 TR A 0017「一般廃棄物、下水汚泥等の溶融固化物を用いた道路用骨材」、2002年7月

1.1.1 舗装の路盤材料

(1) 適用範囲
本項は、一般廃棄物またはその焼却灰の溶融スラグを用いる道路舗装、路盤の設計・施工に適用する。

【解　説】
路盤材料に用いる溶融スラグは、一般廃棄物またはその焼却灰を1,200℃以上の温度で溶融し、冷却固化したもので、後述の安全性基準に適合するものでなければならない。

この溶融スラグは、路盤材料としての使用実績がある。砂状の水砕スラグは、単体で下層路盤に、クラッシャラン等の他の材料と配合して下層路盤および上層路盤に使用されている。塊状の徐冷スラグは、単体もしくは再生路盤材料等の他の材料と配合して、下層路盤および上層路盤に使用されている。

溶融スラグが使用された道路舗装の設計交通量区分は、いずれも舗装計画交通量T＜1,000（台/日・方向）である。したがって、溶融スラグを安定処理路盤に適用する場合や、舗装計画交通量T≧1,000（台/日・方向）に適用するときは、施工実績と試験施工結果によってその可否を判断する必要がある。

(2) 試験評価方法

1) 品質基準と試験方法

溶融スラグを用いた路盤材料の物理性状は、「舗装設計施工指針」等に示されるクラッシャラン・粒度調整砕石の品質基準を満足しなければならない。

品質基準に定められた品質項目の試験は、「舗装試験法便覧」に示される方法による。

2) 環境安全性基準と試験方法

① 安全性基準

有害物質の溶出量は「一般廃棄物溶融固化物の再生利用の実施の促進について」(平成10年3月26日厚生省通達、生衛発第508号)(以下では「溶融スラグ基準」と記す)に示される6項目の溶出基準を満足しなければならない。

有害物質の含有量は、「土壌汚染対策法施行規則」(平成14年12月26日環境省令第29号)第18条第2項および別表第3(付属資料2.別表第3参照)に示されるもののうち、上記6項目の含有基準(以下含有量基準と記す)を満足しなければならない。

② 試験方法

溶出試験方法は、「土壌の汚染に係る環境基準について」(平成3年8月23日環境庁告示第46号)(付属資料1.付表参照)に示される方法による。

含有量試験方法は「土壌含有量調査に係る測定方法」(平成15年3月6日環境省告示第19号)付表(付属資料3.付表参照)に示される方法による。

③ 安全性の管理

発注者は、対象となる溶融スラグの一定ロット毎に溶出試験を実施し、その結果が品質表示されているスラグを使用しなければならない。

【解　説】

1)について　溶融スラグ骨材を単独で路盤材料として利用する場合、道路用溶融スラグ骨材として公表されている標準情報　TR A 0017[1]の規定に適するものを使用する。TR A 0017では路盤に用いる道路用スラグの種類と呼び名を表1.1.1-1のように定めている。

表1.1.1-1　路盤に用いる道路用スラグの種類と呼び名

種類	呼び名	用途
粒度調整溶融固化骨材（徐冷固化物）	MM - 40	上層路盤用
	MM - 30	
	MM - 25	
クラッシャラン溶融固化骨材（徐冷固化物）	CM - 40	下層路盤用
	CM - 30	
	CM - 20	

これらの道路用溶融スラグ骨材の粒度は、表1.1.1-2、物理的品質は表1.1.1-3のように規定されて

いる。

表1.1.1-2 路盤に用いる道路用スラグの粒度

呼び名	粒度範囲	ふるいを通るものの質量百分率% 金属網ふるいの公称目開き mm								
		53	37.5	31.5	26.5	19	13.2	4.75	2.36	0.425	0.075
MM-40	40-0	100	95-100			60-90		35-65	20-50	10-30	2-10
MM-30	30-0		100	95-100		60-90		30-65	20-50	10-30	2-10
MM-25	25-0			100	95-100		55-85	30-65	20-50	10-30	2-10
CM-40	40-0	100	95-100			50-80		15-40	5-25		
CM-30	30-0		100	95-100		55-85		15-45	5-30		
CM-20	20-0				100	95-100	60-90	20-50	10-35		

表1.1.1-3 路盤材料として使用する場合の道路用溶融スラグの種類と品質

種類 \ 試験方法	単位容積質量 JIS A 1104	すりへり減量 JIS A 1121
粒度調整溶融固化骨材（徐冷固化物）・クラッシャラン溶融固化骨材（徐冷固化物）	1.5kg/ℓ	50%以下

　溶融スラグ骨材を路盤材料に用いる場合には、このほかに修正ＣＢＲ等、舗装路盤としての規格を満足しなければならない。これらの材料と工法の品質基準の概要は、表1.1.1-4、表1.1.1-5に示すとおりである。この場合、砕石は道路用溶融スラグまたは溶融スラグを混合した砕石とみなしてよい。

　粒度や単位容積質量などの物理的性質はTR A 0017の規格を満足しないが、他の路盤材料と混合して使用すればこれらの品質を満足する溶融スラグ骨材は、混合使用してもよい。なお、試験方法は、「舗装試験法便覧」[2]に示されるものを準用する。

　溶融スラグを用いた路盤材料の品質基準は、「舗装設計施工指針」[3]等に示されるクラッシャラン・粒度調整砕石の品質基準を準用する。なお、これらの品質基準を満足しないものを安定処理して使用する場合は、道路舗装の種類と、下層路盤・上層路盤等の使用位置および粒状路盤・安定処理路盤等の工法や材料に応じて、該当する路盤材料の品質規定を準用する。

　アスファルトコンクリート用再生骨材等と溶融スラグを混合して所要の品質が得られるように調整した再生路盤材料は、「舗装再生便覧」[4]に示される品質規定を準用する。

　これらの品質基準の概要を、表1.1.1-4、表1.1.1-5に示す。

　なお、上層路盤として用いる骨材はすりへり減量が50%以下とする。粒度調整砕石は所定の粒度が必要である。また、安定処理に用いる骨材は、修正CBR 20%以上（アスファルトを除く）、PI 9以下（石灰では6〜18）かつ最大粒径40mm以下が望ましい。

　路盤材料に用いる溶融スラグは、密度・吸水量・粒度および外観形状等の素材としての基本性状が、安定していることが望ましい。したがって、路盤材料に用いる溶融スラグが、多量の鉄分を含むときは、錆および密度・締固め密度のバラツキを生じる原因となるので、事前に適切な磁選処理を行うよ

表1.1.1-4　下層路盤材料の品質規格

工法、材料	修正CBR%	一軸圧縮強さ MPa（kgf/cm²）	PI
粒状路盤材料、クラッシャラン等	20以上[注1]	—	6以下[注2]
セメント安定処理[注3]	—	材齢7日、1.0（10）	—
石灰安定処理[注3]	—	材齢10日、0.7（7）[注4]	—

注1）　簡易舗装では10以上　　注2）　同左9以下　　注3）　簡易舗装にはなし
注4）　セメントコンクリート舗装では0.5(5)。なお、クラッシャランは所定の粒度が必要。また、安定処理に用いる骨材は修正CBR10%以上かつPI（塑性指数）がセメントで9以下、石灰では6〜18が望ましい。

表1.1.1-5　上層路盤材料の品質規格

工法、材料	修正CBR%	一軸圧縮強さ MPa(kgf/cm²)	マーシャル安定度 kN(kgf)	その他の品質
粒度調整砕石	80以上[注1]	—	—	PI 4以下
加熱アスファルト安定処理	—	—	3.43（350）以上	フロー値10〜40 空隙率3〜12%
セメント安定処理	—	材令7日[注2] 2.9(30)	—	—
石灰安定処理	—	材令10日[注3] 1.0(10)	—	—

注1）　簡易舗装では60以上　　注2）　簡易舗装では2.5（25）、セメントコンクリート舗装では2.0（20）　　注3）　簡易舗装では0.7（7）

うにすることが望ましい。また、針状物を含む水砕スラグやガラス片のように鋭い稜角に富むガラス質の徐冷スラグは、運搬や施工などの作業における安全性の確保、偏平と亀裂の残存抑制、締固めにくいなどの施工性の改善を勘案し、それぞれ適合する破砕機等によって粒度の調整を兼ね針状物の除去と角取り（丸味付けとも呼ばれる）を行うとよい。

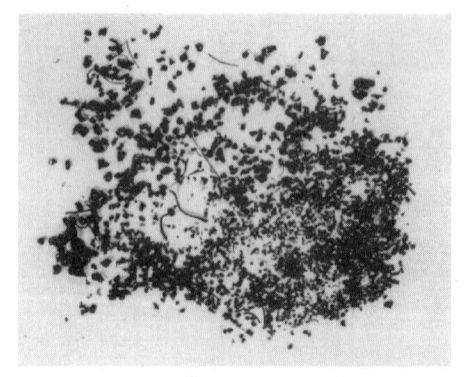

写真1.1.1-1　針状物を含む水砕スラグ　　　写真1.1.1-2　鋭利な角に富むガラス質スラグ

　粒形を改良するためスラグの表面を磨砕加工する、あるいはロータリーキルン中で再結晶化させて丸みを持たせるように加工した製品もある。それらを写真1.1.1-3および1.1.1-4に示す。

写真1.1.1-3　結晶化させたスラグ　　　　　写真1.1.1-4　磨砕加工したスラグ

　品質基準に定められた品質項目の試験方法は、「舗装試験法便覧」に示される方法による。素材としての溶融スラグの基本性状のうち、密度・吸水量の試験方法も同便覧に従う。

表1.1.1-6　溶融スラグの鉄分・針状物等に対する試験評価方法

品質項目	試験評価方法	試験方法等
鉄分	磁着物量の測定	一定磁力の磁石または低調分析による。含有量の限界は1％とする。
水砕スラグの針状物	粒形判定実積率の測定	「舗装試験法便覧」[2)]による。
ガラス質の鋭利な角を有する粒子	粒形判定実積率の測定	「舗装試験法便覧」[2)]による。

2)について

① 安全性基準

　一般廃棄物またはその焼却灰の溶融スラグの溶出基準は、「一般廃棄物溶融固化物の再生利用の実施の促進について」（平成10年3月26日厚生省通達、生衛発第508号）（以下では「溶融スラグ基準」と記す）に従えば、表1.1.1-7の溶出量基準のようになる。1,200℃以上に高温溶融する工程でダイオキシン類やPCB等は分解するので、溶融スラグの溶出基準の対象物質はカドミウム・鉛・六価クロム・砒素・総水銀およびセレンの6項目としている。含有量の規制は、「土壌汚染対策法施行規則」（平成14年12月26日環境省令第29号）第18条第2項および別表第3（以下では「含有量基準」と記す）に定められた9種類の有害物質の内からに溶融スラグ基準の規定と同じ6項目を選ぶと、表1.1.1-7の含有量基準のようになる。

表1.1.1-7　溶融スラグの安全性基準

対象物質	溶出量基準	含有量基準
カドミウム	0.01　mg/ℓ　以下	150mg/kg以下
鉛	0.01　mg/ℓ　以下	150mg/kg以下
六価クロム	0.05　mg/ℓ　以下	250mg/kg以下
砒素	0.01　mg/ℓ　以下	150mg/kg以下
総水銀	0.0005　mg/ℓ　以下	15mg/kg以下
セレン	0.01　mg/ℓ　以下	150mg/kg以下

② 試験方法

　溶出試験方法は、「土壌の汚染に係る環境基準について」（平成3年8月23日環境庁告示第46号）の別表の測定方法の欄に掲げられた方法（本マニュアルの付属資料1の別表（P.235）参照）による。

　含有量試験は、「土壌含有量調査に係る測定方法を定める件」（平成15年3月26日環境省告示第19号）に定められた方法（本マニュアルの付属資料3の別表（P.243）参照）による。路盤材料に再利用しようとする溶融スラグの製造者は、対象となる溶融スラグが前述の安全性基準に適合することを保証するために、一定のロット毎に溶出試験を実施し、その品質試験結果を記録・保存する。利用者は製造者の提出する試験成績票によって安全性を確認する。ロットの大きさは、JIS Z 9015「計数値に対する抜き取り検査手順」または当事者間の協定によって決める。

　ロットの大きさは、特に定めがない場合には、3ヶ月間の製造量あるいは平均性状が同一と考えられる一定量かのいずれかのうちで、量が少ない方を採用する。

　なお、溶融スラグを他の材料と配合して路盤材料に用いる場合でも、発注者は混合物を対象に溶出試験を行うのではなく、溶融スラグの製造者が溶融スラグ単体での溶出試験によって安全性を確認しているものを選んで使用する。

③ 安全性の管理

　発注者は、製造者が溶融スラグを出荷するときに添付する表1.1.1-8のような試験成績票により、溶融スラグが表1.1.1-4の品質基準に適合していることを確認しなければならない。

表1.1.1-8　安全性の品質表示に関する記載事項

番号	記　載　事　項
①	銘柄および材料の種類
②	製造者名
③	製造工場名
④	製造年月または出荷年月日
⑤	ロット番号
⑥	数量
⑦	品質保証表示（カドミウム0.01mg/ℓ以下、鉛0.01mg/ℓ以下などの表1.1.1-1にある項目の品質保証を表示する）
⑧	その他（粒度・物理性状・溶出試験結果など）

　安全性の検査には、製造者の出荷検査と発注者の受入れ検査がある。受入れ検査では、第三者機関等による試験成績票で評価基準を満足していることを確認する。抜き取り試験で環境安全性を確認する場合は、試料の採取はJIS Z 9015「計数値に対する抜き取り検査手順」に準ずる。

> **(3) 利用技術**
>
> **1) 設計**
>
> 　溶融スラグ骨材を用いた路盤の設計は、「舗装設計施工指針」および「アスファルト舗装要綱」・「セメントコンクリート舗装要綱」・「簡易舗装要綱」等に示される方法と手順に準じて行う。ただし、舗装計画交通量T≧1,000（台/日・方向）の道路に使用する場合はそのような道路での施工実績のある溶融スラグ骨材を使用するものとする。
>
> **2) 施工**
>
> 　溶融スラグを用いた路盤の施工は、「舗装設計施工指針」に示される方法と手順に準じて行う。
>
> **3) 記録または繰返し再生利用と処分**
>
> 　溶融スラグを用いた路盤を構築した場合、発注者は施工場所の平面図、断面図、数量表等の設計図書を、溶融スラグを用いた路盤材料の試験成績票および施工図面とともに保存し、当該路盤材料の繰返し再生利用と処分に際して利用できるように備えるものとする。

【解　説】

<u>1)について</u>　溶融スラグを用いる路盤の設計は、「舗装設計施工指針」に示される方法と手順に準じて行う。しかし、所要の品質の溶融スラグを所要量入手できるとは限らないので、設計に先立っては、溶融スラグを用いた路盤材料の入手先・溶出試験結果を含む品質・生産能力・運搬距離等の材料調査を行う。

　アスファルト舗装の路盤の設計に当たっては、溶融スラグを用いた路盤材料の品質基準に相応した等値換算係数を使用するが、前述のように使用実績は、設計交通量区分は舗装計画交通量T＜1,000（台/日・方向）の粒状路盤材料・粒度調整路盤材料の場合しかないので、舗装計画交通量Tがそれよりも大きい道路で使用する場合は、試験舗装等などによって性能を確認する。

<u>2)について</u>　溶融スラグを用いた路盤の施工は、路盤工法に応じ「舗装施工便覧」[5]等に示される方法と手順に準じて行う。空冷スラグには、鉄輪ローラの転圧などによって表面部分の粒子が破砕され、鋭利な稜角が露出することがある。このような場合は、早めにその上の層を施工するなどの配慮が必要である。

　溶融スラグを用いた路盤材料の受け渡しに当たっては試験成績票を受け取り、溶出試験結果等内容を確認する。

<u>3)について</u>　溶融スラグを用いた路盤を構築した場合、施工者は施工場所の平面図・断面図・数量表等の設計図書を、溶融スラグを用いた路盤材料の試験成績票および施工図面等とともに保存し、当該路盤材料の繰返し再生利用と処分に際して利用できるように備える。発注者は試験成績票および施工図面等を工事施工者に提出させ保存する。溶融スラグを用いた路盤材料の繰返し再生利用や処分を行うに当たっては、使用時の設計図書等の内容を確認のうえ、溶融スラグの製造者と相談、協議して適正な方法と手順を策定する。

> (4) 課題
> 1) 物理化学特性
>   溶融スラグの性状は、溶融固化処理施設や操業条件により異なるので、予め使用する溶融スラグの品質を調査する必要がある。また、要求性能を満足する材料であるか吟味する。
> 2) 利用実績
>   溶融スラグは、路盤材料として施工実績はあるが、長期にわたって環境安全性が確保されることを確認中の段階である。溶融スラグ単体の路盤材料として用いられた実績以外にも、他の材料と混用して使用された実績もあるので、その粒度等の品質が良くない場合でも天然産の骨材と混合するなど、性能に応じた利用方法を検討する。
> 3) 供給性
>   溶融スラグは製造場所が限定されるので、生産性・運搬経路等についても調査する。
> 4) 二酸化炭素の発生量
>   溶融スラグ製造時には1,200℃以上の高温で溶融するため、従前の一般廃棄物を800℃程度で焼却し灰として廃棄処分にした時に比べれば、二酸化炭素の発生量は増加する。

【解 説】

1)について　溶融スラグの成分、特に鉄分量・粒子形状や水砕スラグの針状結晶の量は、溶融固化施設の方式および操業条件により異なるので、予め使用する溶融スラグの品質を調査する必要がある。

また、「舗装設計施工指針」の示す方針は、従前の仕様規定を基本としていたものから性能規定を前提とするものとなっている。材料等の品質基準は仕様規定である。路面・舗装が性能規定による場合は、品質基準のみにとらわれずに要求性能を満足する材料・工法であるかを検討吟味する。

2)について　溶融スラグを路盤材料として使用した施工実績は、参考文献6)によると既に20数例もあり、今後も使用実績が増すものと思われる。他の材料と混用して使用された実績もあるので、粒度が適合しない溶融スラグは、通常の材料と混合して粒度調整を行うなどの利用方法を検討する。

3)について　溶融スラグ骨材は製造場所が限られている。その発生量は、1施設当たり大略10～数10トン/日と比較的少量かつ定量であり、貯蔵量も一般的に少ない。一方、路盤材料は、1工事で数100トン～数1,000トンを必要とすることが少なくない。したがって、溶融スラグを路盤材料として選定する場合は、必要量を必要な時期に経済的に入手するため、生産量・運搬経路等を調査する。

4)について　溶融スラグを用いても路盤の施工方法は新材料を用いる場合と同じである。したがって、施工時に発生する二酸化炭素の発生量は同じである。

溶融スラグは、その製造時に1,200℃以上の高温で溶融するため、従前の一般廃棄物を800℃程度で焼却して灰とする方式に単純に比べれば、その分の二酸化炭素の発生量は増加する。しかし、ダイオキシン対策と溶出に対する安全性が向上するという利点がある。

その他、留意すべき点は以下の通りである。

① 環境安全性

溶融スラグは1,200℃程度の高温で溶融されるので、環境安全性の問題はほとんどない。

② 繰返し利用性

路盤に使われた溶融スラグ骨材が再利用されるのは、路盤の現地再生利用である。使用上特に問題のなかった溶融スラグ骨材使用路盤を繰返し利用するとき、溶融スラグ骨材は通常の骨材とみなしてよい。

③ 経済性

溶融スラグの生産コストは数万円/トンと考えられるが、市販価格は生産コストとは関係なく需給の関係で決まっている。施工方法が通常の骨材と大きく変わることはないので、工事費は通常の骨材を用いる場合と大差ないと考えられる。

④ 必要性

焼却処理により発生する焼却灰は地方自治体で発生する。したがって、地方公共自治体の実施する事業においても焼却灰の用途をよく考えておく必要がある。

（参考文献）
1) 経済産業省：標準情報 TR A 0017「一般廃棄物、下水汚泥等の溶融固化物を用いた道路用骨材」、2002年7月
2) （社）日本道路協会：舗装試験法便覧、1988年11月
3) （社）日本道路協会：舗装設計施工指針、2002年2月
4) （社）日本道路協会：舗装再生便覧、2004年2月
5) （社）日本道路協会：舗装施工便覧、2002年2月
6) （社）日本産業機械工業会エコスラグ利用普及センター：循環社会の輪をつなぐごみと下水の溶融スラグ（エコスラグ）有効利用の課題とデータ集、2002年6月
7) （財）廃棄物研究財団：スリムウェイスト推進研究総合報告書、pp.101〜110、平成7年3月
8) 西沢他：灰溶融スラグを用いた試験舗装、第14回日本道路会議論文集、pp.209〜210、昭和54年10月
9) 中村他：灰溶融スラグの道路用路盤材適性評価、第9回廃棄物学会研究発表会講演論文集、pp.433〜435、1998年10月
10) 根本他：骨材としての溶融スラグ、第9回廃棄物学会研究発表会講演論文集、pp.436〜439、1998年10月
11) 泊瀬川他：都市ゴミ焼却灰溶融スラグの路盤材への適用、第22回日本道路会議論文集、pp.660〜661、平成9年10月

1.1.2 アスファルト舗装の表層および基層用骨材

> **(1) 適用範囲**
> 　本項は、一般廃棄物またはその焼却灰の溶融スラグ骨材を用いて、アスファルト舗装の表層および基層の設計・施工を行う場合に適用する。

【解　説】

　アスファルト舗装の表層および基層に用いる溶融スラグ骨材は、一般廃棄物またはその焼却灰を1,200℃以上の温度で溶融し、冷却固化したもので、後述の安全性基準に適合するものでなければならない。

　溶融スラグには、塊状の徐冷スラグと砂状の水砕スラグがあり、表層および基層用の加熱アスファルト混合物に、徐冷スラグは粗骨材・細骨材の代替に、水砕スラグは粗砂・細砂あるいは砕砂の代替として細骨材の一部と置き換えることができる。同様に加熱アスファルト安定処理にも使用してもよい。

　加熱アスファルト混合物の細骨材としての実績は、水砕スラグが多いが、徐冷スラグを粗骨材として利用した使用実績もある。

　このように溶融スラグをアスファルト舗装の表層・基層混合物の骨材として適用する例が増え、使用実績が積み重ねられてきている。しかし、長期耐久性に関する確認データは必ずしも十分ではない。また、過去に溶融スラグが使用された道路の設計交通量区分は、舗装計画交通量T＜1,000（台/日・方向）である。

> **(2) 試験評価方法**
> 　1)　品質基準と試験方法
> 　　　溶融スラグを過熱アスファルト混合物の粗骨材あるいは細骨材として用いる場合は、「舗装設計施工指針」等の該当する骨材の品質規格を準用する。
> 　　　溶融スラグ骨材を用いた過熱アスファルト混合物の品質規格は、道路舗装に応じて、「舗装設計施工指針」等の該当するアスファルト混合物の規格を準用する。
> 　　　品質基準に定められた品質項目の試験方法は、「舗装試験法便覧」に示される方法による。
> 　2)　環境安全性基準と試験方法
> 　　　アスファルト舗装の表層および基層に用いる溶融スラグ骨材の環境安全性基準と試験方法および安全性の管理は、第2編1.1.1(2)2)に準ずる。すなわち、6項目の溶出試験、含有量試験を行ってその品質が保証されているものを使用しなければならない。

【解　説】

<u>1)について</u>　溶融スラグを加熱アスファルト混合物の粗骨材あるいは細骨材として用いるときは、

道路舗装の種類に応じて、単粒度砕石とスクリーニングスの品質規格を準用する。

なお、多量の鉄分を含む溶融スラグの場合は、錆の発生と密度のバラツキを生じる原因となるので、事前に磁選処理を行って磁着物量を減じておくとよい。また、針状のもの・ガラス片のような鋭い稜角に富む溶融スラグ骨材は、作業安全面と粒径および粒度の改善を目的として、破砕装置等を利用して針状物の除去と角取りを行うのが望ましい。

「舗装設計施工指針」のマーシャル安定度試験に対するアスファルト混合物の基準値を表1.1.2-1に示す。

表1.1.2-1　マーシャル安定度試験に対する基準値

混合物の種類	突固め回数（回） 1,000≦T	突固め回数（回） T<1,000	空隙率 （％）	飽和度 （％）	安定度 （kN）	フロー値 （1/100cm）
①粗粒度アスファルト混合物　　（20）	75	50	3〜7	65〜85	4.90以上	20〜40
②密粒度アスファルト混合物　（20）（13）	75	50	3〜6	70〜85	4.90以上	20〜40
③細粒度アスファルト混合物　　　（13）	75	50			4.90以上	20〜40
④密粒度ギャップアスファルト混合物　（13）	75	50	3〜7	65〜85	4.90以上	20〜40
⑤密粒度アスファルト混合物　（20F）（13F）	50	50	3〜5	75〜85	4.90以上	20〜40
⑥細粒度ギャップアスファルト混合物　（13F）	50	50	3〜5	75〜85	4.90以上	20〜40
⑦細粒度アスファルト混合物　　（13F）	50	50	2〜5	75〜90	3.43以上	20〜80
⑧密粒度ギャップアスファルト混合物　（13F）	50	50	3〜5	75〜85	4.90以上	20〜40
⑨開粒度アスファルト混合物　　（13）	75	50	—	—	3.43以上	

［注］(1) T：舗装計画交通量（台/日・方向）
　　　(2) 積雪寒冷地域、1,000≦T<3,000であっても流動による轍ぼれのおそれが少ないところでは突固め回数を50回とする。
　　　(3) 安定度の欄の値：1,000≦Tで突固め回数を75回とする場合の基準値。
　　　(4) 水の影響を受けやすいと思われる混合物またはそのような箇所に舗設される混合物は、次式で求めた残留安定度が75％以上であることが望ましい。
　　　　　残留安定度（％）＝（60℃、48時間水浸後の安定度（kN）/標準安定度（kN））×100

品質項目別の試験方法は、「舗装試験法便覧」に示される試験方法による。また、加熱アスファルト混合物の品質は、表1.1.2-2を満足しなければならない。溶融スラグ骨材を単独で舗装の表層および基層材料として利用する場合、道路用溶融スラグ骨材として公表されている標準情報 TR A 0017

の規定に適するものを使用する。TR A 0017では表層および基層に用いる道路用スラグとして、その種類と呼び名は表1.1.2-3および表1.1.2-4のように定められている。

表1.1.2-2 表層および基層材として使用する場合の道路用溶融スラグの種類と品質

種類＼試験方法	絶乾密度 JIS A 1110	吸水率 JIS A 1110	すりへり減量 JIS A 1121
粒度調整溶融固化骨材 （徐冷固化物）・クラッシャラン溶融固化骨材（徐冷固化物）	2.45 g/cm³以上	3.0％以下	30％以下

表1.1.2-3 表層および基層に用いる道路用スラグの種類と呼び名

種類	呼び名	用途
単粒度溶融固化骨材 （徐冷固化物）	SM - 20	加熱アスファルト混合物用
	SM - 30	
	SM - 5	
溶融固化細骨材 （水砕固化物、徐冷固化物）	FM - 2.5	加熱アスファルト混合物用

表1.1.2-4 表層および基層に用いる道路用スラグの粒度

呼び名	金属網ふるいの公称目開き mm（ふるいを通るものの質量百分率 ％）						
	26.5	19	13.2	4.75	2.36	1.18	0.075
SM-20	100	85-100	0-15	—	—	—	—
SM-30		100	85-100	0-15	—	—	—
SM-5	—	—	100	85-100	0-25	0-5	—
FM-2.5	—	—	—	100	85-100	—	0-10

　加熱アスファルト混合物用骨材として使用される溶融スラグは、通常、他の材料と混用される上にアスファルトで被膜されるため、混合物として環境安全基準を満足すればよい。しかし、貯蔵と輸送等における安全性を勘案し、スラグ製造者がスラグ骨材単体で環境安全試験を実施しているスラグを使用することが望ましい。

2)について　第2編1.1.1(2)2)の解説（P.29）に準ずる。

(3) 利用技術

1) 設計

　溶融スラグ骨材を表層・基層用アスファルト混合物として利用する舗装は、舗装設計施工指針に示される方法と手順に準ずる。原則として舗装計画交通量T＜1,000（台/日・方向）の道路に適用するとともに、混合物への溶融スラグ骨材の混合量は性能上問題のない範囲とする。

2) 施工
①汚泥スラグ骨材が、確実に供給できるかどうかを確認しなければならない。
②汚泥スラグ骨材が、他の材料と混同されないように配慮しなければならない。
③施工方法は、通常の骨材を使用した路盤の施工法に準じて行うものとする。

3) 記録または繰返し再生利用と処分
溶融スラグ骨材を加熱アスファルト混合物として利用した場合は、発注者は使用材料調書（溶融スラグ骨材の試験成績票を含む）、配合設計書および施工図面等の工事記録を保存し、繰返し再生利用および処分に際して利用できるよう備える。

【解 説】

<u>1)について</u>　溶融スラグ骨材を表層・基層用アスファルト混合物として利用する場合は、通常の混合物と同様の方法と手順で設計する。ただし、原則として設計交通量区分は舗装計画交通量T＜1,000（台/日・方向）の道路に適用する。

溶融スラグ骨材をアスファルト舗装の表層および基層に適用した例が増えているが、現状ではまだ試験施工としての例である。また、重交通道路への適用例がないため、当面設計交通量はB交通区分（舗装計画交通量250≦T＜1,000）までとした。C交通区分（舗装計画交通量1,000≦T＜3,000）以上に適用する場合には、十分な試験を行ってから使用する。

溶融スラグ骨材のアスファルト舗装への適用例によると、長期的耐久性に関する確認データは少ないが、施工初期あるいは供用後数ヶ月の調査結果では一般混合物と供用状況に遜色がみられない。したがって、溶融スラグ骨材を用いた表層および基層用アスファルト混合物の等値換算係数は1.0とする。また、アスファルト安定処理に使用する場合は等値換算係数を0.8とする。

溶融スラグ骨材の混入量が増加すると、マーシャル安定度・動的安定度およびはく離抵抗性が低くなるため、溶融スラグ骨材の配合量は吟味を要する。これまでの調査結果からは、溶融スラグ骨材配合量は全骨材量に対して10％以下であれば問題がない。

なお溶融スラグ骨材の使用に際しては、所要量が入手可能かどうか調べるとともに、所要の品質基準を満足しているか等、品質性能・生産能力・運搬距離等についての材料使用計画を立てる。

<u>2)について</u>　溶融スラグ骨材を用いた加熱アスファルト混合物の施工は、一般の加熱アスファルト混合物との施工に準ずる。溶融スラグ骨材を使用したアスファルト舗装は、使用材料・配合設計および施工実態を工事記録として残すことを原則とする。施工時および施工後の調査項目には、①路面の平坦性、②横断形状（轍ぼれ）、③すべり抵抗値、④ひびわれ率、⑤路面観察等がある。

<u>3)について</u>　アスファルト舗装は再生利用が一般的に行われているので、溶融スラグ骨材を使用したアスファルト混合物も繰返し使用されることが前提となる。このため、発注者は使用材料調書・配合設計書および施工図面等の工事記録を保存し、繰返し再生利用および処分に際して利用できるよう備える必要がある。

また、溶融スラグ骨材を用いたアスファルト混合物の繰返し再生利用や処分を行うに当たっては、使用時の設計図書等の内容を確認のうえ、溶融スラグ骨材の製造者と相談・協議して適正な方法と手

(4) 課題
1) 利用実績
溶融スラグは、加熱アスファルト混合物用骨材として使用された施工実績があるが、すべての溶融処理施設で製造されたスラグにその使用実績があるわけではないので、個々に確認する必要がある。その他は、第2編1.1.1(4)に準ずる。

<u>1)について</u>　アスファルト混合物用骨材として使用した施工実績が既に数10件の例がある。しかし、アスファルト混合骨材として使用された溶融スラグを製造した実績のある溶融処理施設が少ない。使用可能なスラグの製造能力があるかどうかを使用に先立って確認しなければならない。

（参考文献）
1) 大井、金子：大宮市における溶融スラグのアスファルト混合物への利用、舗装、Vol.32、No.4、1997年
2) 黒田、下田：溶融スラグのアスファルト混合物用細骨材への再利用に関する検討、第22回日本道路会議論文集、1997年
3) 佐沢、佐武：都市ゴミ溶融スラグ入りアスファルト混合物の実路への適用、第22回日本道路会議論文集、1997年
4) 福満、鈴木：ごみ焼却灰溶融スラグのアスファルト混合物への利用、道路建設、1996年8月
5) 田村、福満、鈴木：ごみ焼却灰溶融スラグのアスコンへの利用、第21回日本道路会議論文集、1995年
6) 片石、中沢、荻原：溶融スラグ砂の舗装材料への利用について、第21回日本道路会議論文集、1995年
7) 佐伯他：都市ごみ焼却灰の再資源化(4)―溶融化および溶融スラグのアスファルト骨材への利用―第8回廃棄物学会研究発表論文集、1997年
8) 西原他：都市ごみ溶融スラグのアスファルト骨材への利用、第20回全国都市清掃研究発表会論文集、1999年

1.1.3　現場打ちコンクリート用骨材

(1) 適用範囲
本項は一般廃棄物焼却灰および飛灰を1,200℃以上の温度で溶融し、これを冷却して得られる溶融スラグ骨材を現場打ちコンクリート用粗骨材または細骨材として用いる場合に適用する。

【解　説】
溶融温度を1,200℃以上にして焼却灰を溶融したスラグは、塩素化合物がほとんど分解し、ダイオキシン等の残留の可能性は小さい。溶融スラグ骨材の物理・化学的品質は焼却灰の組成と溶融方式・冷却方式等により大きく異なる。見かけが硬質な砕石・砕砂状のスラグでも必ずしもコンクリートに支障なく使用できる骨材とは限らない。しかしながら、溶融スラグを結晶化させて、現場打ちコンク

リート用骨材として十分使用可能な溶融スラグ骨材も生産されているので、現場打ちコンクリートに要求されるコンクリート骨材としての品質と性能を満足していることが試験結果によって確認できるものは、現場打ちコンクリートにも適用できる。

> **(2) 試験評価方法**
>   1) 品質基準と試験方法
>   現場打ちコンクリートに使用する溶融スラグ骨材の物理的品質は、JIS A 5005「コンクリート用砕石」および砕砂等で要求されるものと同等以上の性能を満足することを原則とする。これらの性能を確認する品質試験方法も同規格に示されるものを適用する。
>   2) 環境安全性基準と試験方法
>   現場打ちコンクリートに使用する溶融スラグ骨材の環境安全性基準・試験方法および安全性の管理の方法は、第2編1.1.1(2)2)に準ずる。すなわち、6項目の溶出試験、含有量試験を行う。コンクリート用溶融スラグのJISが制定された場合には、その方法に従う。

【解　説】

<u>1)について</u>　土木学会「コンクリート標準示方書」（以下「コンクリート示方書」と記す）の規定には、焼却灰と下水汚泥を原料とした溶融スラグ骨材に対する規定は示されていないが、高炉スラグとフェロニッケルスラグ等のスラグを骨材に利用する際の規定はある。現在、焼却灰や下水汚泥を原料とした溶融スラグのコンクリート用骨材としての規格はJIS化の検討がなされている。

日本コンクリート工学協会（JCI）で検討された結果をJCI規格案として発表されたものがある。この案では、溶融スラグを用いたコンクリート用骨材の要求性能として、現行の砕石や砕砂等と同じ規格値を用いている。したがって、本マニュアルにおいても表1.1.3-1の値を溶融スラグ骨材の品質基準として使用する。すなわち、表1.1.3-1に示される物理的・化学的性質を満足すれば溶融スラグ骨材は、細骨材と粗骨材の両方に使用できる。

溶融スラグ骨材には、ガラス化しているものもあるので、通常の骨材の場合と同様、アルカリ骨材反応試験（JIS A 1145または1146）を実施する。ただし、アルカリ骨材試験の結果が無害であることが確かめられない場合にはアルカリ総量を3.0kg/cm²以下に制限するか、セメントを高炉セメントとするなどの、国土交通省通達やJIS等で、天然産の骨材で実施されている無害化対策をとれば使用可能である。

溶融スラグ骨材の品質を向上させる手段として、いったん空冷固化させたスラグをロータリーキルン等で再加熱・再結晶化させる方法が用いられている。

<u>2)について</u>　第2編1.1.1(2)2)の解説（P.29）に準ずる。

表1.1.3-1 溶融スラグ骨材の品質基準

分類	項　目	溶融スラグ粗骨材 （試験方法）	溶融スラグ細骨材 （試験方法）
化学成分％	酸化カルシウム（CaO値）	45.0以下 （JIS A 5011）	45.0以下 （JIS A 5011）
	全硫黄（S値）	2.0以下 （JIS A 5011）	2.0以下 （JIS A 5011）
	三酸化硫黄（SO_3値）	0.5以下 （JIS A 5011）	0.5以下 （JIS A 5011）
	金属鉄（Fe値）	1.0以下　＊ （JIS A 5011）	1.0以下　＊ （JIS A 5011）
	塩化物量（NaCl値）	0.04以下 （JSCE-C 502）	0.04以下 （JSCE-C 502）
物理的性質	絶対乾燥密度　g/cm³	2.5以上 （JIS A 1110）	2.5以上 （JIS A 1109）
	吸水率　％	3.0以下 （JIS A 1110）	3.0以下 （JIS A 1109）
	安定性損失質量　％	12以下 （JIS A 1122）	10以下 （JIS A 1122）
	粒形判定実積率　％	55以上＊＊ （JIS A 5005）	53以上＊＊ （JIS A 5005）
	すりへり減量	40以下 （JIS A 1121）	―
	骨材の微粒分量試験で失われる量　％	1.0以下 （JIS A 1103）	7.0以下 （JIS A 1103）

＊　表面の色彩が特に重要なときのみ適用する。　　＊＊　これらの規格はスラグ単独で満足できない場合でも、他の骨材と混合使用して満足するようにすれば使用可能とする。

(3)　利用技術

1)　設計方法

①コンクリート構造物に溶融スラグ骨材を使用する場合、コンクリートの設計基準強度は一般には24N/mm²以下とする。ただし、鉄筋コンクリートに使用する場合は、コンクリートへの使用実績のある骨材もしくはその性能について、公的機関による証明を得ている溶融スラグ骨材を使用しなければならない。

②耐久性を要するコンクリートの水セメント比は55％以下とする。

③耐凍害性が重要な場合には、使用する配合のコンクリートの耐凍害性を試験により確認する。

> 2) 施工方法
>   ①溶融スラグ骨材が、確実に供給できるかどうかを確認しなければならない。
>   ②溶融スラグ骨材が、通常の骨材と混同されないように配慮しなければならない。
>   ③施工方法は、通常の骨材を使用したコンクリートの施工法に準じて行う。
> 3) 記録
>   溶融スラグ骨材を使用した場合には、配合表等の記録に溶融スラグ骨材を使用したことを明記しなければならない。

【解　説】

1)について　①溶融スラグ骨材を用いても、天然産骨材を用いたコンクリートと同様な強度が発揮されるので、コンクリート強度の上限を設定しなくてもよいのかもしれないが、現場打ちコンクリートとして使用した実績が少ないので、強度があまり大きくない無筋および鉄筋コンクリートに限定して使用する。なお、設計基準強度が21〜24N/mm²のコンクリートは側溝・構造物基礎・擁壁類・法枠類など、国土交通省の鉄筋コンクリートの構造物にも広く使用されている。また、溶融スラグは、均しコンクリートや裏込め等に使用する低強度のコンクリートにも使用可能である。

②耐凍害性を要するコンクリートに溶融スラグ骨材を使用する場合には、水セメント比は55％以下とする。

③溶融スラグ骨材の品質の差は凍結融解時の耐久性にあらわれる。凍害を受けやすい地域で使用実績の少ない溶融スラグ骨材を使用する場合は、凍結融解試験によりコンクリートの耐凍害性を確認してから使用する。なお、耐凍害性の低い溶融スラグ骨材でも、良質な天然骨材と混合使用すると品質は改善される。

2)について　溶融スラグ骨材は、生産量や使用実績が少ないので、これを使用する場合には、適する品質の溶融スラグが確実に供給されるかどうかを十分に確認しなければならない。溶融スラグ骨材単体で表1.1.3-1の品質を満足する場合には、単体で利用することができる。しかし、品質の良い天然産の骨材と混合すれば、溶融スラグ特有の色と形状が目立たなくなり、天然産の骨材のみを使用しているのと同様に施工できる。したがって、供給量が少ない場合にはできるだけ天然産の骨材と混合使用するとよい。ただし、溶融スラグ骨材の使用が認められないコンクリートもあるので、溶融スラグ骨材の貯蔵にあたっては通常の骨材と混同されないように配慮しなければならない。

粒度を調整したスラグ骨材は、通常のコンクリートとほぼ同じ性質のフレッシュコンクリートを製造できるので、施工方法は通常の骨材を使用したコンクリートに準じて行うことができる。

3)について　溶融スラグ骨材を使用したコンクリート構造物の耐久性などについての情報を蓄積する必要があるので、溶融スラグ骨材を利用したコンクリート構造物の使用箇所・骨材の製造者・コンクリートの配合等の記録を工事記録に残して保存しておくことが必要である。

溶融スラグを使用したコンクリートを解体して、土材料やコンクリートの骨材として再使用する場合は、再生骨材の使用基準などを参考にして、その使用法を決めるものとする。

> **(4) 課題**
> 1) 物理化学特性
>   使用にあたっては品質を調査する必要がある。構造部材に使用するためには、性能を満足することを公的機関によって確認された骨材を使用する。
> 2) 利用実績
>   現場打ちコンクリートに適用した実績は少ない。性能が確認された骨材を選定する。
> 3) 供給性
>   溶融スラグが生産されていない地方も多く、生産されていても市場にはほとんど出回っていないので、使用にあたっては骨材入手の可能性を調査する。
> 4) 二酸化炭素の発生量
>   溶融スラグをコンクリート骨材とすることで、施工時に通常のコンクリート工事に比べて特に多くの二酸化炭素が発生することはないが、溶融スラグ製造時には燃料使用により大量の二酸化炭素が発生する。

【解 説】

<u>1)について</u>　コンクリート骨材用溶融スラグ骨材に求められる性質は、日本コンクリート工学協会等によっていくつかの規格案が提案されているが、本マニュアルで示す水準であれば問題はない。大切なのはこれらの基準に従うように、日常の品質管理が十分なされているプラントで生産された骨材を使用することである。定常的にスラグ骨材を生産している生産工場・公的機関などによって審査され、性能が証明された骨材プラントを指定し、そこから供給される骨材を使用する。

<u>2)について</u>　実際の工事に使用された実績はある[4]が、その事例数は非常に少ない。

<u>3)について</u>　東京都などで溶融スラグ細骨材の供給が可能である。品質・性能は受入先と協議する。

<u>4)について</u>　溶融スラグの使用時に特に多くの二酸化炭素が発生することはないが、製造時には燃料使用により大量の二酸化炭素が発生する。

その他、留意すべき点は以下の通りである。
① 環境安全性
　溶融スラグ骨材は1,200℃程度の高温で溶融して製造されるので、環境安全性は6項目の試験で確認すればよい。
② 繰返し利用性
　コンクリートの再利用はコンクリートを破砕し、これを骨材として低品質コンクリート用骨材に利用することである。低品質のコンクリートに利用されるので、溶融スラグは再利用の妨げにならない。
③ 経済性
　溶融スラグの生産コストは、1トン数万円すると考えられるが、市場価格は生産コストとは関係なく需要と供給量のバランスで定まっている。たとえば、千葉県東金市の例では溶融スラグ細骨材が

200円/トンで提供されている。

溶融スラグを用いたコンクリートの施工方法は通常の骨材を用いたコンクリートと変わらない。

④ 必要性

溶融スラグは、一般焼却灰の優れた無害化技術である。生産が軌道に乗れば、大量に生産することも可能であり、コンクリート材料等の大量消費分野での使用が必要になる。

（参考文献）
1) 経済産業省：標準情報 TR A 0016「一般廃棄物、下水汚泥等の溶融固化物を用いたコンクリート用細骨材」日本規格協会
2) 一般廃棄物と下水汚泥を起源とする溶融スラグ骨材のJCI規格（案）および砕石粉TR原案の概要、コンクリート工学、Vol.39、No.12、2001年12月
3) 東京都環境局：東京都溶融スラグ資源化指針、平成13年3月
4) 夏堀　渉：小型コンクリート擁壁基礎および骨材への溶融スラグの利用、スキルアップセミナー関東20001、平成13年3月

1.1.4　コンクリート工場製品用骨材

(1)　適用範囲

本項は、一般焼却灰および飛灰を1,200℃以上の温度で溶融し、これを冷却することによって得られる溶融スラグを、コンクリート工場製品用粗骨材または細骨材として用いる場合に適用する。

【解　説】

溶融温度を1,200℃以上にして溶融したスラグは、塩素化合物がほとんど分解し、ダイオキシン等の残留の心配が少なくなる。しかし、そのような高温で溶融した場合でも、製造される溶融スラグ骨材の物理・化学的品質は、焼却灰の組成や溶融方式・冷却方式等により大きく異なる。そのことは既に第2編1.1.3「現場打ちコンクリート用骨材」（P.38）の項で記述した。

(2)　試験評価方法

第2編1.1.3(2)に準ずる。

【解　説】

コンクリート工場製品に使用する骨材も現場打ちコンクリート用骨材も、原則として要求される性能は同じであるので、溶融スラグの品質は表1.1.3-1を満足するものとする。工場製品は、製品によって用途と使用環境が限定される場合がある。地下に埋設されて、凍害などの影響を受けない環境で使用されるもの・磨耗を受けないもの・取替可能な材料として使用されるものもある。

したがって、工場製品の場合には、完成した製品が要求される性能を満足することが確認できれば、

表1.1.3-1（P.40）の化学成分と物理的性質が一部満たない骨材でも使用できる場合がある。

> **(3) 利用技術**
> 　1) 設計方法
> 　　①溶融スラグ骨材を使用する工場製品のコンクリートの設計基準強度は、製品に要求されるコンクリートの品質を満足するものとする。ただし、高強度のコンクリートと鉄筋コンクリート製品に使用する場合には、良好な製造実績もしくは公的機関による製品の性能証明を得ている溶融スラグ骨材を使用しなければならない。
> 　　②コンクリートの水セメント比は55％以下とする。
> 　　③耐凍害性が特に重要な製品に使用する場合には、使用する配合のコンクリートの耐凍害性を試験により確認する。
> 　2) 施工方法
> 　　①溶融スラグ骨材を使用した製品を使用する場合には、その製品が規定の性能を満足することが確認されたものでなければならない。
> 　　②溶融スラグ骨材を使用した製品が、通常の製品と混同されないように注意する。
> 　　③溶融スラグ骨材を使用した製品を使用する場合の施工方法は、通常の製品と同様としてよい。
> 　3) 記録
> 　　溶融スラグ骨材を使用した工場製品を使用する場合にはそのことを記録して残しておく。

【解　説】

<u>1)について</u>　①溶融スラグを用いた骨材は硬質なものもあり、富配合にすれば強度の大きいコンクリートも得られるので、インターロッキングブロック・舗装用コンクリート平板・コンクリート境界ブロック・積みブロック・タイル類・コンクリート管・レンガ等のコンクリート製品に使用できる。コンクリート製品には、製品としての試験方法と強度が指定されているので、溶融スラグ骨材を使用するには、製品の性能に関して定められている規定に従わなければならない。

　②耐久性の良いコンクリートとして、水セメント比を小さくすることは効果があるので、溶融スラグ骨材を使用する場合には、55％以下の小さい水セメント比にしておくのがよい。

　③溶融スラグ骨材の品質は、耐凍害性に顕著に表れる。凍害を受けやすい地域で使用実績の少ない溶融スラグ骨材を使用する場合は、凍結融解試験で製品の性能を確認して使用するのがよい。

<u>2)について</u>　①溶融スラグ骨材は、生産量や使用実績が少ないので、これを使用する場合には、適する品質の溶融スラグ骨材が、確実に供給されるかどうか十分に確認しなければならない。溶融スラグ骨材単体で表1.1.3-1の品質を満足する場合は、単体で利用することができる。しかし、溶融スラグ骨材には、粒度と形状が通常の骨材と多少異なる場合もある。単独で粒度と形状などの物理的性質が満足できない場合でも、天然産の骨材と混合すると物理的性能が満足される場合には、天然の骨材と混合して使用してよい。ただし、スラグ骨材の使用が認められないコンクリートに混入しないように

しなければならない。

②溶融スラグ骨材を用いた製品は、JIS製品ではない場合には、JIS製品と混同されないように工夫をしておく必要がある。

③溶融スラグを用いても、製造される製品の性能が、通常の材料を用いた時の規格を満足するように製造される。したがって、一般に通常の材料を使用した場合と同様に施工できる。

3)について　溶融スラグ骨材使用構造物の耐久性などの情報を蓄積する必要があるので、溶融スラグ骨材を利用したコンクリート製品を使用する場合には、使用箇所・製造者・コンクリートの配合等の記録を施工記録等と共に保存しておくことが望ましい。

---

(4) 課題

1) 物理化学特性

　　骨材に対する問題は、現場打ちコンクリートの場合と同じである。

2) 利用実績

　　溶融スラグをコンクリート工場製品に利用した実績は、地域によってはかなり差がある。使用にあたっては、使用実績のある製造プラントで生産された骨材を選定するのが望ましい。

3) 供給性

　　溶融スラグが生産されていない地方も多い。使用にあたっては骨材の入手の可能性を調査する必要がある。

4) 二酸化炭素の発生量

　　コンクリート製造時に特に多くの二酸化炭素が発生することはないが、溶融スラグの製造時には、燃料の消費により大量の二酸化炭素が発生する。

【解　説】

1)について　コンクリート用溶融スラグ骨材への要求性能は、日本コンクリート工学協会基準および標準情報 TR A 0016で定められているが、JIS化は作業中である。本マニュアルで提案する方法はこれらを参考として定めた最も厳しい方法であるが、今後JISなどが発表されれば、それにしたがっても特に問題が生じないと考えられる。日常の品質管理が十分なされている生産工場の製品を使用することが望ましい。

　工場製品の場合は、製品になった個体の品質が大切である。スラグ骨材を用いた工場製品の品質が、通常骨材を用いた工場製品の品質以上であることが確認できれば、使用材料の物理的品質と性能をあまり厳密に追求する必要はない。

2)について　インターロッキングブロック等の工場製品に使用された実績は、以下の例に示すように多数ある。

　インターロッキングブロック以外では、工場製品のボックスカルバートやL型擁壁に使用された例がある。

3)について　コンクリート用溶融スラグ骨材と同様である。工場製品の生産もほとんどない。

4)について 溶融スラグを使用するのに、特に多くの二酸化炭素が発生することはないが、溶融スラグ製造時には、燃料使用や石灰の消費により2.4（トンCO_2/トンスラグ）の二酸化炭素が発生する。

その他、留意すべき点は以下の通りである。

① 環境安全性

溶融スラグ骨材は1,200℃程度の高温で溶融して製造されるので、環境安全性は6項目の試験で確認すればよい。

② 繰返し利用性

コンクリート構造物に使われた骨材が再利用されるのは、コンクリート構造物が解体され、それに含まれる溶融スラグが骨材として利用される場合である。低品質のコンクリートに使用される場合には、解体コンクリートに含まれる溶融スラグ骨材の再使用が問題になることはないと考えられる。再使用にあたっては、溶融スラグ骨材の使用が適するか否かを検討するものとする。

③ 経済性

溶融スラグの生産費は高価であるが、市場価格は生産コストに関係なく定まっている。施工コストは、通常の骨材を用いたものとほぼ同等と考えられる。

④ 必要性

溶融スラグは、一般焼却灰の無害化技術として優れた方法の一つである。しかし、溶融スラグの用途としては、大量に消費できるものでなければならない。したがって、コンクリート材料等の建設資材への使用の必要性は十分ある。

（製品の例）
1) 都市ゴミ焼却スラグを用いたインターロッキングブロック（㈱マツオコーポレーション）
2) 溶融スラグ混入インターロッキングブロック・焼成タイル（㈱クボタ）
3) リサイクルセラミックブロック（アズミック東北㈱）
4) 保水性リサイクルブロック（㈱鶴見製作所）
5) ゴミ焼却灰再資源化舗道板（トーヨーカラー㈱）

（参考文献）
財団法人建設物価調査会：建設用リサイクル資材ハンドブック、平成12年12月

1.1.5　埋戻し材

> **(1)　適用範囲**
> 本項は、一般廃棄物またはその焼却灰の溶融スラグを用いて埋戻しを行う場合に適用する。

【解　説】

埋戻し材は、環境安全性さえ満足できれば、粒度以外に材料の物理的特性に厳しい規定がなく、溶融スラグの用途としては適している。

> **(2)　試験評価方法**
> 　1)　品質基準と試験方法
> 　　埋戻しに使用する溶融スラグの最大粒径は、50mm以下とし、0.075mm以下の細粒分含有率は25％以下とする。細粒分含有率の試験は、JIS A 1204あるいは JGS 0135による。
> 　2)　環境安全性基準と試験方法
> 　　埋戻しに使用する溶融スラグの環境安全性基準・試験方法および安全性の管理は、第2編1.1.1(2)2)に準ずる。

【解　説】

1)について　埋戻し材に求められる要求性能を以下に示す。

① 圧縮性

供用後に埋設構造物との隙間と段差の発生を防ぐため、圧縮性の小さい材料を使用しなければならない。また十分締め固める必要がある。

② 埋設物への影響

埋戻し材には、最大粒径に関する基準がある。これは、埋設物へ与える損傷を防止するためであり、使用にあたっては最大粒径に関する規定を確認し、それを満足しなければならない。

③ 支持力と施工性

支持力を高めるために、締固め施工性・排水性を良くしなければならない。そのためには細粒分含有率が規定を満足していることが大切である。

④ 外力による変形および流出

構造物によっては、CBRなどによって締固め後の強度を規定される場合もあるので、締め固めた後の強度が規定を達成できるような溶融スラグでなければならない。

2)について　第2編1.1.1(2)2)の解説（P.29）に準ずる。6項目の溶出試験・含有量試験を行う。

> **(3)　利用技術**
> 　①空冷スラグはクラッシャラン・切り込み砂利などの代替として使用する。

②水砕スラグは、砂質土と砂の代替として使用する。
③粒度改善のために、天然産の材料と混合使用してもよい。
④締固めて使用する場合は、締固め度（Dc）を90％以上にしなければならない。

【解　説】

　空冷スラグも水砕スラグも、強度等の物理的性質は埋戻し材として十分満足するものであるが、スラグ単体では十分な締固め密度が得られないほど粒度分布が悪い場合が多い。このような場合、天然産の骨材と混合して粒度調整すると締固め特性は改善される。

(4) 課題

　第2編1.1.1(4)に準ずる。

【解　説】

　第2編1.1.1(4)の解説（P.32）に準ずる。

（利用例）

利用事例を表1.1.5-1および表1.1.5-2に示す。

表1.1.5-1　溶融スラグの埋戻し材への利用[1]

用　途	埋戻し材(1)	埋戻し材(2)	埋戻し材(3)
実施主体	東京都	我孫子市	松山市
処理対象物	焼却灰（ストーカ）	焼却灰・飛灰（ストーカ）	焼却灰・飛灰（ストーカ）
溶融炉形式	アーク式	固定式表面溶融	プラズマ式
スラグの種類	水砕スラグ	水砕スラグ	水砕スラグ
利用量（トン）	2,000（平成7年度）	370（平成7年度）	5,122（平成7年度）
利用方法	そのまま利用	山砂50％、溶融スラグ50％の混合で水道工事、下水道工事に使用	
混入率	100％	50％	
主な利用先	中央防波堤処分場	我孫子市水道局下水道課	
利用段階	試験的利用		
問題点	スラグ単体では転圧が利かないため、土砂の混入が必要であった。		水砕スラグのため、砂等と比較して強度が劣る。
備　考		埋戻し材	最終処分場の覆土

表1.1.5-2 溶融スラグの埋戻し材への利用[2]

地建	工事内容	リサイクル材料	リサイクル材料の用途等
東北	一般国道45号修繕工事	一般焼却灰（溶融スラグ）	・アスファルト合材の再生骨材 ・一般国道の情報ボックス設置工事でボックス設置の際の保護砂として利用
中国	一般国道30号道路拡幅工事	水砕スラグ	・道路拡幅工事での軟弱地盤対策

（参考文献）
1) （財）廃棄物研究財団：焼却灰の適正な処理および有効利用に関する研究、平成8年度報告書（資料編）、平成9年9月
2) （社）日本産業機械工業会：平成11年度エコスラグ利用普及に関する調査研究（その2 普及システムの検討調査）報告書、平成12年6月
3) （社）日本産業機械工業会：平成12年度エコスラグ利用普及に関する調査研究（その3 21世紀の利用普及を目指して）報告書、平成13年6月
4) 開 進一、三宅淳一、井口敬次、佐々木正太郎：廃棄物発電事業における溶融スラグの再資源化調査の報告、廃棄物学会、第12回廃棄物学会研究発表会講演論文集Ⅰ、pp.549〜551、2001年
5) 岡 正人、形見武男、安田 裕ら：溶融スラグの土木資材利用時の環境影響評価、廃棄物学会、第12回廃棄物学会研究発表会講演論文集Ⅰ、pp.561〜563、2001年
6) 楠 幸二、坂井正実：スラグ有効利用促進のための品質管理基本方針試案について、廃棄物学会、第12回廃棄物学会研究発表会講演論文集Ⅰ、pp.552〜554、2001年
7) 高井清、村井浩介、梅本真鶴、岡和彦ら：都市ごみ焼却灰溶融スラグ（結晶化）のコンクリート用粗骨材への適用性について、廃棄物学会、第12回廃棄物学会研究発表会講演論文集Ⅰ、pp.536〜538、2001年
8) 財団法人建設物価調査会：建設用リサイクル資材ハンドブック、平成12年12月

1.2 焼成処理（セメント化処理）

(1) 概説

都市ごみの減量化対策として、焼却場で減容化が進められているが、焼却場の処理能力の不足・埋め立て処分場の残余容量の減少・環境汚染の発生などが大きな社会問題になっている。

近年開発されたエコセメントは、都市ごみ焼却灰（下水汚泥焼却灰も含む）等を原料として1,300℃以上で焼成し、セメントとして再資源化するものである。焼却灰等に含まれるダイオキシン等の有害な有機物質を焼成工程で分解させるとともに、鉛等の重金属も塩化物として回収するため、ごみ処分負荷の軽減と環境安全性の向上に寄与する技術としてその普及が期待されている。エコセメントは既にJIS化も行われているが、基準化してからの時間も短くその使用基準が十分に普及されているとはいえないので、本マニュアルの規定に加えた。

(2) エコセメントの製造方法

エコセメントの製造は、基本的にポルトランドセメントの製造と同様な工程で構成され、工程管理および品質管理も同様である。その工程の概要を図1.2-1に示す。

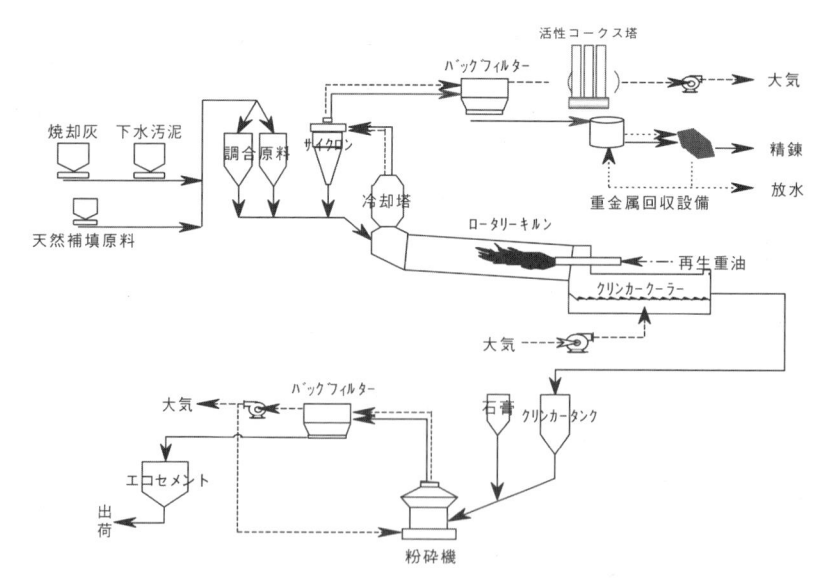

図1.2-1 焼成粉砕セメントの製造工程

1) 原料工程

エコセメントの調合原料は、都市ごみ焼却灰、汚泥焼却灰等に石灰石や粘土などの天然原料を混合して、水硬性鉱物が生成するようにブレンディングタンクで化学成分を調整したものであり、蛍光X線分析法によって化学成分が管理される。

2) 焼成工程

化学成分を調整した調合原料を焼成窯（キルン）を用いて約1,300℃以上で焼成して、焼成度の管理下でクリンカーを製造する。一方、キルン排ガスは、分解されたダイオキシン類が再合成しないように冷却塔で200℃程度に急冷される。また、重金属類の多くは、この工程で塩化物として揮発し、排ガスの成分となった後、冷却によってダストとして固化し、アルカリ塩化物とともにバッグフィルターで捕集・回収される。

3) 仕上げ工程

焼成工程で製造されたクリンカーを粉砕機で石膏と共に混合粉砕し、粉末度と石膏混合量を調整してセメントに仕上げる。

(3) エコセメントの種類および用途

エコセメントは、脱塩素化技術によって塩化物イオン量を0.1%以下に低減した普通エコセメントと、塩化物イオンを0.5～1.5%とした速硬エコセメントの2種類に分類される。

普通エコセメントは、セメント原料中の塩化物イオンをクリンカーの製造工程でダストと共に捕集し、塩化物イオンをセメント質量の0.1%以下にしたものである。クリンカーの主成分となる鉱物は、普通ポルトランドセメントの場合と同様に、$3CaO \cdot SiO_2$（C_3Sと記す）・$2CaO \cdot SiO_2$（C_2Sと記す）・$3CaO \cdot Al_2O_3$（C_3Aと記す）・$4CaO \cdot Al_2O_3Fe_2O_3$（$C_4AF$と記す）であり、JIS R 5210ポルトランドセメントで規定されている普通ポルトランドセメントとほぼ同様な物理的性質を示す[1,2]。

速硬エコセメントは、カルシウムアルミネート系クリンカー鉱物として$11CaO \cdot 7Al_2O_3 \cdot CaCl_2$（$C_{11}A_7 \cdot CaCl_2$と記す）を含み、その他の成分は普通ポルトランドセメントの場合と同様である。$C_{11}A_7 \cdot CaCl_2$は水和速度が著しく速く、凝結時間は非常に短い。可使時間はオキシカルボン酸系の遅延剤を

適宜使用して調整する[3]。用途は、塩化物イオン含有量が多いことから、無筋コンクリートに限定されるが、硬化速度が速いことを利用すれば工場製品と緊急工事等のコンクリートに適する。

(4) 品質

エコセメントの化学成分を表1.2-1に、エコセメントの構成鉱物を表1.2-2に示す。都市ごみ焼却灰と下水汚泥焼却灰の化学成分は、セメントの原料に使用される粘土に比べて、アルミニウムと塩素成分が多いという特徴がある。したがって、原料としてこれらの廃棄物を多量に使用した場合、化学成分はアルミニウムと塩化物イオンの多いものとなる。

普通エコセメントは、焼成工程で塩化物イオン量をセメント質量の0.1％以下に低減したものであり、セメントクリンカーでは普通ポルトランドセメントに比べてC_3A量が多い。一方、速硬エコセメントは、塩化物が多いために、カルシウムアルミネート系クリンカー鉱物C_3Aは$C_{11}A_7 \cdot CaCl_2$となっている。

表1.2-1 エコセメントの化学成分（％）

種類	ig.loss	SiO_2	Al_2O_3	Fe_2O_3	CaO	MgO	SO_3	Na_2O	K_2O	Cl
普通エコセメント	1.05	16.95	7.96	4.40	61.04	1.84	3.86	0.28	0.02	0.053
速硬エコセメント	0.73	15.26	9.95	2.47	57.33	1.78	8.79	0.56	0.02	0.760
普通ポルトランドC	0.50	21.92	5.31	3.10	65.03	1.40	2.00	0.31	0.48	0.006

表1.2-2 エコセメントの構成鉱物（％）

種類	C_3S	C_2S	C_3A	C_4AF	$C_{11}A_7 \cdot CaCl_2$
普通エコセメント	49	12	14	13	0
速硬エコセメント	46	9	0	8	17
普通ポルトランドセメント	53	23	8	10	0

エコセメントの品質規格を表1.2-3に示す。普通エコセメントの圧縮強さは、JIS R 5210「普通ポルトランドセメント」と同等の値となっている。しかし、圧縮強さの実績値は、市販の普通ポルトランドセメントに比べてやや低い。速硬エコセメントでは材齢1日・3日強度を重視して、早強ポルトランドセメントの規格値に近い値に定められている。

普通エコセメントは、クリンカー鉱物C_3A含有量が普通ポルトランドセメントよりも多く、粉末度も高いので、三酸化硫黄含有量は、普通ポルトランドセメントの3.0％よりも多い。また、速硬エコセメントには、クリンカー鉱物$C_{11}A_7 \cdot CaCl_2$含有量に応じて無水石膏が添加されるが、添加しすぎないように、三酸化硫黄含有量の上限値が規定されている。

塩化物イオン量は、平均的には0.05％とJIS R 5210「ポルトランドセメント」の規格上限値0.02％よりも少し多い程度となっている。エコセメントを用いたコンクリートの性能は、普通ポルトランドセメントを用いたコンクリートとほぼ同じである。

表1.2-3 エコセメントの品質

品質 \ 種類		普通エコセメント 実測値例	普通エコセメント 規格値	速硬エコセメント 実測値例	速硬エコセメント 規格値
密度　g/cm³		3.18	—	3.13	—
比表面積　cm²/g		4,100	2,500以上	5,300	3,300以上
凝結	始発　h-m	2-21	1-00以上	—	—
	終結　h-m	3-29	10-00以下	0-20	1-00以下
安定性(4)	パット法	良	良	良	良
	ルシャテリエ法 mm	—	10以下	—	10以下
圧縮強さ N/mm²	1d	—	—	23.6	15.0以上
	3d	24.9	12.5以上	30.6	22.5以上
	7d	35.2	22.5以上	35.0	25.0以上
	28d	52.4	42.5以上	48.6	32.5以上
酸化マグネシウム　%		1.84	5.0以下	1.78	5.0以下
三酸化硫黄　%		3.86	4.5以下	8.79	10.0以下
強熱減量　%		1.05	3.0以下	0.73	3.0以下
全アルカリ　%(5)		0.29	0.75以下	0.56	0.75以下
塩化物イオン　%(6)		0.053	0.1以下	0.76	0.5〜1.5

(5) 環境安全性

エコセメントクリンカーの原料に用いられる都市ごみの焼却灰および下水汚泥には、重金属類および有機化合物であるダイオキシン類を含むことがあっても原料から持ち込まれる重金属類の鉛・銅・カドミウム・水銀などの大部分は、約1,300℃以上の焼成工程で塩化物の形態でセメントクリンカーから分離・冷却されてアルカリ塩化物とともにダストとしてバッグフィルターで回収される。また、ダイオキシン類などの有害な有機化合物は、焼成工程において800℃以上の高温によって分解され、排ガス・ダストおよびセメントクリンカー中には残存することはない。エコセメントを用いたモルタルおよびコンクリート供試体を「土壌の汚染に係る環境基準について」（平成3年8月23日環境庁告示第46号）に従って2mm以下に粉砕し、微量成分の溶出試験を行った例を示す。表1.2-4では、JIS R 5201に準拠して作製したモルタル供試体の材齢28日における溶出試験結果を、土壌の汚染に係る環境基準（土壌環境基準）および水道法第4条に基づく水質基準（水質基準）と比較している。

表1.2-4 普通エコセメントモルタルからの溶出試験（材齢28日）

セメント種類	Cd	CN	Pb	Cr⁶⁺	T-Hg	Cu	As	Se	B	F
普通エコセメント	<0.005	ND	<0.01	<0.02	<0.0005	<0.01	<0.01	<0.005	<0.05	<0.4
土壌環境基準	0.01	検出されないこと	0.01	0.05	0.0005	—	0.01	0.01	1.0	0.8
水質基準	0.01	検出されないこと	0.05	0.05	0.0005	1.0	0.01	0.01	1.0	0.8

（備考）NDは検出限界値未満を示す。不等号は定量限界値未満を示す。数値の単位はmg/ℓである。

表1.2-5にコンクリートの配合および物性値を、また表1.2-6にそのコンクリートの材齢28日供試体の溶出試験結果を示す。

表1.2-5　普通エコセメントコンクリートの配合および物性値

セメント種類	目標スランプ	W/C（%）	s/a（%）	AE剤（C×%）	スランプ（cm）	空気量（%）	28日圧縮強度（N/mm²）
普通エコセメント	8 cm	45.0	42.0	0.0055	6.0	4.6	50.9
		55.0	44.0	0.0050	6.0	4.3	37.6
		65.0	46.0	0.0050	7.5	4.5	28.8
	18cm	45.0	44.0	0.0050	16.5	4.1	47.5
		55.0	46.0	0.0050	16.5	4.5	34.6
		65.0	48.0	0.0050	18.0	4.7	24.6

表1.2-6　普通エコセメントを用いたコンクリートからの溶出試験（材齢28日）

セメント種類	スランプ	W/C %	Cd	Pb	Cr^{6+}	T-Hg	As	Se	B	F
普通エコセメント	8 cm	45.0	<0.001	<0.001	<0.005	<0.0005	<0.001	<0.001	<0.05	<0.4
		55.0	<0.001	<0.001	<0.005	<0.0005	<0.001	<0.001	<0.05	<0.4
		65.0	<0.001	0.002	<0.005	<0.0005	<0.001	<0.001	<0.05	<0.4
	18cm	45.0	<0.001	<0.001	<0.005	<0.0005	<0.001	<0.001	<0.05	<0.4
		55.0	<0.001	<0.001	<0.005	<0.0005	<0.001	<0.001	<0.05	<0.4
		65.0	<0.001	<0.001	<0.005	<0.0005	<0.001	<0.001	<0.05	<0.4
土壌環境基準			0.01	0.01	0.05	0.0005	0.01	0.01	1.0	0.8
水質基準			0.01	0.05	0.05	0.0005	0.01	0.01	1.0	0.8

（備考）　不等号は定量限界値未満を示す。数値の単位はmg/ℓである。

速硬エコセメントは、その速硬性を生かしたモルタルと無筋製品として利用される。表1.2-7に、JIS R 5201に準拠して作製したモルタル供試体の材齢28日における溶出試験結果を示す。

表1.2-7　速硬エコセメントを用いたモルタルからの溶出試験（材齢28日）

セメント種類	Cd	CN	Pb	Cr^{6+}	T-Hg	Cu	As	Se	B	F
速硬エコセメント	<0.005	ND	<0.01	<0.04	<0.0005	<0.02	<0.002	<0.002	<0.05	<0.4
土壌環境基準	0.01	検出されないこと	0.01	0.05	0.0005	—	0.01	0.01	1.0	0.8
水質基準	0.01	検出されないこと	0.05	0.05	0.0005	1.0	0.01	0.01	1.0	0.8

備考：NDは検出限界値未満を示す。不等号は定量限界値未満を示す。数値の単位はmg/ℓである。

1.2.1 現場打ちコンクリート

> (1) 適用の範囲
> 　本項は、エコセメントを現場打ちコンクリートに使用する場合に適用する。

【解　説】
　本項は、エコセメントを現場打ちコンクリート（主としてレディーミクストコンクリートとして購入するコンクリートのセメント）に普通ポルトランドセメントの代用として使用する場合について、一般的方法と留意点を述べる。

> (2) 試験評価方法
> 　1) 品質基準と試験方法
> 　　エコセメントを現場打ちコンクリート（レディーミクストコンクリート）に使用する場合には、JIS R 5201およびJIS R 5202に示される試験方法により試験して、JIS R 5214に規定される品質を満足するエコセメントを使用しなければならない。
> 　2) 環境安全基準と試験方法
> 　　エコセメントの環境安全性は普通ポルトランドセメントを用いる場合と同等に考えてよい。

【解　説】
<u>1)について</u>　現場打ちコンクリートに用いるエコセメントの品質は表1.2-3（P.52）に示す。これらの品質の試験は、JIS R 5201およびJIS R 5202に規定されているが、一般には製造者が試験し、発注者はミルシートによって確認する。エコセメント生産工場での品質管理は、規格値が保証できるように管理されているので、同表に示されるように実測値は規格値を余裕を持って満足している。

　エコセメントを用いたコンクリートの品質は、普通ポルトランドセメントを用いた場合と比較して、以下のような特徴を有している。[1)2)]

　①同一スランプ値を得るために、必要な単位水量が若干増加する。
　②粘性は、若干高くなる。
　③スランプロスが、若干大きくなる。
　④コンクリートの中性化は、若干大きい。
　⑤コンクリートの耐凍害性は、ほぼ同等である。

　エコセメントコンクリートにおける圧縮強度とセメント水比の関係は、図1.2.1-2に示すように普通ポルトランドセメントを使用した場合と同様に直線関係を示す。

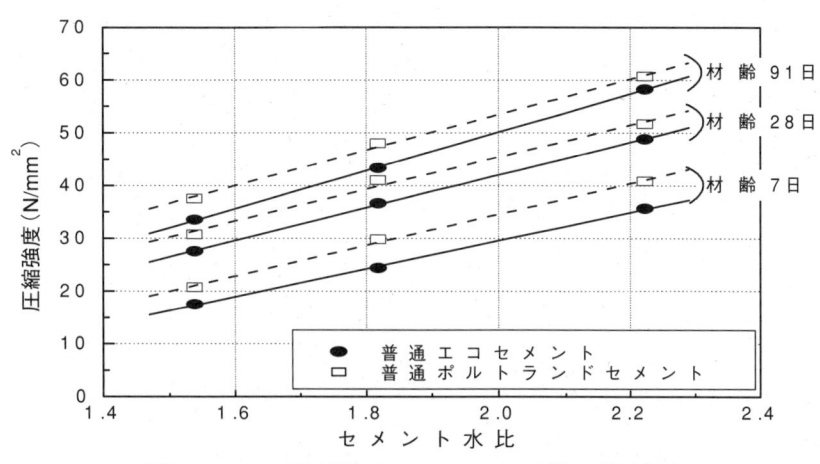

図1.2.1-2　圧縮強度とセメント水比の関係例

圧縮強度以外の強度と圧縮強度との関係は、普通ポルトランドセメントを用いた場合と同等である。したがって、エコセメントコンクリートの配合設計は、普通ポルトランドセメントを用いた場合と同様の方法で行うことが可能である。図1.2.1-3に凍結融解試験結果例を示す。

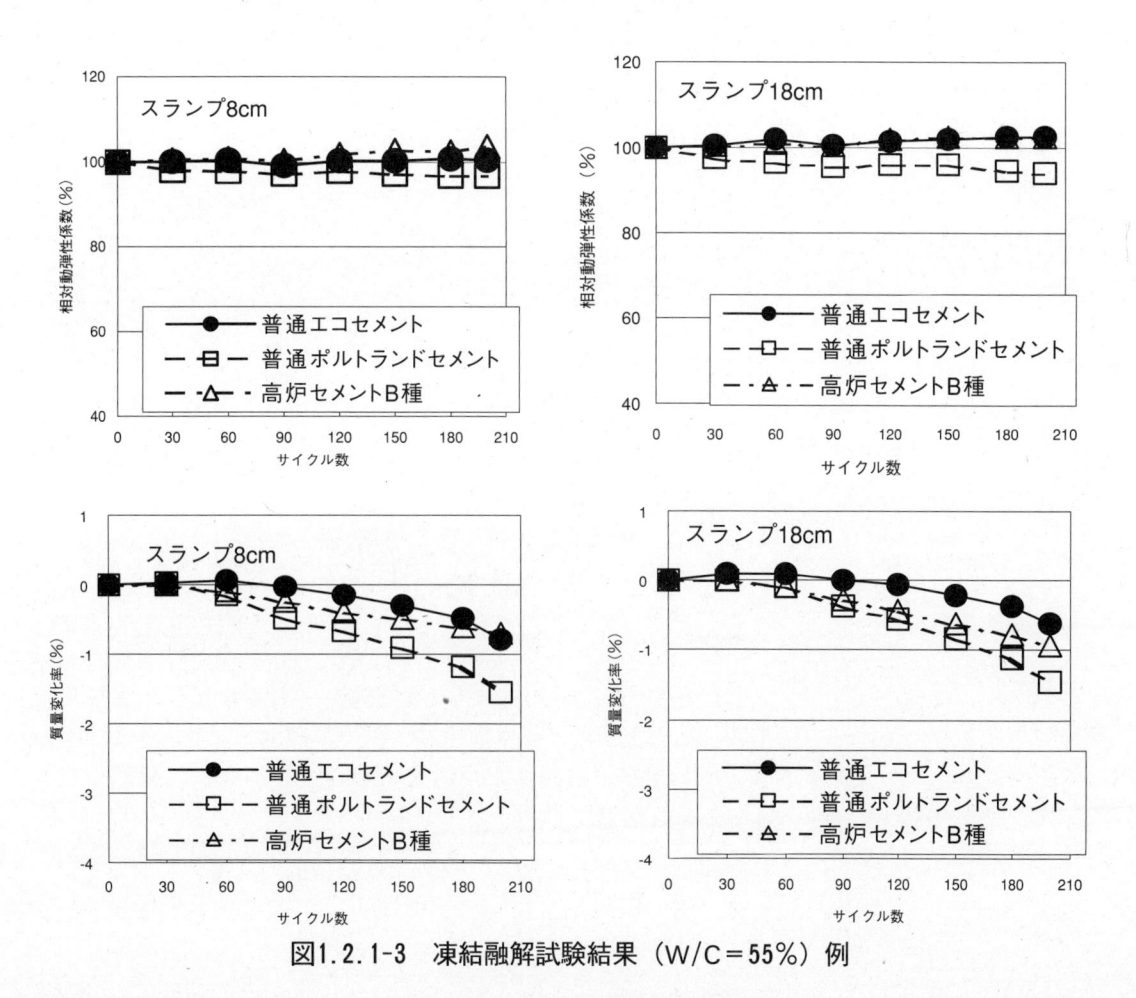

図1.2.1-3　凍結融解試験結果（W/C＝55％）例

2)について　エコセメントは第2編1.2(2)（P.49）の製造方法で述べたとおり製造工程で重金属等の有害物質が取り除かれ、コンクリートとして硬化体で使用されるので、表1.2-6（P.53）に示すように、環境安全性に影響を及ぼす有害物質の溶出はほとんどない。したがって、その扱いは通常のセメントを使用したコンクリートと同じでよい。

(3) 利用技術

1) 設計方法

①普通エコセメントは無筋コンクリートおよび鉄筋コンクリートに使用する。ただし、高強度・高流動コンクリートを用いた鉄筋コンクリートには使用しない。

②速硬エコセメントは無筋コンクリートのみに使用する。

2) 施工方法

①普通エコセメントを使用したコンクリートの取扱いは、普通ポルトランドセメントを使用したコンクリートと同様に行う。

②普通エコセメントを鉄筋コンクリートに使用する場合には、練混ぜ時のコンクリート中の総塩化物イオン量は0.30kg/m³以下とする。

③速硬エコセメントを使用する場合には、施工可能時間について調査する必要がある。

3) 記録および繰返し利用

コンクリート構造物にエコセメントを使用した場合には、工事記録にエコセメントを使用したことを記録しておかなければならない。エコセメントを使用したコンクリートをコンクリート用骨材等に再生・再利用する場合は、通常のセメントを使用したコンクリートと同等と考えてよい。

【解説】

1) について　エコセメントは、普通ポルトランドセメントに比べて塩化物イオン量がやや多いだけで、その使用方法に大きく異なることはないが、使用実績が少ないことから、用途を無筋コンクリートおよびセメント使用量が著しく大きくない普通のコンクリートを用いた鉄筋コンクリートとした。

表1.2.1-1　普通エコセメントの用途

コンクリート種類		構造物および製品の種類
鉄筋コンクリート	現場打ち	鉄筋コンクリート擁壁・橋梁下部工・トンネル覆工等
	工場製品	道路用鉄筋コンクリートL形側溝・道路用上ぶた式U形側溝・組立土留め・下水道用マンホール側塊・フリューム・ケーブルトラフ・道路排水用組合せ暗きょブロック・鉄筋コンクリートL形擁壁・ボックスカルバート等
無筋コンクリート	現場打ち	無筋コンクリート舗装・重力式擁壁・重力式橋台・消波ブロック・消波根固めブロック・中埋めコンクリート・無筋コンクリート基礎等
	工場製品	道路用境界ブロック・積みブロック・インターロッキングブロック・張ブロック・舗装用平板・道路用コンクリートL形側溝・連節ブロック・のり枠ブロック・大型積みブロック等
非構造用コンクリート		捨コンクリート・均しコンクリート・裏込めコンクリート

表1.2.1-1に普通エコセメントの用途例を示す。単位セメント量の多い高強度コンクリート・高流動コンクリートとした鉄筋コンクリート・プレストレストコンクリートは、コンクリートに含まれる塩化物量が多くなるので避ける方がよい。

速硬エコセメントは、塩化物の含有量がセメント質量の0.5％以上と多いことから、用心鉄筋などもない無筋コンクリートにだけに使用できる。速硬エコセメントは、早期強度の発現が早いので、その特性を生かすことができる無筋コンクリートには特に適している。

2)について ①普通エコセメントを用いたコンクリートのフレッシュコンクリートの性質は、普通ポルトランドセメントを用いたコンクリートに比べてやや粘性が高く、スランプロスも幾分大きいだけなので、同コンクリートと同等に扱ってよい。

②コンクリート中の塩化物イオンは、ある濃度以上になるとコンクリート中の鋼材の腐食を促進し、コンクリート構造物の耐久性を低下させる。この点を考慮して、国土交通省「土木工事共通仕様書」・土木学会「コンクリート標準示方書」等では、コンクリートに含まれる塩化物イオンの総量を0.30kg/㎥以下とするように定めている。

練混ぜ時のコンクリートの塩化物イオンは、水・セメント・骨材および混和材料から供給されるので、コンクリートに含まれる塩化物イオンの総量は、各材料の試験成績票から得られる塩化物イオン量と示方配合から算出することができる。普通エコセメントの塩化物量はJS R 5210「ポルトランドセメント」の規格上限値よりも多いが、通常のコンクリートであれば、コンクリートに含まれる塩化物イオンの総量が0.30kg/㎥を超えないので、鉄筋コンクリートでも使用できる。なお、この計算に用いる各材料の塩化物イオン量は、使用する材料の試験成績票の最大値を用いるとよい。

現場における計測によって、エコセメントを使用した鉄筋コンクリートの塩分管理を行う方法は、「土木工事共通仕様書」等に規定される方法でよい。

ただし、普通エコセメントに含まれる塩化物イオンは、大部分がクリンカー鉱物中に固定されており、現在市販されている普通エコセメントでは30〜40％しかフレッシュコンクリートの水の中に溶出しない。コンクリート中の塩分量の規制値は、総量として決められているので、可溶性塩分の測定による検査をする場合に、普通エコセメントから溶出する塩化物イオン量は、少ないもので30％である。残存比（α）として0.7を採用することで安全側の運用ができ、次式により求めた塩化物イオン量が、0.30kg/㎥以下であることを確認することにより行うとする考え方もある。安全を期すにはこの方法によって管理するのがよい。

$$A - \alpha \times C \times D/100 \geq B$$

A：普通エコセメントを用いたコンクリートの塩化物イオン量の
　　品質規格値（kg/㎥）＝0.30kg/㎥

B：フレッシュコンクリート中の塩化物イオン量の測定値（kg/㎥）

α：残存率＝0.7

C：単位セメント量（kg/㎥）

D：普通エコセメントの塩化物イオン量（％）

③速硬エコセメントは、塩分の影響で凝結時間と硬化時間が普通ポルトランドセメントよりも速く、レディーミクストコンクリートにして長時間運搬することも困難である。したがって、使用する際には支障なく施工ができるかどうかを調査しておく必要がある。

3)について　エコセメントは、使用の実績が少ない。将来の問題点の検討や耐久性等の確認のために、エコセメントを使用した構造物の箇所は記録して保存しておくことが望ましい。

普通エコセメントは、第2編1.2⑶（P.50）に示すように、用途は高強度・高流動コンクリートを除く一般的なコンクリートに使用される。

エコセメントを使用したコンクリートを再生・再利用する場合は、通常のセメントを使用したコンクリートと同等と考えてよい。

(4) 課題

エコセメントの製造工場は、限られた地域にしかない。エコセメントの使用に当たっては、エコセメントの規格を満足するセメントが、必要量確保できるかどうかの調査をしなければならない。

【解　説】

平成14年現在、商業運転工場として稼動中のものとしては、千葉県市原市に平成13年4月に建設された工場がある。千葉県で発生する年間約6万トンの都市ごみ焼却灰と約3万トンの産業廃棄物を原料とし、約11万トンのエコセメントを製造している。

東京都西多摩郡日の出町二ツ塚処分場内に計画されている施設は、平成18年度に稼動の予定である。ここでは年間12.5万トンの都市ごみ焼却灰を使用し、16万トンのエコセメントを製造する予定である。しかしながら、これらの生産工場からのエコセメントが入手可能な地域は限られている。したがって、エコセメントを使用する場合には、その入手の可能性を調査しなければならない。

その他、留意すべき点は以下の通りである。

① 環境安全性

エコセメントクリンカーの原料に用いられる都市ごみの焼却灰および下水汚泥には、重金属類および有機化合物であるダイオキシン類を含むことがあっても、原料から持ち込まれる重金属類の鉛・銅・カドミウム・水銀などの大部分は、約1,300℃以上の焼成工程で塩化物の形態でセメントクリンカーから分離・冷却されて、アルカリ塩化物とともにダストとしてバッグフィルターで回収される。また、ダイオキシン類などの有害な有機化合物は、焼成工程において800℃以上の高温によって分解され、排ガス・ダストおよびセメントクリンカー中には残存することはない。したがって、通常のセメントと同等と考えてよい。

② 物理化学特性

セメントの品質および物理化学特性は、JIS R 5214「エコセメント」に規定されている。コンクリートとしての特性は、平成15年度にJIS A 5308「レディーミクストコンクリート」に規定された。

③ 利用実績

エコセメントの現場打ちコンクリート（レディーミクストコンクリート）としての利用実績は、増加している。平成15年度に JIS A 5308「レディーミクストコンクリート」が改訂された。

④ 繰返し利用性

普通エコセメントの用途は、高強度・高流動コンクリートを除く一般的なコンクリートである。エコセメントを使用したコンクリートが解体されて、これを再生・再利用する場合は、通常のセメントを使用したコンクリートと同等と考えてよい。

⑤ 経済性

都市ごみ焼却灰等の廃棄物を原料に用い、環境安全性に配慮してエコセメントを製造するので、普通ポルトランドセメントの製造に比べて生産コストは高い。しかし、市場価格は需要と供給の関係で決まる。エコセメントの価格は、現在は普通ポルトランドセメントの価格程度となっている。

⑥ 必要性

エコセメントは、有害なダイオキシン類と重金属類等を含むため処分・処理が困難な都市ごみ焼却灰を安全・適切に処理し、ゴミ処分負担の軽減および環境破壊の防止に貢献する建設資材として開発されたものである。

⑦ 二酸化炭素の発生量

エコセメントを使用することにより普通セメント使用時より特に多くの二酸化炭素が発生することはない。エコセメント製造時においては、都市ごみ焼却灰を埋立処分した場合よりも多量の二酸化炭素が発生するが、その発生量は天然資源を原料として製造されるポルトランドセメントと同程度であるので、これに代わってエコセメントが使用されると、結果的に二酸化炭素の排出量には差がない[4]。

1.2.2 コンクリート工場製品

(1) 適用の範囲

本項は、エコセメントをコンクリート工場製品に使用する場合に適用する。

【解　説】

コンクリート工場製品にエコセメントを使用する場合に適用する。その用途は表1.2.1-1（P.56）に示されるようなものがある。

(2) 試験評価方法

1) 品質基準と試験方法

①エコセメントを工場製品に使用する場合には、エコセメントを JIS R 5201および JIS R 5202に示される試験方法により試験して、JIS R 5214に規定される品質を満足するものを使用しなければならない。

②エコセメントを使用する工場製品の品質と試験方法は、ポルトランドセメントを使用する

通常の工場製品と同じとしてよい。
　③鉄筋コンクリート製品中の塩化物イオンの総量は、0.30kg/m³以下でなければならない。
2)　環境安全基準と試験方法
　エコセメント使用工場製品の環境安全性は、普通ポルトランドセメント使用の工場製品の環境安全性と同等とする。

【解　説】

<u>1)について</u>　JIS R 5202を満足するエコセメントは、ポルトランドセメントと同等に扱えるので、この規格を満足するものを工場製品にも使用できることとした。

　普通エコセメントコンクリートの圧縮強度と曲げ強度の関係は、一般のコンクリートと同様な関係式で近似できる。また、エコセメントコンクリートの設計においては、ヤング係数と圧縮強度の関係・乾燥収縮などの力学性能および耐久性などの特性は、一般のコンクリートと同等と考えてよい。一般に、工場製品は、水セメント比が小さいコンクリートを用い促進養生を行う場合が多く、初期材齢の強度は高いが、材齢の進行に伴う強度の増加は、標準養生を行う普通ポルトランドセメントを用いるコンクリートの場合ほどは期待できない。このような傾向は図1.2.2-1に示すように、普通エコセメントコンクリートでも同様である。したがって、常圧の蒸気養生を行うことが多い工場製品のコンクリートの強度は、実験の結果を参考とし、材齢14日における圧縮強度を基準とすることができる。このようなことから、エコセメントを用いた工場製品は、普通ポルトランドセメントを使用した工場製品と同様に扱ってよいと考えられる。

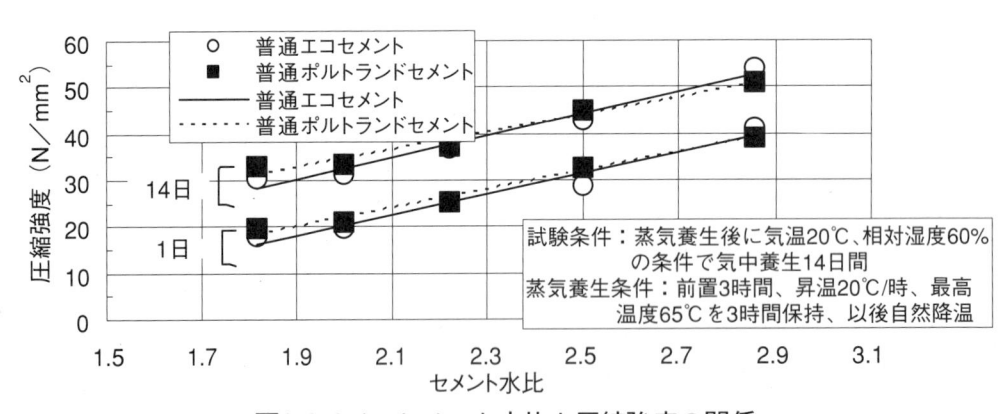

図1.2.2-1　セメント水比と圧縮強度の関係

<u>2)について</u>　エコセメントは、製造工程で重金属等の有害物質が取り除かれ、かつ、コンクリートとして硬化体で使用されるので、表1.2-6（P.53）に示すように、環境安全性に影響を及ぼすような有害物質溶出の心配はほとんどない。したがって、工場製品にJIS R 5214に規定されるエコセメントを使用する場合には、受入れ時に環境安全性の確認をする必要はない。

(3)　利用技術
1)　設計方法

①普通エコセメントは、無筋コンクリートおよび鉄筋コンクリート工場製品に使用する。

②速硬エコセメントは、無筋コンクリート工場製品のみに使用する。

2) 施工方法

①普通エコセメントを使用したコンクリート工場製品の取扱いは、普通ポルトランドセメントを使用したコンクリート工場製品と同様に扱ってよい。

②普通エコセメントを鉄筋コンクリートに使用する場合には、練上がり後のコンクリート中の塩化物イオン量が0.30kg/m³以下であることを確認して使用する。

3) 記録および繰返し利用

コンクリート構造物にエコセメントを使用した場合には、工事記録にエコセメントを使用したことを記録しておかなければならない。

エコセメントを使用したコンクリートを将来コンクリート用骨材等に再生・再利用する場合は、通常のセメントを使用したコンクリートと同等と考えてよい。

【解説】

1)について　エコセメントは、JIS R 5210に規定される普通ポルトランドセメントに比べて塩化物イオン量がやや多いだけで大きく異なることはないが、使用実績が少ないことから、無筋コンクリートおよび鉄筋コンクリートに使用することとした。

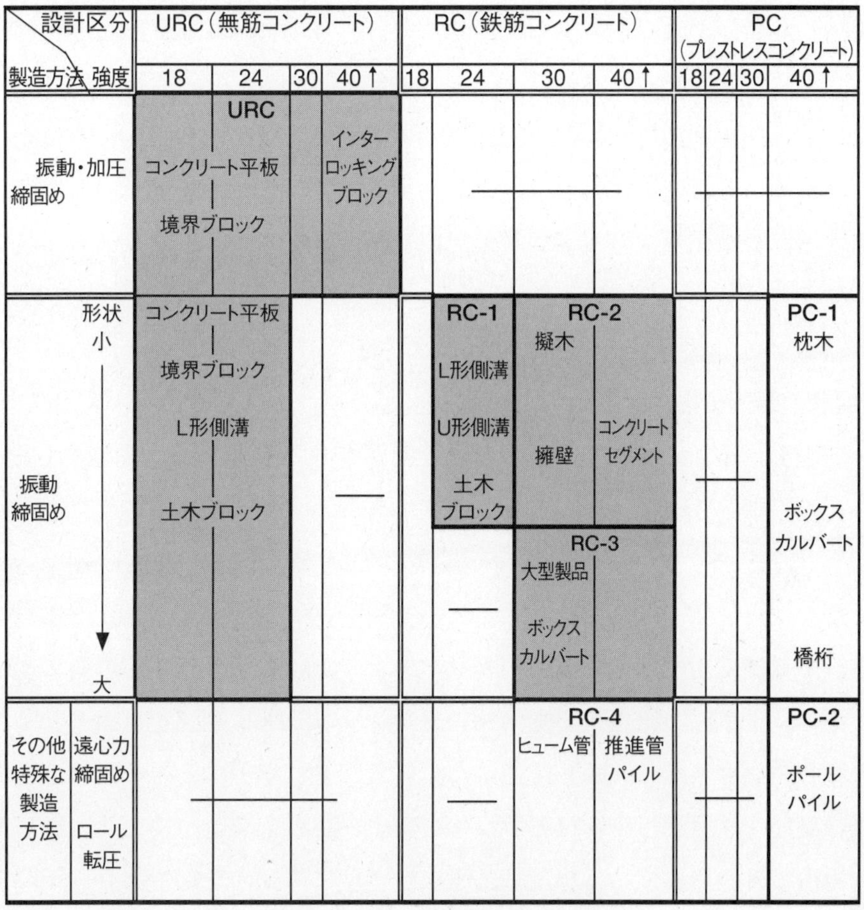

図1.2.2-2　工場製品の分類

その適用を図1.2.2-2に示す。図中のハッチングがかかった部分がエコセメントの適用範囲となる。工場製品の分類ではURC（無筋コンクリート）・RC-1・RC-2・RC-3に分類される鉄筋コンクリート等となる。RC-4・PC-1およびPC-2（プレストレストコンクリート）に分類される工場製品は、配合によっては、コンクリート中に含まれる塩化物イオン量がその含有限界である0.30kg/m³以上となる場合があるので、エコセメントの使用は避けた方がよい。

速硬エコセメントの塩化物の含有量は、セメント質量の0.5％以上と多いことから、工場製品のうち、用心鉄筋なども有さない無筋コンクリートだけに使用するのがよい。

<u>2)について</u>　①普通エコセメントを用いたコンクリートのフレッシュコンクリートは、普通ポルトランドセメントを用いたコンクリートに比べてやや粘性が高く、スランプロスも幾分大きいだけで、ほとんど変わりはないので、同コンクリートと同等に扱ってよい。

②エコセメントを使用した鉄筋コンクリートの塩分管理の方法は各材料に含まれる塩分の総量で計算する。フレッシュコンクリート中の溶出塩分の測定によるコンクリートの管理を行う場合には国土交通省の土木工事共通仕様書に規定される方法でよい。しかしながら、普通エコセメントに含まれる塩化物イオンは、大部分がクリンカー鉱物中に固定されており、30～40％しかフレッシュコンクリートの水の中に溶出しない。コンクリート中の塩分量の規制値は、総量として決められているので、可溶性塩分の測定による検査をする場合には、第2編1.2.1(3)2)の解説（P.57）で述べた方法で確認するのが安全である。

<u>3)について</u>　エコセメントは、使用実績が少ない。将来の問題点の検討と耐久性等の確認のためにエコセメントを使用したコンクリート製品を使用するには、現場打ちコンクリートと同様に使用箇所を記録して保存しておくことが必要である。

普通エコセメントは、第2編1.2(3)（P.50）に示すように、用途は高強度・高流動コンクリートを除く一般的なコンクリートに使用される。エコセメントを使用したコンクリートが解体されて、これを再生・再利用する場合は、通常のセメントを使用したコンクリートと同等と考えてよい。

(4) 課題

エコセメントの製造工場は、限られた地域にしかない。エコセメントの使用に当たっては、エコセメントの規格を満足するセメントが必要量確保できるかどうかの調査をしなければならない。

【解　説】

平成14年現在、商業運転工場として稼動中のものは、千葉県市原市八幡海岸通に平成13年4月に建設された工場がある。千葉県で発生する廃棄物のゼロエミッション達成を目指す千葉県エコタウンプラン（環境と調和したまちづくり計画）に従ったものであり、年間約6万トンの都市ごみ焼却灰と約3万トンの産業廃棄物を原料とし、約11万トンのエコセメントを製造している。東京都西多摩郡日の出町二ツ塚処分場内に計画されている施設は、平成17年度に稼動の予定であり、年間12.5万トンの都市ごみ焼却灰を使用し、16万トンのエコセメントを製造する予定である。

しかしながら、これらの生産工場からのエコセメントが入手可能な地域は限られているので、エコセメントを使用する場合にはその入手が可能であるかどうかを調査しなければならない。

その他、留意すべき点は以下の通りである。

① 環境安全性

エコセメントクリンカーの原料に用いられる都市ごみの焼却灰および下水汚泥には、重金属類および有機化合物であるダイオキシン類を含むことがあっても、原料から持ち込まれる重金属類の鉛・銅・カドミウム・水銀などの大部分は、約1,300℃以上の焼成工程で塩化物の形態でセメントクリンカーから分離・冷却されて、アルカリ塩化物とともにダストとしてバックフィルターで回収される。また、ダイオキシン類などの有害な有機化合物は、焼成工程において800℃以上の高温によって分解され、排ガス・ダストおよびセメントクリンカー中には残存することはない。したがって、通常のセメントと同等と考えてよい。

② 物理化学特性

セメントの品質および物理化学特性は、JIS R 5214「エコセメント」に規定されている。コンクリート製品の特性は、JIS A 5364「プレキャストコンクリート製品─材料及び製造方法の通則」などの関連規格に規定される。

③ 利用実績

エコセメントを使用したコンクリート製品の利用実績は増加している。平成14年度に千葉県が一部コンクリート製品に「原則エコセメントの使用」を通達した。JIS A 5364「プレキャストコンクリート製品─材料及び製造方法の通則」などの関連規格が改訂された。

④ 繰返し利用性

普通エコセメントの用途は、高強度・高流動コンクリートを除く一般的なコンクリートである。エコセメントを使用したコンクリートが解体されて、これを再生、再利用する場合は、通常のセメントを使用したコンクリートと同等と考えてよい。

⑤ 経済性

都市ごみ焼却灰等の廃棄物を原料に用い、環境安全性に配慮してエコセメントを製造するには、普通ポルトランドセメントよりも生産費が必要である。しかし、市場価格は需要と供給の関係で定まるので、エコセメントの価格は普通ポルトランドセメント価格程度となっている。

コンクリートの製造費は、普通ポルトランドセメントを用いたコンクリートとほぼ同等である。

⑥ 必要性

エコセメントは、有害なダイオキシン類と重金属類等を含むため処分・処理が困難な都市ごみ焼却灰を安全・適切に処理し、ゴミ処分負担の軽減および環境破壊の防止に貢献する建設資材として開発されたものである。

⑦ 二酸化炭素の発生量

エコセメントを使用する際の二酸化炭素の発生量は、通常のセメントを使用する際のものと同じである。エコセメント製造時においては、都市ごみ焼却灰を埋立処分した場合に比べて多量の二酸化炭

素が発生するが、その発生量は天然資源を原料として製造されるポルトランドセメントと同程度である。エコセメントが使用されると、その分ポルトランドセメントが使用されなくなるので、結果的に二酸化炭素の排出量は同じである[4]。しかし、都市ごみはエコセメントに使用しなければ他の方法で処理をしなければならないのでその処理で発生する二酸化炭素の排出量は抑制できたことになる。

（参考文献）
1) 寺田　剛、明嵐政司：都市ごみ焼却灰を主原料としたセメントの低塩素化とコンクリートの特性、コンクリート工学、Vol.37、No.8、pp.26〜30、1999年
2) 独立行政法人土木研究所、東京都土木技術研究所、千葉県、埼玉県、麻生セメント㈱、住友大阪セメント㈱、太平洋セメント㈱、日立セメント㈱：都市ごみ焼却灰を用いた鉄筋コンクリート材料の開発に関する共同研究報告書（マニュアル編）、2002年3月
3) 建設省土木研究所材料施工部化学研究室：省エネセメントの利用技術に関する報告書—研究成果および利用技術マニュアル（案）、土木研究所資料、平成9年3月
4) 佐野　奨、市川牧彦、辰市祐久、四阿秀雄：都市ごみ焼却灰処理に伴う環境負荷の定量化、資源環境対策、Vol.36、No.10、pp.58〜64、2000年
5) 独立行政法人土木研究所：エコセメント利用技術マニュアル、技報堂出版、平成15年3月

2 下水汚泥

廃棄物の概要

　下水汚泥は、下水道処理場の浄化処理の行程で発生する沈殿物であるが、下水道の維持管理上、放流水の下水の発生汚泥を適正に処理処分することは、最も大きな課題となっている。

　平成12年度の下水道の普及率は62％、汚泥の処分量は約226万m³である。最近の変化は、表2-1に示すようになっており、普及率が順調に上昇している一方で、処分量は横ばいになっている。

表2-1　下水道の普及と発生汚泥処分

年度	平成5年	平成6年	平成7年	平成8年	平成9年	平成10年	平成11年	平成12年
下水道普及率%	49	51	54	55	56	58	60	62
処理水量10⁶m³/年	11,551	10,833	10,725	11,705	12,409	12,928	12,614	13,008
汚泥処分量10³m³/年	2,307	2,572	2,569	2,374	2,343	2,256	2,027	2,261

日本の下水道（平成14年）

表2-2　下水汚泥の処分状況（平成12年度：処分時の体積）　単位10³m³

処理性状	陸上埋立	海面埋立	有効利用	その他	計
脱水ケーキ	629	43	918	20	1,611
焼却灰	71	87	183	17	358
乾燥汚泥	17	0	61	14	92
消化・凝縮汚泥	20	0	12	2	34
計　（％）	737 (35)	131 (6)	1,174 (56)	53 (3)	2,094(100)

日本の下水道（平成14年）

　処分の形態別内訳（表2-2）は、平成12年度においては41％が陸上・海面の埋立て処分になっており、56％が建設資材利用や農地還元等に有効利用されている。

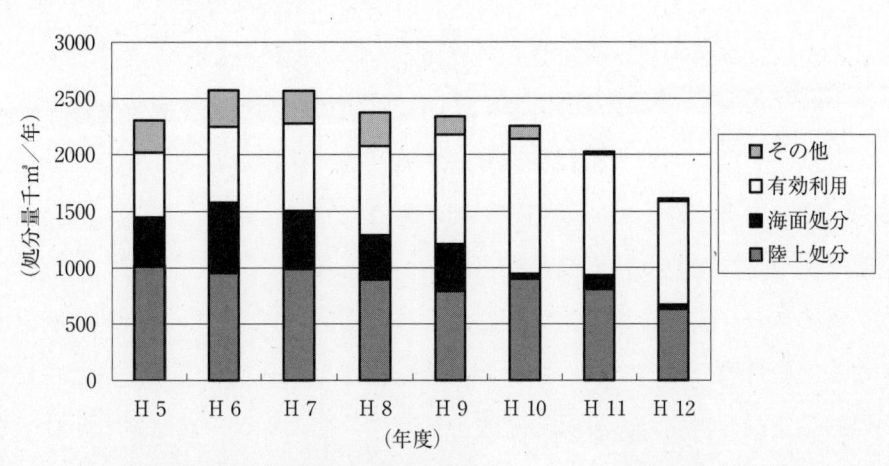

図2-1　下水汚泥の処理方法別処理量の推移　　　　日本の下水道（平成14年）

有効利用量は約117万m³で、さらに利用量を増さなければならない状況にある。

表2-3には下水汚泥の成分を示す。下水汚泥は有機物を豊富に含んでおり、この中には窒素・リンなどの肥料としての効果がある成分が含まれている。下水汚泥はこのような特性を利用して、農地と緑地へ有機肥料あるいは土壌改良材として用いられている。一方、下水汚泥中に含まれる無機成分に着目して、これを建設資材の原料に利用すること、例えばセメントへの混合使用あるいはエコセメントの原料といった利用方法も研究されてきた。

表2-3 下水汚泥の成分

水分	固形分	固形分の成分						
%	%	可燃分 %	SiO_2 %	Al_2O_2 %	Fe_2O_2 %	CaO %	P_2O_5 %	Cl %
80	20	63	15	7	3	3	6	0.3

2.1 溶融固化処理

(1) 処理の概要

下水汚泥の処理は、汚泥中に含まれる有機物等の安定化と減量化が基本となる。安定化には焼却と消化処理が有効であるのに対し、減量化には焼却と溶融固化が有効である。現状では、最終安定化の状態で区分すれば、焼却または脱水処理して埋め立てるものが約7割を占める。しかし都市部などのような埋立地の確保が困難な地域や、焼却処理のみでは減量効果が十分でない大都市と広域処理事業等では、溶融固化処理が採用されることが多くなってきている。

なお、下水汚泥の溶融固化処理は、汚泥固形物中の有機物が分解したあとの無機物を、1,200℃以上の高温で融解して、その融液を除冷して固化物（スラグ）とする事が多い。溶融処理の方式には、表面溶融炉、旋回溶融炉、コークスベッド式溶融炉等さまざまな方法が用いられている。

スラグを冷却方法で区分すれば、急冷スラグ（水砕スラグ、風砕スラグ）、徐冷スラグ（空冷スラグ）、結晶化スラグ等に分けられる。

急冷スラグは、融液を水などの冷却媒体と直接または間接的に接触させて、急速に冷却して得られる（水砕と呼ばれる）スラグで、一般にガラス質で細粒状または砂状である。

徐冷スラグは、融液をコンベアまたは容器に受けて大気中または保温室で冷却させる方式で、急冷スラグに比べて形状が大きいので、粗骨材を製造する目的で採用される。除冷スラグは、ふるい分けして粒度調整をしたり、再破砕してスラグ砂に加工されたりする場合もある。徐冷の際に温度管理を行って冷却速度を調整しなければ、ガラス化したスラグとなる。

結晶化スラグは、スラグ成分を結晶化させるために特別に装置を作り、冷却速度をコントロールしながら結晶化する工程を取り入れて製造される。結晶化されたスラグは単に徐冷されたスラグに比べて、骨材の物理的品質が改善され、骨材の硫酸ナトリウムによる安定性試験・すりへり減量試験・コンクリートに使用した時の凍結融解試験等が、天然の砕石を使用したのと同等以上の品質を示す。

溶融スラグは、埋戻し材・盛土や道路の路盤材料・コンクリート用骨材などに利用可能で、標準情報 TR A 0017「道路用溶融スラグ骨材」、標準情報 TR A 0016「コンクリート用溶融スラグ細骨材」なども作成されていて、JIS化の準備が行われている。

なお、下水汚泥を溶融する工程で重油等の燃料を使用するので、二酸化炭素が発生する。発生量は一般の都市ゴミ焼却灰などの場合と同じと考えられる。すなわち、1トンの焼却灰から0.65トンのスラグが製造され、その際1.625トンの二酸化炭素が発生するので1トンの溶融スラグを製造するのに2.4トンの二酸化炭素が発生する。

(2) 物理化学的性質と環境安全性

下水汚泥溶融スラグ（以下「汚泥スラグ」と記す。）は、絶乾密度および表乾密度が概ね2.5～3.0 g/cm³であり、砕石と同程度の密度である。密度（絶対乾燥状態）は冷却方法により若干異なり、空冷スラグの方が水砕スラグよりいくぶん大きな値となる傾向がある。

汚泥スラグの原料となる汚泥の焼却灰には、石灰系焼却灰と高分子系焼却灰があるが、溶融スラグにした場合の両者の違い等については、詳しい研究例は発表されていない。

表2.1-1に汚泥スラグの環境安全性の試験結果を示す。

表2.1-1 汚泥スラグの環境安全性 兵庫県 HP[4]より

項　目	含有量（mg/kg）生産スラグ*	基準値	溶出量（mg/ℓ）生産スラグ*	基準値
カドミウム	検出限界1.0以下	150以下	検出限界0.001以下	0.01以下
鉛	検出限界2.0以下	150以下	検出限界0.005以下	0.01以下
六価クロム	検出限界1.0以下	250以下	検出限界0.01以下	0.05以下
砒素	検出限界1.0以下	150以下	検出限界0.001以下	0.01以下
総水銀	検出限界0.05以下	15以下	検出限界0.0005以下	0.0005以下
セレン	検出限界1.0以下	150以下	検出限界0.002以下	0.01以下
ふっ素	62～73	4,000以下	検出限界0.1以下	0.8以下
ほう素	57～87	4,000以下	検出限界0.01以下	1以下

＊平成15年度の実績値

（参考文献）
1) 下水汚泥資源利用協議会：下水汚泥の建設資材利用マニュアル（案）、2001年版
2) 建設省土木研究所：公共事業における試験施工のための他産業再生資材試験評価マニュアル案、1999年9月
3) 佐野奨 他：都市ゴミ焼却灰に伴う環境負荷の定量化、資源環境対策、Vol.36、No.10、2000年10月
4) 兵庫県中播磨県民局県土整備部ホームページ「下水道汚泥溶融スラグの有効利用」平成17年3月

2.1.1 舗装の路盤材料

> **(1) 適用範囲**
> 　本項は下水汚泥または汚泥焼却灰を1,200℃以上の温度で溶融し、これを冷却することによって得られる汚泥スラグ骨材を舗装の路盤材料として用いる場合に適用する。

【解　説】
　溶融温度を1,200℃以上にして溶融固化した汚泥スラグは、塩化物がほとんど分解し、ダイオキシン等の残留の心配がなくなる。また、環境安全性の試験により重金属が溶出しないことを確認していれば、土中に使用しても安全である。汚泥溶融スラグの製法は一般廃棄物溶融スラグの場合と似ており、スラグの成分もほとんど同じである。したがって、その用途も同スラグと同じである。

> **(2) 試験評価方法**
> 　1）品質基準と試験方法
> 　　舗装の路盤材料に使用する汚泥スラグ骨材の品質と試験方法は、第2編1.1.1(2)1)に準ずる。
> 　2）環境安全性基準と試験方法
> 　　汚泥スラグ骨材の環境安全性基準と試験方法および安全性の管理は第2編1.1.1(2)2)に準ずる。

【解　説】
1)、2)について　第2編1.1.1(2)1)、2)の解説（P.26、P.29）に準ずる。

> **(3) 利用技術**
> 　1）設計
> 　　汚泥スラグ骨材を表層・基層用アスファルト混合物として利用する舗装は、「舗装設計施工指針」に示される方法と手順に準じて行うが、原則として舗装計画交通量T＜1,000（台/日・方向）の道路に適用するとともに、混合物への溶融スラグ骨材の配合量は性能上問題のない範囲とする。
> 　2）施工
> 　　①汚泥スラグ骨材が、確実に供給できるかどうかを確認しなければならない。
> 　　②汚泥スラグ骨材が、他の材料と混同されないように配慮しなければならない。
> 　　③施工方法は、通常の骨材を使用した路盤の施工法に準じて行うものとする。
> 　3）記録または繰返し再生利用と処分
> 　　汚泥スラグ骨材を加熱アスファルト混合物として利用した場合は、発注者は使用材料調書（溶融スラグ骨材の試験成績票を含む）、配合設計書および施工図面等の工事記録を保存し、

> 繰返し再生利用および処分に際して利用できるよう備えるものとする。

【解説】

<u>1)、2)、3)について</u>　第2編1.1.1(3)1)、2)、3)の解説（P.31）に準ずる。

---

(4) 課題

1) **物理化学特性**

　骨材使用設備と管理の方法によって製造される骨材の性能にかなりの差があるが、十分な調査がなされていない。使用にあたっては、汚泥スラグ骨材の品質をよく調査する必要がある。公的機関によって確認された生産工場で生産された骨材、あるいは建設技術審査証明を得ている骨材を使用するのが望ましい。

2) **利用実績**

　汚泥スラグを使用した路盤の施工実績は限られた地域にしかない。汚泥スラグ骨材の購入あたっては、環境安全性を含む性能がよく確認された骨材を選定するのがよい。

3) **供給性**

　汚泥スラグが生産されていない地方も多く、生産されていても市場にはほとんど出回っていないので、使用にあたっては汚泥溶融スラグ骨材が必要時に必要量入手可能か調査しておく必要がある。

4) **二酸化炭素の発生量**

　汚泥スラグを路盤に使用する場合、施工時に従来の材料に比べて特別に多くの二酸化炭素が発生することはないが、汚泥スラグ製造時には燃料使用と石灰の消費により大量の二酸化炭素が発生する事に配慮しておく必要がある。

【解説】

<u>1)について</u>　汚泥スラグ骨材の要求性能は、標準情報 TR A 0017 等で規定されているので、この規格を満足していれば特に問題はないが、これらの規格に従って日常の品質管理が十分になされている事が大切である。公的機関などによって審査され、性能が証明された骨材を使用するとよい。

<u>2)について</u>　実際の工事に使用された実績を利用例に示す。

<u>3)について</u>　2005年現在、汚泥スラグ粗骨材が生産されているのは、長野県・滋賀県・京都府・富山県等であり、全国的に見ると供給量は少ない。汚泥スラグ細骨材も同様である。

<u>4)について</u>　汚泥スラグの使用にあたって、特に多くの二酸化炭素が発生することはないが、汚泥スラグ製造時には、燃料使用と石灰の消費により2.4（トンCO_2/トンスラグ）の二酸化炭素が発生するので、そのことに配慮しなければならない。

　その他、留意すべき点は以下の通りである。

① 環境安全性

　汚泥スラグは1,200℃程度の高温で溶融されるので、環境安全性はほとんど問題ない。

② 繰返し利用性

　路盤に使われた汚泥スラグ骨材は、路盤を現地再生して再利用する場合である。使用上、特に問題がなかった汚泥スラグ骨材使用路盤を繰返し利用する場合、溶融スラグ骨材は通常の骨材と考えて取扱ってよい。

③ 経済性

　汚泥スラグの生産コストは1トン数万円であり、天然産の骨材の生産費に比べれば著しく高い。しかし、需要が少ないので、汚泥スラグの販売価格は通常の骨材以下となっている場合もある。

④ 必要性

　下水汚泥の用途は建設事業以外にもあるが、下水汚泥は公共事業によって発生し、その量も多いので、建設事業でも用途を確保する必要がある。

（利用例）

1) 空冷スラグと水砕スラグの粒度調整（日本下水道事業団）
2) 結晶化スラグを用いた室内試験（京都市）
3) 水砕スラグを路盤材料として利用した試験施工（福岡県）
4) 結晶化スラグを路盤材料として利用した試験施工（京都市）
5) 単体での路盤材料としての試験施工（大阪府）
6) クラッシャラン（C-40）との混合による下層路盤（富山県）
7) クラッシャラン（C-30）との混合による修正CBRの改善（滋賀県）

（参考文献）

1) 下水汚泥資源利用協議会：下水汚泥の建設資材利用マニュアル（案）、2001年版
2) 建設省土木研究所：公共事業における試験施工のための他産業再生資材試験評価マニュアル案、1999年9月
3) 経済産業省：標準情報 TR A 0017「一般廃棄物、下水汚泥等の溶融固化物を用いた道路用骨材」（道路用溶融スラグ骨材）、（材）日本規格協会

2.1.2　アスファルト舗装の表層および基層用骨材

(1) 適用範囲

　本項は、下水汚泥または汚泥焼却灰を1,200℃以上の温度で溶融し、これを冷却して得られる汚泥スラグ骨材をアスファルト舗装の表層および基層用骨材として用いる場合に適用する。

【解　説】

　溶融温度を1,200℃以上にして溶融固化したスラグは、溶出試験により重金属等の溶出のないこと

が確認されていれば、アスファルト表層および基層用骨材として使用することができる。既存の使用例でも、空冷スラグと水砕スラグを細骨材の一部として使用したものはよい結果を得ている。したがって、本項では汚泥スラグ骨材を細骨材の一部として他の材料と混合し、アスファルト舗装の表層および基層に用いる場合について規定するが、使用方法は従来の骨材と混合使用する場合も含めて規定する。

> (2) 試験評価方法
>
> 1) 品質基準と試験方法
>
> アスファルト舗装の表層および基層に使用する汚泥スラグ骨材の物理的品質は、「舗装設計施工指針」および「アスファルト舗装要綱」で規定される表層および基層用骨材の基準と同等の品質を有するものを使用する。
>
> 2) 環境安全性基準と試験方法
>
> アスファルト舗装の表層および基層に用いる溶融スラグの環境安全性基準と試験方法および安全性の管理は、第2編1.1.1(2)2)に準ずる。すなわち、6項目の溶出量試験、含有量試験を行わなければならない。

【解　説】

水砕スラグの中で針状物を含むものや、ガラス片のように鋭い稜角に富むガラス質の空冷スラグなどは、運搬や施工などの作業における安全性の確保・偏平と亀裂の残存防止・締固めにくいなどの施工性の改善を図るため、破砕機等による針状物の除去と角取り（丸味付けとも呼ばれる）を行うとよい。なお、結晶化工程を加えたスラグは、このような針状の突起物を含むことはほとんどない。

1)について　アスファルト舗装の表層および基層に使用する骨材の品質は、表2.1.2-1に示す値が「舗装設計施工指針」および「アスファルト舗装要綱」に定めている。

表2.1.2-1　アスファルト舗装の表層および基層に使用される骨材の規格値と試験方法

試験項目	規格値	試験方法
表乾密度（g/cm³）	2.45以上	JIS A 1109 および JIS A 1110
吸水率（％）	3.0以下	JIS A 1109 および JIS A 1110
すりへり減量（％）	30以下*	JIS A 1121
安定性損失量（％）	12以下	JIS A 1122
有害物含有量（柔らかい石片）（％）	5.0以下*	舗装試験法便覧（日本道路協会）
有害物含有量（扁平な石片）（％）	10.0以下*	舗装試験法便覧（日本道路協会）

＊細骨材には適用されない。

汚泥スラグ骨材を単独で舗装の表層および基層材料として利用する場合は、道路用溶融スラグ骨材として公表されている標準情報 TR A 0017 の規定に適するものを使用する。TR A 0017では、表層および基層に用いる道路用スラグとして、その種類と呼び名を表2.1.2-2のように定めている。

表2.1.2-2　表層および基層に用いる道路用スラグの種類と呼び名

種類	呼び名	用途
単粒度溶融固化骨材 （徐冷固化物）	SM-20	加熱アスファルト混合物用
	SM-30	
	SM-5	
溶融固化細骨材 （水砕固化物、徐冷固化物）	FM-2.5	加熱アスファルト混合物用

表2.1.2-3　表層および基層に用いる道路用スラグの粒度

呼び名	ふるいを通るものの質量百分率％ 金属網ふるいの公称目開き mm						
	26.5	19	13.2	4.75	2.36	1.18	0.075
SM-20	100	85-100	0-15	—	—	—	—
SM-13		100	85-100	0-15	—	—	—
SM-5	—	—	100	85-100	0-25	0-5	—
FM-2.5	—	—	—	100	85-100	—	0-10

表2.1.2-4　表層および基層材として使用する場合の道路用溶融スラグの種類と品質

種類 \ 試験方法	絶乾密度 JIS A 1110	吸水率 JIS A 1110	すりへり減量 JIS A 1121
粒度調整溶融固化骨材（徐冷固化物） クラッシャラン溶融固化骨材（徐冷固化物）	2.45 g/cm³ 以上	3.0％以下	30％以下

スラグ中に含まれる金属鉄の含有量は、1.0％以下でなければならない。その試験は、JIS A 5011-2「コンクリート用スラグ骨材」に示される方法による。選別と品質管理は密度と磁力を利用して行なわれている。

「舗装設計施工指針」および「アスファルト舗装要綱」には、加熱アスファルトの混合物が満足しなければならない品質規格が定められている。汚泥溶融スラグ骨材を用いた加熱アスファルトの混合物もマーシャル安定度試験や、場合によっては水浸マーシャル安定度試験・ホイールトラッキング試験等によって安定度を確認しながらその配合を定めなければならない。詳しくは、「舗装設計施工指針」・「アスファルト舗装要綱」および「舗装試験法便覧」を参照されたい。

<u>2)について</u>　第2編1.1.1(2)2)の解説（P.29）に準ずる。

(3) 利用技術

1) 設計

汚泥スラグ骨材を表層・基層用アスファルト混合物として利用する舗装は、「舗装設計施工指針」に示される方法と手順に準じて行うが、原則として舗装計画交通量T＜1,000（台/日・

方向）の道路に適用するとともに、混合物への溶融スラグ骨材の配合量は性能上問題のない範囲とする。
2) 施工
　①汚泥スラグ骨材が確実に供給できるかどうかを確認しなければならない。
　②汚泥スラグ骨材が他の材料と混同されないように配慮しなければならない。
　③施工方法は通常の骨材を使用した路盤の施工法に準じて行うものとする。
3) 記録または繰返し再生利用性

　汚泥スラグ骨材を加熱アスファルト混合物として利用した場合は、発注者は使用材料調書（汚泥スラグ骨材の試験成績票を含む）、配合設計書および施工図面等の工事記録を保存し、繰返し再生利用および処分に際して利用できるよう備える。

　汚泥スラグ骨材を使用した表層および基層を再生使用する場合は、使用中に問題を生じなかった汚泥スラグ骨材であれば通常の骨材と同じと考えてよい。

【解　説】

1)について　汚泥スラグを用いた表層および基層の設計は、「アスファルト舗装要綱」および「簡易舗装要綱」等に示される方法と手順で設計施工を行う。

　地域によっては材料の使用実績が少なく、いつでもどこでも所要の品質のものを所要量入手できるとは限らないので、使用に先立っては、汚泥スラグを用いた路盤材料の入手先・溶出試験結果を含む品質・生産能力・運搬距離等の調査を行う必要がある。

　汚泥スラグ骨材をアスファルト舗装の表層および基層に使用する場合には、密粒度アスファルトに使用骨材の20％以下の混合率で通常の骨材に混ぜて使用するのがよい。また、汚泥スラグ骨材を用いたアスファルト混合物の等値換算係数は、1.0としてよい。

　汚泥スラグ骨材が使用できる道路の交通区分は、舗装計画交通量T＜1,000（台/日・方向）以下の道路とする。これらの条件以外で使用する場合には、試験施工などによってその性能を十分確かめてから使用する。

2)について　施工に先だって、汚泥スラグ骨材が必要なときに必要量が確実に入手できること、および他の材料やスラグを使用しない工区に紛れ込まないように、施工者は注意する必要がある。発注者は、試験成績票を受け取り、溶出試験結果等内容を確認し、施工図面とともに保管する。

3)について　汚泥スラグ骨材使用のアスファルト舗装は、耐久性などについての情報をさらに多く蓄積する必要がある。表層および基層材料のリサイクル時にも参考となるので、汚泥スラグ骨材を使用した場合には使用箇所、材料の製造者、工事の記録等を保存しておく必要がある。

　汚泥スラグを用いた表層および基層材料の繰返し再生利用と処分を行うに当たっては、発注者は使用時の設計図書等の内容を確認のうえ、溶融スラグの製造者と相談・協議して適正な方法と手順を定めておくと良い。

(4) 課題

第2編2.1.1(4)に準ずる。

【解　説】

汚泥スラグ細骨材も長年にわたって生産方法と使用方法の研究がなされてきたが、舗装表層材料として本格的に生産をしている工場は少ない。したがって、使用にあたっては品質が一定品質の骨材が常に生産されることが公的機関などによって審査され、製品の性能が証明された骨材プラントで供給される骨材を使用するのが汚泥スラグ骨材を使用した道路の信頼性を高めるのに必要である。

(利用例)
1) 水砕スラグを密粒度アスファルト混合物の細骨材として利用した試験舗装（東京都）
2) 空冷スラグを密粒度アスファルト混合物の粗骨材として利用した試験舗装（大阪府）
3) 水砕スラグを密粒度アスファルト混合物の細骨材として利用した試験舗装（佐世保市）

(参考文献)
1) 下水汚泥資源利用協議会：下水汚泥の建設資材利用マニュアル（案）、2001年版
2) 建設省土木研究所：公共事業における試験施工のための他産業再生資材試験評価マニュアル案、1999年9月

2.1.3　現場打ちコンクリート用骨材

(1) 適用範囲

本項は下水汚泥または汚泥焼却灰を1,200℃以上の温度で溶融し、これを冷却することによって得られる汚泥スラグ骨材を現場打ちコンクリート用粗骨材または細骨材として用いる場合に適用する。

【解　説】

溶融温度を1,200℃以上にして溶融したスラグは、塩素化合物がほとんど分解し、ダイオキシン等の残留の心配が少なくなるので、環境問題はほとんどなくなる。しかし、汚泥スラグ骨材の物理的品質は冷却方式等により大きく異なり無条件でコンクリートに使用できるとは限らない。ただし、一般廃棄物焼却灰や下水汚泥スラグを対象にしたコンクリート用骨材の規格化の研究が進み、溶融スラグを結晶化させてコンクリート用骨材として十分使用可能な汚泥スラグ骨材が生産されている例もあるので、コンクリート用骨材としての品質と性能を満足している汚泥スラグ骨材は、現場打ちコンクリートにも適用できるものとした。

(2) 試験評価方法

第2編1.1.3(2)に準ずる。

【解　説】

　下水汚泥を使用したスラグ骨材のコンクリートへの使用規定には、建設省土木研究所が作成した「汚泥スラグ骨材を用いたコンクリートの設計施工指針（案）」がある。最新のものとしては、一般焼却灰溶融スラグや下水汚泥溶融スラグを用いたコンクリート用骨材の規格案が、日本コンクリート工学協会（JCI）と日本工業標準調査会から発表されている。これらの案では、いずれもスラグ骨材に対する要求性能は、砕石と高炉スラグの規格と同じ数値を用いている。したがって、本マニュアルにおいても、汚泥スラグ骨材は第2編1.1.3(2)（P.39）に示す物理的・化学的性質が満足される場合には、コンクリート用細骨材および粗骨材の両者にも使用できるものとした。

(3) 利用技術

第2編1.1.3(3)に準ずる。

【解　説】

　第2編1.1.3(3)の解説（P.41）に準ずる。

(4) 課題

第2編1.1.3(4)に準ずる。

【解　説】

① 環境安全性

　汚泥スラグは、1,200℃程度の高温で溶融されるので、6項目の溶出試験と含有量試験を行って品質を保証する。

② 物理化学特性

　汚泥スラグコンクリート用骨材に対する要求性能は、規格化協会などで検討がなされているが、一般ゴミ焼却灰溶融スラグおよび下水汚泥溶融スラグは同一に扱って規準化されている。したがって、本マニュアルでも同様な扱いとした。

③ 利用実績

　実際の工事に使用された実績は非常に少ない。

④ 供給性

　2003年現在、汚泥スラグが生産されているのは、東京都・長野県・滋賀県・京都府および富山県等であり、供給量は非常に少ない。

⑤ 繰返し利用性

コンクリートの再利用はコンクリートを粉砕し、骨材として低品質コンクリート用骨材に再利用することがある。低品質のコンクリートに利用されるので、溶融スラグは再利用の妨げにならない。

⑥ 経済性

溶融スラグの生産コストは、1トン数万円はすると考えられるが、市場価格は需要と供給の関係で定まるので一定していない。京都市では、入札で溶融スラグ骨材の価格を決めている。

⑦ 必要性

下水汚泥の用途は多く、建設事業以外にも使用されているが、下水汚泥は地方公共事業体でも発生するので、建設事業においてもその用途をできるだけ多く確保しておく必要がある。

⑧ 二酸化炭素の発生量

汚泥スラグの施工時に特に多くの二酸化炭素が発生することはないが、汚泥スラグ製造時には燃料使用と石灰の消費により2.4（トンCO_2/トンスラグ）の二酸化炭素が発生する。

（利用例）
1) 水砕スラグを細骨材として利用した場合のスラグ混入率とコンクリート強度の調査（富山県）
2) コンクリート骨材としての評価（滋賀県）
3) スラグ混入率とコンクリート強度の試験（千葉市）
4) コンクリート骨材（遠心力鉄筋コンクリート管骨材）としての評価（大阪市）
5) 川砂との混合利用によるコンクリート強度の調査（東京都）
6) 結晶化スラグのコンクリート骨材としての実用化検討（京都市）
7) 球状化スラグを流動化材として利用（東京都）

（参考文献）
1) 汚泥資源利用協議会：下水汚泥の建設資材利用マニュアル（案）、2001年版
2) 建設省土木研究所：公共事業における試験施工のための他産業再生資材試験評価マニュアル案、1999年9月
3) コンクリートへのリサイクル資材活用技術の標準化に関する調査研究委員会：一般廃棄物と下水汚泥を起源とする溶融スラグ骨材のJCI規格（案）および砕石粉TR原案の概要、コンクリート工学、Vol. 39、No.12、2001年12月

2.1.4 コンクリート工場製品用骨材

(1) 適用範囲

本項は下水汚泥、または汚泥焼却灰を1,200℃以上の温度で溶融し、これを冷却することによって得られる汚泥スラグ骨材をコンクリート工場製品用粗骨材または細骨材として用いる場合について適用する。

【解　説】
第2編1.1.4(1)の解説（P.43）に準ずる。

(2) 試験評価方法
第2編1.1.4(2)に準ずる。

【解　説】
第2編1.1.4(2)の解説（P.43）に準ずる。

(3) 利用技術
第2編1.1.4(3)に準ずる。

【解　説】
第2編1.1.4(3)の解説（P.44）に準ずる。

(4) 課題
第2編1.1.4(4)に準ずる。

【解　説】
① 環境安全性

汚泥スラグは1,200℃程度の高温で溶融されるので、これから製造されるコンクリート用骨材には、環境安全性上の問題はほとんどない。

② 物理化学特性

汚泥スラグコンクリート用骨材に必要な性質は、日本コンクリート工学協会および規格化協会などで検討がなされているが、いずれも一般ゴミ焼却灰溶融スラグと下水汚泥溶融スラグを同一の範疇に属するものとして要求性能が検討されている。したがって、本マニュアルでも両者には同じ要求性能を規定した。

③ 利用実績

インターロッキングブロック等の工場製品に使用された実績は、利用例に示すように多数ある。

④ 供給性

2003年現在、汚泥スラグが生産されているのは、東京都・長野県・滋賀県・京都府等であり、地域が限られている。

⑤ 繰返し利用性

コンクリートを粉砕し、骨材として低品質コンクリート用骨材に再利用することがある。低品質のコンクリートに利用されるので、溶融スラグは再利用の妨げにならない。

⑥ 経済性

溶融スラグの生産コストは、1トン数万円はすると考えられるが、市場価格は需要と供給の関係で決まるので一定していない。京都市では入札で価格を決めている。

⑦ 必要性

下水汚泥の用途は建設資材以外の用途も多く、建設事業以外にも使用されているが、下水汚泥の発生元が公共事業であり、その量も多くなると予想されるので、建設事業においても多くの用途を確保しておく必要がある。

⑧ 二酸化炭素の発生量

汚泥スラグを使用するのに、通常の骨材に比べて特に多くの二酸化炭素が発生することはないが、下水汚泥溶融スラグ製造時には燃料使用と石灰の消費により2.4（トン CO_2/トンスラグ）の二酸化炭素が発生する。

（利用例）
1) インターロッキングブロック（富山県）
2) コンクリート境界ブロック（富山県）
3) 舗装用コンクリート平板（川崎市）
4) 遠心力鉄筋コンクリート管（大阪市）
5) スラグ成型品（東京都）
6) 透水性ブロック（東京都）
7) ヒューム管骨材（滋賀県）
8) インターロッキングブロック（滋賀県）
9) 境界ブロック（滋賀県）
10) 結晶化スラグの透水性インターロッキングレンガ（京都府）
11) 結晶化スラグの外装壁タイル（京都府）

（参考文献）
1) 汚泥資源利用協議会：下水汚泥の建設資材利用マニュアル（案）、2001年版
2) 建設省土木研究所：公共事業における試験施工のための他産業再生資材試験評価マニュアル案、1999年9月

2.1.5 埋戻し材

(1) 適用範囲

本項は下水汚泥、または汚泥焼却灰を1,200℃以上の温度で溶融し、これを冷却することによって得られる下水汚泥スラグ骨材を用いて埋戻しを行う場合について適用する。

【解　説】

　埋戻し材の場合には1,200℃以上の温度で溶融し、環境安全性さえ満足できれば、材料の物理的特性に関しては粒度以外に余り厳しい規定がない。下水汚泥の用途としても適しているので、使用法を規定する。下水汚泥溶融スラグと一般焼却灰溶融スラグに対する要求性能には差が無いので、規定および解説は一般焼却灰溶融スラグに準ずる。

(2) 試験評価方法
　第2編1.1.5(2)に準ずる。

【解　説】
　第2編1.1.5(2)の解説（P.47）に準ずる。

(3) 利用技術
　第2編1.1.5(3)に準ずる。

【解　説】
　第2編1.1.5(3)の解説（P.48）に準ずる。

(4) 課題
　第2編1.1.4(4)に準ずる。

【解　説】
① 環境安全性

　溶融スラグは1,200℃程度の高温で溶融されるので、環境安全性における問題点はほとんどない。

② 物理化学特性

　汚泥溶融スラグの成分、特に鉄分量・粒子形状と水砕スラグの針状結晶の量は、溶融固化施設の方式および操業条件により異なるので、予め使用する溶融スラグの品質を調査する必要がある。

　また、「舗装の構造に関する技術基準・同解説」（（社）日本道路協会、平成13年7月）の示す方針は、従前の仕様規定を基本としていたものから性能規定を前提とするものとなっている。材料等の品質基準は、仕様規定である。路面・舗装が性能規定による場合は、品質基準のみにとらわれずに要求性能を満足する材料・工法であるかを検討吟味する。

③ 利用実績

　埋戻し材として使用された実績は、あまり発表されないが、参考文献[1]によれば大阪府だけでも年間1万トン以上使用されている。

④ 供給性

　2003年現在、汚泥スラグが生産されているのは東京都、大阪府、長野県、滋賀県、京都府等で、か

なり限られている。

⑤ 繰返し利用性

特に問題はない。

⑥ 経済性

溶融スラグの生産コストは、1トン数万円はすると考えられるが、市場価格は需要と供給の関係で決まるので一定していない。京都市では入札で価格を決めている。

⑦ 必要性

下水汚泥の用途は建設資材以外の用途も多くあり、建設事業以外にも使用されているが、下水汚泥の発生が公共事業で生じ、その量も多いので、建設事業においても用途を多く準備しておく必要がある。

⑧ 二酸化炭素の発生量

汚泥スラグを使用するのに、通常の骨材に比べて特に多くの二酸化炭素が発生することはないが、下水汚泥溶融スラグ製造時には、燃料使用と石灰の消費により2.4（トンCO_2/トンスラグ）の二酸化炭素が発生する。

（参考文献）
1) 日本下水道協会：「下水汚泥有効利用状況調査報告書」（平成13年度）、平成14年3月

3 石炭灰

廃棄物の概要

　石炭灰の発生量は、表3-1に示すように平成13年度で約880万トン（前年比4.5％増）であり、今後も石炭消費量の増大に伴い増加する（平成17年頃に1,000万トンを超過する見込み）ことが確実である。平成13年度における利用率は、81.4％（前年比0.8％減）であり、残りの18.6％は埋立処分されている[1]。

　平成13年度の有効利用率を分野別でみると、セメント・コンクリート関連分野で占める割合が74.5％（前年比3.9％増）と高い。セメント製造においては粘土代替としての利用が多いが、近年はセメントの需要の低下などで、受入れ限度量に達するところもあり、業界全体としても上限に近づきつつある[2]。

表3-1　石炭灰発生・利用量の推移　　　（単位：千トン）

		平成10年度	平成11年度	平成12年度	平成13年度
発生量	電気事業	5,029	5,757	6,322	6,785
	一般産業	1,760	1,843	2,097	2,025
	計	6,789	7,600	8,429	8,810
内訳	利用量（％）	5,090 (75.0)	6,133 (80.7)	6,931 (82.2)	7,173 (81.4)
	埋立処分量	1,699	1,465	1,498	1,636

表3-2　石炭灰の有効利用（平成13年度）[3]

分野	細分	使用量（千トン）	使用割合（％）
セメント分野 74.5％	セメント原材料	4,915	68.5
	セメント混合材	294	4.1
	コンクリート用混和材	134	1.9
土木分野 12.5％	炭鉱等充填材	320	4.5
	地盤改良材	365	5.1
	道路路盤材料	104	1.5
	その他の土木工事用	62	0.9
建築分野 5.2％	建材ボード	309	4.3
	その他の建築材	62	0.9
農業分野 2.0％	肥料・土地改良材	144	2.0
その他 5.8％	その他	411	5.7
	合計	7,173	100

セメント分野での利用には限界があるので、埋立処分量の減少のための方策として、建設分野で活用することが期待され、利用技術の開発も熱心に行われている。

石炭灰のうち、ボイラーの炉底に落下したものをクリンカアッシュ、集じん器により採取されたものをフライアッシュと呼ぶ。フライアッシュのうち、分級前のものを原粉と呼び、分級後は細粉あるいは粗粉と呼ぶ。JISに規定されているフライアッシュはこの細粉および粗粉が原料である。JISを満足するフライアッシュには、コンクリート用混和材をはじめ多くの用途がある。本マニュアルは、石炭灰のうちのクリンカアッシュおよびフライアッシュの原粉、もしくはJISを満足しないフライアッシュを対象とする。

海外では石炭灰の規格化が進み、道路材料として大量に使用されている。我が国では「アスファルト舗装要綱」の改訂により、1988年からフライアッシュがアスファルトのフィラー材として、クリンカアッシュが下層路盤材料や路床材料・凍上抑制材・遮断層材として利用できるようになった。さらに、セメント安定処理路盤材への利用も期待されている。盛土材としては、軟弱地盤対策の試験工事および高盛土実証実験などを通じて、その有効性が認められている。充填材としては、トンネル裏込材・海中仮設物の中詰材などへの利用も実用化している。また、添加剤と共に混合・転圧して軟弱地盤の表面保護層とする固化盤工法も開発され、物資置き場などに利用されている[4]。

なお、石炭中には樹木が吸収した微量成分が濃縮されており、石炭灰の種類によっては、六価クロムや砒素などの重金属が、環境基準を超えて検出される場合もある。平成13年度より新たに土壌環境基準項目に加わったほう素が、環境基準を超える場合もある。したがって、利用時には必ず環境安全性に関する試験を実施する必要がある。また、無害化対策には本編中に示したセメント固化処理などが有効である。

(参考文献)
1) (財)石炭利用総合センター：石炭灰全国実態調査報告書（平成11年度分）、平成13年3月
2) セメント新聞社：セメント新聞、2002年2月4日号
3) (財)石炭エネルギーセンター：平成13年度石炭灰の有効利用分野内訳、http://www.jcoal.or.jp/coaltech/coalash/ash02.html
4) 環境技術協会・日本フライアッシュ協会：石炭灰ハンドブック、平成12年版、平成13年3月

3.1 セメント混合固化

土質材料として使用する石炭灰のうち、環境安全性を満足できないものを無害化処理する方法には、溶融固化のような熱処理とセメント混合固化と薬剤処理のような化学処理がある。セメント混合固化処理は、石炭灰に質量比で数％程度のセメントと石こう・高炉スラグ微粉末などを水と添加・混合し、石炭灰を固化する方法である。固化処理材料は施工性に考慮し、固化したものを破砕して一定粒度に調整するか、あるいは固化材添加直後に一定粒度に造粒するなどの方法で粒状化し、養生して固化する方法で製造する。セメント混合固化処理は、超長期の環境安全性などについては今後の調査結果を待たなければならない。しかし、燃料炭種の選択・混合固化用セメント量等の調節により環境安全基

準を満足する建設材料用セメント安定性処理石炭灰が多数開発され、そのうちいくつかは建設技術審査証明も取得している。

3.1.1 盛土・人工地盤材料

(1) 適用範囲
本項はセメント混合固化した石炭灰を盛土・人工地盤材料に利用する場合に適用する。

【解　説】
　本項はセメント混合固化石炭灰として製品化された石炭灰を道路盛土・造成盛土スーパー堤防・埋立・基礎地盤・構造物の埋戻し等に利用する場合に適用する。

(2) 試験評価方法
1) 品質基準と試験方法
　盛土・人工地盤材料には、工種ごとの材料および施工管理に関する品質基準があり、それぞれの該当する品質規定を満足しなければならない。

2) 環境安全性基準と試験方法
　セメント固化粉砕した石炭灰は、以下の環境安全性を満足しなければならない。

① 安全性基準
　有害物質の溶出量は、「土壌の汚染に係る環境基準について」（平成3年8月23日環境庁告示第46号）別表（付属資料1．別表参照）に示される27項目のうち銅を除いた26項目（「土壌汚染対策法施行規則」（平成14年12月26日環境省令第29号）第18条第1項および別表第2で定められた項目と同じ。）の溶出限界（以下溶出量基準と記す）を満足しなければならない。

　有害物質の含有量は、「土壌汚染対策法施行規則」第18条第2項および別表第3（付属資料2．別表第3参照）に示される9項目の含有限界（以下含有量基準と記す）を満足しなければならない。

② 試験方法
　溶出試験方法は、「土壌の汚染に係る環境基準について」（平成3年8月23日環境庁告示第46号）付表（付属資料1．付表参照）に示される方法による。

　含有量試験方法は「土壌含有量調査に係る測定方法」（平成15年3月6日環境省告示第19号）付表（付属資料3．付表参照）に示される方法による。

③ 安全性の管理
　セメント混合固化材を使用する場合は、ロット単位で溶出試験を実施し、その結果を品質表示票として添付されたものを使用しなければならない。

【解　説】

<u>1)について</u>　盛土・築堤ならびに埋戻し材料に使用するセメント固化石炭灰の品質基準は、「建設汚泥リサイクル指針」[1]等に従って表3.1.1-1に示す通りとする。

表3.1.1-1　盛土・築堤における要求品質

用途		工作物の埋戻し	道路（路床）盛土	土木構造物の裏込	道路路体用盛土	河川築堤 高規格堤防	河川築堤 一般堤防	水面埋立て
材料規定	最大粒径	50mm以下	—	(100mm以下)	—	100mm以下	(150mm以下)	—
材料規定	粒度	Fc≦25%	—	(Fc≦25%)	—	φ37.5mm以上の混入率40%以下	Fc>15%	—
材料規定	コンシステンシー	—	—	(PI≦10)	—	—	—	—
材料規定	強度	(規定のCBR以上)	(規定のCBR以上)	—	—	qc≧400kN/m²	—	—
施工管理規定	含水比	監督員の指示	最適含水比とDc90%が得られる湿潤側の含水比の範囲	—	最適含水比とDc90%が得られる湿潤側の含水比の範囲	最適含水比より湿潤側	—	—
施工管理規定	締め固め度	Dc≧90%	Dc≧90%	—	Dc≧90%　粘性土 Va≦10% Sr≧85% 砂質土 Va≦15%	Dc≧90% Dc≧85% 粘性土 Va=2-10% Sr=85-95% 砂質土 Va≦15%	Dc≧90% Dc≧80% 粘性土 Va=2-10% Sr=85-95% 砂質土 Va≦15%	—
施工管理規定	一層の仕上厚	30cm（路床部20cm以下）	20cm以下	20cm以下	30cm以下	—	—	—
施工管理規定	その他	—	—	—	—	qc≧400kN/m²	—	—
	基準等	総プロ建設事業への廃棄物利用技術の開発	道路土工指針	道路土工指針	道路土工指針	高規格堤防施工法検討委員会資料	河川土工マニュアル	—

凡例；Fc：細粒分含有率　PI：塑性指数　qc：コーン指数　Dc：締固め度　$\overline{Dc}$：平均締固め度
　　　Va：空気間隙率　　Sr：飽和度　　—：特に規定なし　（　）：望ましい値

　試験方法は、道路盛土・道路裏込め・埋戻しに関しては、「道路土工—施工指針」（日本道路協会）および「施工管理要領基準集」（日本道路公団）に従う。一般堤防に関しては「河川土工マニュアル」（財団法人 国土技術研究センター）等に従う。

セメント固化粉砕方式で製造される石炭灰を用いた盛土材の性能規格を表3.1.1-2に示す。

表3.1.1-2　固化粉砕方式で製造される盛土材の性能規格[2]

区分	項目	内容	標準配合（乾燥質量比）
原材料	石炭灰	フライアッシュ（JIS A 6201 Ⅱ～Ⅳ種）	100
	セメント	高炉セメントB種（JIS R 5211）または普通ポルトランドセメント（JIS R 5210）	4～8
	添加剤	石こう 高炉スラグ粉末（JIS A6206）	0～10
性能	せん断抵抗角	25°以上	
	粘着力	30kN/m²以上	
	CBR	10％以上	
	膨張比	1％以下（良好な状態）	
	長期強度	長期強度は過大にはならない。	
	コーン貫入抵抗	1,200kN/m²以上	
	湿潤密度	1.0～1.6g/cm³（乾燥密度0.9～1.2g/cm³）	
	粒度	石粉混じり土質材料Sm-R（利用用途に応じて粒度調整できる。）	
	透水係数	微細砂と同等の範囲で透水性は低い。	
	有害物質の溶出量	土壌環境基準以下	

2)について　付属資料1、2および3に、環境安全性基準およびその試験方法が規定されている法令を抜粋して記載する。付属資料4には、環境リスク評価基準値として溶出量・含有量の許容限界値をまとめてある。すなわち、「土壌の汚染に係る環境基準について」および「土壌汚染対策法施行規則」の評価基準値をまとめると表3.1.1-3（次頁参照）のようになり、試験によって得られた溶出量・含有量は、この評価基準値を満足しなければならない。

　安全性の管理のために、発注者は、表3.1.1-4のような所定の事項を記載した品質表示票をリサイクル材料の製造者に提出させなければならない。

表3.1.1-4　安全性の品質表示に関する記載事項

番号	記載事項
①	銘柄および材料の種類
②	製造者名
③	製造工場名
④	製造年月または出荷年月日
⑤	ロット番号
⑥	数量
⑦	品質保証表示（カドミウム0.01mg/ℓ以下、鉛0.01mg/ℓ以下などの表3.1.1-3にある項目の品質保証を表示する）
⑧	その他（粒度・物理性状・溶出試験結果など）

表3.1.1-3　環境リスク評価基準値

項　目	溶出量基準	含有量基準
カドミウム及びその化合物	0.01mg/ℓ以下	150mg/kg以下
六価クロム化合物	0.05mg/ℓ以下	250mg/kg以下
シマジン	0.003mg/ℓ以下	
シアン化合物	検出されない事	50mg/kg以下（遊離シアン）
チオベンカルブ	0.02mg/ℓ以下	
四塩化炭素	0.002mg/ℓ以下	
1,2-ジクロロエタン	0.004mg/ℓ以下	
1,1-ジクロロエチレン	0.02mg/ℓ以下	
シス-1,2-ジクロロエチレン	0.04mg/ℓ以下	
1,3-ジクロロプロペン	0.002mg/ℓ以下	
ジクロロメタン	0.02mg/ℓ以下	
水銀及びその化合物	0.0005mg/ℓ以下	15mg/kg以下
セレン及びその化合物	0.01mg/ℓ以下	150mg/kg以下
テトラクロロエチレン	0.01mg/ℓ以下	
チウラム	0.006mg/ℓ以下	
1,1,1-トリクロロエタン	1mg/ℓ以下	
1,1,2-トリクロロエタン	0.006mg/ℓ以下	
トリクロロエチレン	0.03mg/ℓ以下	
鉛及びその化合物	0.01mg/ℓ以下	150mg/kg以下
砒素及びその化合物	0.01mg/ℓ以下	150mg/kg以下
ふっ素及びその化合物	0.8mg/ℓ以下	4,000mg/kg以下
ベンゼン	0.01mg/ℓ以下	
ほう素及びその化合物	1mg/ℓ以下	4,000mg/kg以下
ポリ塩化ビフェニル（PCB）	検出されないこと	
有機リン化合物	検出されないこと	
アルキル水銀	検出されないこと	

　安全性の検査には、製造者による出荷検査と発注者による受入れ検査がある。受入れ時の検査は、製造者の作成した試験成績票で検査する。また必要な場合もしくは疑義の生じた場合には抜取り試験を行う。抜取り試験の試料採取の方法は、原則として JIS Z 9015「計数値に対する抜き取り検査手順」に準ずる。

(3)　利用技術
 1)　設計方法

石炭灰のセメント混合固化破砕物の最大粒径・粒度・コンシステンシーおよびこれを用いた盛土・土構造物の強度・含水比・締固め度・一層の仕上厚等は、それぞれの工種の基準に準じて行わなければならない。

2) 施工方法

　①安定したセメント混合固化物が、確実に供給できるかを確認しなければならない。

　②セメント混合固化物を酸性水と接するような個所へ使用する場合は、予め製造者と協議し、必要に応じて溶出試験の条件を変えて安全性の確認を行わなければならない。

　③施工方法は、通常の建設工事に準じて行う。

3) 記録および繰返し利用性

　石炭灰のセメント混合固化物を利用し、盛土・人工地盤などを構築した場合には、発注者は施工場所の平面図・断面図・数量表等の設計図書を、リサイクル材料の試験成績票および施工図面とともに保存しなければならない。

　本項の基準を満たすことを条件にすれば、石炭灰のセメント混合固化物を用いた盛土・人工地盤などを掘削し、盛土・地盤材料などに再利用してよい。

【解　説】

<u>1)、2)について</u>　石炭灰のセメント混合固化物を用いた道路盛土・道路裏込め・埋戻しの設計は、日本道路公団「道路土工―施工指針」・「施工管理要領基準集」などに、一般堤防の設計および施工は財団法人河川開発技術協会「河川土工マニュアル」・宅地造成の設計は都市基盤整備公団「土木工事施工管理基準」等に示される方法と手順に準じて行うとよい。

　施工者には、施工図面・石炭灰のセメント混合固化物の受け渡し書・試験成績票等を提出させなければならない。

<u>3)について</u>　石炭灰のセメント混合固化物を用いて、盛土・人工地盤などを構築した場合、発注者は、施工場所の平面図・断面図・数量表等の設計図書・石炭灰のセメント混合固化石炭灰の試験成績票等を施工図面とともに保存し、当該路盤材料の繰返し再生利用と処分に際して利用できるように備えるものとする。

　石炭灰のセメント混合固化物を用いた盛土・人工地盤などを、掘削して盛土・地盤材料などに繰返し再利用を行う際は、発注者は前回の使用時の設計図書等の内容を確認のうえ、セメント混合固化石炭灰の製造者と相談・協議して適正な再利用の方法と手順を策定するとよい。

(4) 課題

1) 物理・化学特性

　石炭灰の粒度・重金属含有・溶出量は、石炭灰を発生する火力発電所の構造と使用原料などにより異なり、それらは製造ロット毎にも異なる。

　セメント混合石炭灰は、重機転圧による圧砕・乾湿繰返しによるスレーキング（泥岩など吸水性の高い岩が、湿潤・乾燥を繰返すことにより風化を促進し、粒度が小さくなること）の影

> 響が懸念される。
> 2) 利用実績
> 　建設技術審査・証明を得たもの以外の使用例は、非常に少ない。
> 3) 供給性
> 　石炭灰のセメント固化物の製造プラントは、石炭灰生産地に置かれるのが経済的であるが、石炭灰の生産は、火力発電所のある県に限定される。また製造プラントも試験段階のものが多く、現時点では大規模供給できるものは少ない。
> 4) 二酸化炭素の発生量
> 　石炭灰のセメント混合固化物を製造するのに二酸化炭素が発生することはないが、セメントの使用などにより間接的に二酸化炭素が発生する。

【解　説】

1)について　セメント固化石炭灰は原石炭灰・固化物製造方法によって異なるので、セメント混合固化石炭灰の使用に当たっては、その品質を良く調査する必要がある。盛土、人工地盤材料などとして使用するためには、公的機関によって性能を満足することを確認されたプラントにおいて製造されたセメント混合固化石炭灰を使用するのが良い。

使用に際しては、目的に応じて耐スレーキング特性・対圧砕性を有する強度を保持させるとともに、保管・運搬・施工時においても、スレーキング、圧砕が土構造物の建設に影響を与えないよう注意しなければならない。

2)、3)について　建設技術審査証明を得ている製品は、実績も多い。新たに使用する場合は、これらを参考に品質試験と試験施工を行うと良い。使用に先立って製品が供給される可能性・輸送コストなども調査しておく必要がある。

4)について　石炭灰のセメント混合固化物の製造工程で二酸化炭素が発生することはないが、セメントの使用などにより間接的に二酸化炭素が発生する。セメントの使用量は、溶融固化石炭灰の質量の5％程度以下である。

（参考文献）
1)　財団法人　先端建設技術センター：建設汚泥リサイクル指針、平成11年1月
2)　沖縄電力㈱：土木系材料技術・技術審査証明報告書（技審証　第1220号）、石炭灰を利用した人工地盤材料「頑丈土破砕材」、財団法人　土木研究センター、平成12年

3.1.2　路盤材料

> **(1)　適用範囲**
> 　本項はセメント混合固化石炭灰を、簡易舗装・アスファルト舗装・セメントコンクリート舗装の下層路盤材料として用いる場合に適用する。

【解　説】

　セメント固化粉砕による路盤材料は、砕石状に破砕してセメントを混合すれば現場において通常の下層路盤材料と同様の方法で施工できる。また、セメント安定処理工法の基準を満足し、通常の材料を用いた安定処理工法による下層路盤と同程度の粒状材ができる。本項は、セメント固化粉砕した石炭灰を路盤材料に使用する場合に適用する。

---

(2) 試験評価方法

1) 品質基準と試験方法
　下層路盤材料としてのセメント固化石炭灰の品質規格は、「舗装設計施工指針」および「アスファルト舗装要綱」でのセメント安定処理下層路盤に準ずる。

2) 環境安全性基準と試験方法
　セメント固化石炭灰の環境安全性基準と試験方法は、第2編3.1.1(2)②2)に準ずる。すなわち26項目の溶出試験と9項目の含有量試験を行って環境安全性の確認を行う。

【解　説】

<u>1)について</u>　セメント固化粉砕による下層路盤材料としての品質規格は、「舗装設計施工指針」および「アスファルト舗装要綱」でのセメント安定処理下層路盤に準じるものとする。下層路盤材料としての物理的性質に関する品質基準の概要は、表1.1.1-4（P.28）を参照されたい。

<u>2)について</u>　第2編3.1.1(2)2)の解説（P.85）に準ずる。

　セメント固化処理は、溶融スラグ等に比べて処理コストは低いが、固化セメントの量が少ない場合には、物理的性質および環境安全性が低下する。

　セメント固化粉砕による下層路盤材料の溶出試験で用いる、浸透水採取装置の例を図3.1.2-1に示す。平均降雨データに基づき2日/1週の割合で1日あたり740ccのイオン交換水を散水し、下部から採取する。表3.1.2-1に溶出試験結果の例を示す。

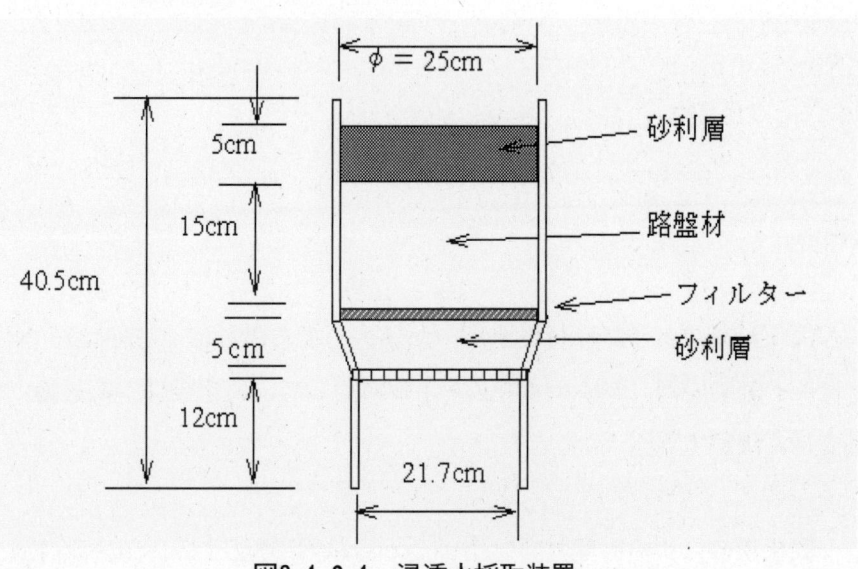

図3.1.2-1　浸透水採取装置

表3.1.2-1　セメント固化粉砕による下層路盤材料の浸透水溶出試験

測定項目	測定結果（mg/ℓ）1週間後	2週間後	3ヶ月後	6ヶ月後	水質汚濁に係る環境基準（mℓ/g）
アルキル水銀化合物	不検出	不検出	不検出	不検出	検出されないこと
水銀、またはその化合物	〃	〃	〃	〃	0.0005以下
カドミウムまたはその化合物	〃	〃	〃	〃	0.01以下
鉛、またはその化合物	〃	〃	〃	〃	0.01以下
六価クロム化合物	0.02	〃	〃	0.01	0.05以下
ひ素、またはその化合物	不検出	〃	〃	不検出	0.01以下
シアン化合物	〃	〃	〃	〃	検出されないこと
PCB	―	―	―	〃	検出されないこと
トリクロロエチレン	―	―	―	〃	0.03以下
テトラクロロエチレン	―	―	―	〃	0.01以下
ジクロロメタン	―	―	―	〃	0.02以下
四塩化炭素	―	―	―	〃	0.002以下
1,2-ジクロロメタン	―	―	―	〃	0.004以下
1,1-ジクロロメタン	―	―	―	〃	0.02以下
シス-1,2-ジクロロメタン	―	―	―	〃	0.04以下
1,1,1-トリクロロエタン	―	―	―	〃	1以下
1,1,2-トリクロロエタン	―	―	―	〃	0.006以下
1,3-ジクロロプロペン	―	―	―	〃	0.002以下
ベンゼン	―	―	―	〃	0.01以下
チラウム	―	―	―	〃	0.006以下
シマジン	―	―	―	〃	0.003以下
チオベンカルブ	―	―	―	〃	0.02以下
セレンまたはその化合物	―	―	―	〃	0.01以下

(3) 利用技術

1) 設計

　　セメント固化粉砕による路盤材料を用いた舗装の構造設計は、「舗装設計施工指針」および「アスファルト舗装要綱」等に示す方法と手順に従って、路床条件・交通量・施工条件・経済性等を考慮して決定する。

2) 施工

　　セメント固化粉砕による路盤材料を用いた下層路盤の施工は、「舗装設計施工指針」および「アスファルト舗装要綱」等に示される施工方法に準じて行う。

3) 記録

　　石炭灰固化処理品を路盤材料に使用した場合には、試験成績票および工事記録に残しておかなければならない。

【解　説】

1)について　下層路盤として用いる場合の設計値は、一軸圧縮強さ0.98MPa、等値換算係数（a_n）0.25、路盤最小厚さ15cmとする。

2)について　路盤材料の積込み・運搬・積降ろしなどに際しては、泥などの有害物の混入がなく、分離を起こさないように十分注意する。施工現場での仮置きは必要最低限に留め、貯蔵は行わない。

　路盤材料が乾燥する時には、タイヤローラ等により適宜散水を行う。ローラへの付着防止のため、路盤面の状態を確認してから転圧し、所定の締固め度が得られるまで転圧を行う。横方向の施工継目は、仕上げた断面を垂直に切り取り、新しい路盤材料を打ち継ぐ。

　縦方向の施工継目は予め仕上げ厚に等しい型枠を設置し、転圧終了後取り去るようにする。新しい路盤材料を打ち継ぐ場合は、日数をおくと施工継目にひび割れが生ずることがあるので、できるだけ早い時期に打ち継ぐことが望ましい。

(4)　課題

　　第2編3.1.1(4)に準ずる。

【解　説】

第2編3.1.1(4)の解説（P.87）に準ずる。

(参考文献)
1)　中部電力㈱：石炭灰を用いた路盤材「アッシュロバン」建設技術審査・証明報告書㈶土木研究センター
2)　廃棄物学会：廃棄物ハンドブック、p.997、平成9年

3.2　石灰混合固化

　石炭灰は、脱硫スラッジあるいは石灰中のカルシウム分と反応して硬化する性質がある。石灰混合固化材とは、石炭灰と排煙脱硫スラッジ（石こうまたは石こうと亜硫酸石こうの混合物）に、必要に応じて少量の石灰を添加して水分調整された粉体または粒状体である。

3.2.1　路盤材料

(1)　適用範囲

　　本項は、石灰混合固化材を締固めて使用することにより、下層路盤材料・路床材料あるいは道

路路体の盛土材等の土工材料として利用する場合に適用する。

【解　説】

石炭灰が脱硫スラッジあるいは石灰中のカルシウム分と反応して硬化する性状を利用して、締固めて使用することにより、下層路盤材料・路床材料や道路路体等の盛土材等の土工材料として利用できる。

一般的な盛土材として利用する場合、杭打ちと再掘削が可能な強さでなければならないので、一軸圧縮強さは10kPa程度以下でなければならないが、下層路盤材料や路床材料として使用する場合にはそのような制約は無い。

(2) 試験評価方法

1) 品質基準と試験方法

下層路盤材料としての品質規格は、「舗装設計施工指針」および「アスファルト舗装要綱」の石灰安定処理下層路盤に準ずる。

2) 環境安全性基準と試験方法

環境安全性基準は、第2編3.1.1(2)2)に準ずる。すなわち26項目の溶出試験と9項目の含有量試験を行って環境安全性の確認を行う。

【解　説】

<u>1)について</u>　下層路盤材料としての品質規格は、「舗装設計施工指針」および「アスファルト舗装要綱」での石灰安定処理下層路盤に準ずるものとする。品質基準の概要は、第2編表1.1.1-4を参照されたい。

建設技術審査証明を取得した混合固化体の品質規格（社内規格）の例を表3.2.1-1に示す。下層路盤材料としての品質規格は、「舗装設計施工指針」および「アスファルト舗装要綱」での石灰安定処理路盤に準じ、路床材料は、同要綱の置換材料を参考にしている。

表3.2.1-1　石灰混合固化体の品質規格[1]

使用場所	品　質　規　格
下層路盤	一軸圧縮強さ［10日］0.7N/m㎡以上 修正CBR［10日］30%以上
路　　床	一軸圧縮強さ［10日］0.2N/m㎡以上 修正CBR［10日］20%以上

<u>2)について</u>　第2編3.1.1(2)2)の解説（P.85）に準ずる。

(3) 利用技術

1) 設計

下層路盤材料としての等値換算係数は、0.25とする。路床材料として、置き換えて使用する

場合のCBRは、20％とする。
　2)　施工
　　　石灰混合固化石炭灰の施工方法は、土砂と同様の施工方法を適用する。
　3)　記録
　　　石灰固化処理石炭灰を、下層路盤・路床に使用したことを、試験成績票および工事記録に明記しておかなければならない。

【解　説】

2)について　石灰混合固化石炭灰の運搬・敷均し・整形・転圧等は、通常の施工機械が使用できる。施工現場に搬入する場合は、最適含水比に近い含水状態とする。搬入後長時間放置すると、特に夏期は乾燥が進み、締固め密度の低下とポゾラン反応の進行で強度の低下が予測されるので、搬入後は速やかに転圧することを原則とする。表面が乾燥した場合は散水し、最適含水比に近い状態で転圧する。一層の仕上がり厚は下層路盤、路床で20cm以下を標準とするが、そのときの撒き出し厚は仕上がり厚の1.2倍程度を目安とする。

　原料は細粒分が多いので、降雨等で含水量が増加すると泥ねい化し、締固めが困難になるので、原則として降雨時は施工を行わない。施工時に予期せぬ降雨があった場合は、転圧前の石灰混合固化体をシート等で覆い、雨水にあてないようにする。転圧後、日が浅い石灰混合固化体は、著しい降雨にあたると軟弱化する。天候の回復後、1～2日放置期間をおいて施工を再開すれば、通常の施工機械が使用できる。

(4)　課題
　1)　物理化学特性
　　　石灰混合固化石炭灰は、製造後長期間保存できないので、搬入後は速やかに使用する必要がある。
　2)　供給性
　　　使用にあたっては、石灰混合固化石炭灰の入手可能を調査する必要がある。
　3)　繰返し利用性
　　　再利用する場合には、再度固化処理を実施する必要がある。

【解　説】

1)について　搬入後、長期間放置後使用すると、夏期は乾燥による締固め密度の低下・施工前のポゾラン反応の進行が、施工後の強度低下の原因となることがある。

2)について　運搬コストの削減のためには、専用設備が設置されている工場の近くでの利用が望ましい。

3)について　再度固化して路盤材料として使用するか、強度が大きい場合には破砕してセメント混合固化破砕の場合と同じように、粒状体として使用することが可能と考えられる。

その他、留意すべき点は以下の通りである。

① 環境安全性

　石灰混合固化石炭灰の環境安全性の試験を実施し、所要の基準を満足することを確認しなければならない。

② 利用実績（平成11年～平成14年）
　・近畿自動車道敦賀線関連道路整備事業工事、下層路盤材（福井県）582㎡、厚さ15cm、146トン
　・舗装打換工事、路床改良材（福岡県）420㎡
　・盛土材（沖縄県）200㎡
　・発電所工事、路盤工（民間）2,600㎡、厚さ10cm、360トン

③ 経済性

　使用量と使用場所によって材料価格は変動するので、市場価格を調査して使用する必要がある。

④ 必要性

　平成12年度において、石炭灰の約19％が埋立処分されており、大量利用の期待できる土木材料としての利用技術開発が待たれている。

⑤ 二酸化炭素の発生量

　石炭灰の石灰混合固化材を路盤材料等に用いても二酸化炭素が発生することはない。ただし、石灰混合固化材製造時にはセメントと電力等の消費により二酸化炭素が発生する。

（参考文献）
1) 三井建設㈱：石炭灰を利用した路盤・路床・盛土材「ポゾテック」、民間開発建設技術の技術審査証明報告書技審証　第0609号、㈶土木研究センター、1995年3月

3.3　焼結・焼成処理

　焼成フライアッシュは石炭灰を造粒した後、ロータリンキルン等の焼成炉を用いて、高温で焼き固めて固形物としたものである。硬堅で密度は小さく、コンクリート用骨材としても強度が十分に大きいコンクリートが製造可能となるものも製造されている。

3.3.1　人工骨材

> **(1) 適用範囲**
> 　本項は、フライアッシュ人工骨材を、無筋および鉄筋コンクリート構造物もしくはプレストレストコンクリート構造物に用いる場合に適用する。

【解　説】

　フライアッシュ人工骨材は、主原料であるフライアッシュに副原料として成分調整材（炭酸カルシ

ウム粉末など）および粘結材（ベントナイトなど）を加えて、造粒・焼成して製造される密実な非発泡型骨材である。図3.3.1-1にフライアッシュ人工骨材の製造概念を示す。

　コンクリート用骨材としては、最大寸法20mmおよび15mmの2種類の粗骨材が製造されている。本項は、このような材料を無筋および鉄筋コンクリートもしくはプレストレストコンクリート構造物に用いる場合に適用する。

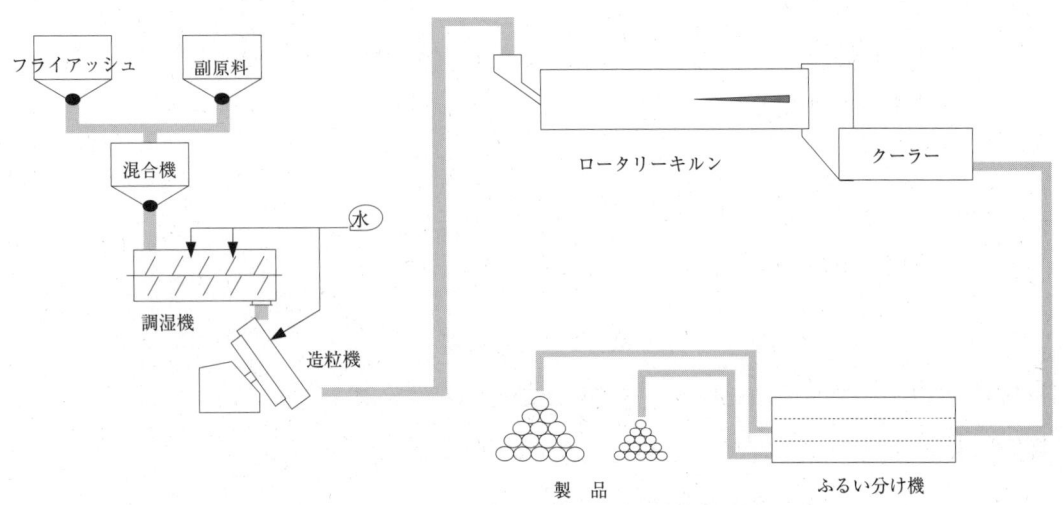

図3.3.1-1　フライアッシュ人工骨材の製造概念[1]

---

(2)　試験評価方法

1)　品質基準と試験方法

　　フライアッシュ人工骨材は、吸水率と骨材強度が普通骨材と同等になるように、土木学会規準「コンクリート用高強度フライアッシュ人工骨材の品質規格（案）」を満足しなければならない。

2)　環境安全性基準と試験方法

　　フライアッシュ人工骨材の環境安全性基準と試験方法は、第2編1.1.1(2)2)に準ずる。

【解　説】

1)について　表3.3.1-1〜表3.3.1-3に土木学会規準 JSCE-C 101「コンクリート用高強度フライアッシュ人工骨材」の品質規格を示す。

表3.3.1-1　化学成分および化学的性質

品質項目		規定値
強熱減量	%	1.0以下
酸化カルシウム（CaOとして）	%	30以下
三酸化硫黄（SO_3 として）	%	0.5以下
塩化物（NaClとして）	%	0.01以下

表3.3.1-2　物理的性質

品質項目		規定値
圧壊荷重 φ 5〜10mm	kN	0.70以上
φ 10〜15mm	kN	1.50以上
φ 15〜20mm	kN	2.10以上
絶乾密度	g/cm³	2.0以下
吸水率（24時間）	%	3.0以下
安定性	%	5以下
すりへり減量（骨材の損失質量百分率）	%	30以下
微粒分量	%	1.0以下

表3.3.1-3　粒度

骨材の粒度の範囲による区分	ふるいを通るものの質量百分率　% ふるい呼び寸法[1]　mm						
	40	25	20	15	10	5	2.5
2005	−	100	90〜100	−	20〜55	0〜10	−
1505	−	−	100	90〜100	40〜70	0〜15	−

注(1)　ふるいの呼び寸法は、それぞれJIS Z 8801-1に規定する網ふるいの呼び寸法37.5mm、26.5mm、19mm、16mm、9.5mm、4.75mmおよび2.36mmである。

2)について　フライアッシュ人工骨材は、焼結炉において1,050℃から1,200℃の高温で焼き固めた固形物である。したがって、環境安全性基準と試験方法は、第2編1.1.1(2)2)の解説（P.29）に準ずる。これまでにフライアッシュ人工骨材で得られた溶出試験結果を表3.3.1-4に示す。

表3.3.1-4　フライアッシュ人工骨材の溶出試験[1]

	測定値	評価基準値
カドミウム	定量限界値0.001mg/ℓ未満	0.01mg/ℓ以下
鉛	定量限界値0.005mg/ℓ未満	0.01mg/ℓ以下
砒素	定量限界値0.005mg/ℓ未満	0.01mg/ℓ以下
六価クロム	定量限界値0.02mg/ℓ未満	0.05mg/ℓ以下
全水銀	定量限界値0.0005mg/ℓ未満	0.0005mg/ℓ以下
全シアン	定量限界値0.1mg/ℓ未満	検出されないこと

(3) 利用技術

1) 設　計

> 　フライアッシュ人工骨材を用いたコンクリートの配合設計は、骨材の密度が普通骨材に比べて小さいことに配慮し、実施しなければならない。
>
> 　フライアッシュ人工骨材を用いたコンクリート構造物の設計にあたっては、コンクリートの密度が、普通骨材を用いた場合よりも小さいことに配慮しなければならない。
>
> 2）施工方法
>
> 　フライアッシュ人工骨材を用いたコンクリートをポンプ圧送する場合には、圧送性を確認してから実施しなければならない。
>
> 3）記録および繰返し利用性
>
> 　構造物にフライアッシュ人工骨材を使用した場合には、配合表などにそのことを明記しなければならない。
>
> 　コンクリート骨材として使用されたフライアッシュ人工骨材は、コンクリート中から人工骨材だけを抽出できないので再利用は困難である。

【解　説】

<u>1）について</u>　フライアッシュ人工骨材を用いたコンクリートは、使用する粗骨材が、強度が普通骨材と比べ遜色なく、絶乾密度が1.8g/cm³程度と普通骨材より軽いため、普通骨材を用いたコンクリートと同等の強度を有し、単位容積質量が10％程度軽くなる。また、骨材が球形であるためフレッシュコンクリートの流動性が増大し、所要の流動性能を得るための単位水量を低減でき、乾燥収縮も小さくなる。さらに、吸水率が3.0％以下と普通骨材と同程度となるため、従来の膨張粘土を用いた人工軽量骨材を用いたコンクリートと異なり、優れた耐凍害性を有する。ヤング係数は普通骨材を用いたコンクリートよりも少し小さくなる。コンクリート構造物の耐久性調査は、「コンクリート標準示方書［施工編］」（土木学会）に準ずる。フライアッシュ人工骨材を用いたコンクリートの圧縮強度と耐久性は、文献1）によれば普通骨材を用いたコンクリートと同程度である。

　フライアッシュ人工骨材を用いたコンクリート構造物の設計は、基本的には普通骨材を用いたコンクリートの場合と同様であるが、以下に示す特徴がある。

　①単位容積質量が1,900〜2,100kg/m³と普通骨材を用いたコンクリートに比べて10〜15％程度小さい。

　②ヤング係数は、普通骨材を用いたコンクリートに比べて10〜20％程度小さい。

　③引張強度は、湿潤状態では普通骨材を用いたコンクリートと同様に、圧縮強度が大きくなるにつれて大きくなる。しかし、圧縮強度が50N/mm²を超えると引張強度はほとんど増加しない。

　④コンクリート中における鉄筋の付着強度は、普通骨材を用いたコンクリートと同程度である。

　⑤疲労強度は、普通骨材を用いたコンクリートとほぼ同程度である。

　⑥せん断補強鋼材を用いない棒部材のせん断耐力および面部材の押抜きせん断耐力は、普通骨材を用いたコンクリートに比べて20％程度低下する。

<u>2）について</u>　フライアッシュ人工骨材を用いたコンクリートをポンプ圧送する場合には、圧送性について十分な検討を行う必要がある。フライアッシュ人工骨材は、圧送性確保等のため、表面乾燥状態

で使用する必要がある。

3)について　フライアッシュ人工骨材を使用したコンクリート構造物の耐久性などについては情報をさらに蓄積する必要があるので、フライアッシュ人工骨材を利用したコンクリート構造物は使用箇所、コンクリートの配合などを工事記録として保存しておく事が大切である。

> **(4) 課題**
>
> 1) 物理化学特性
>
>   フライアッシュ人工骨材およびフライアッシュ人工骨材を用いたコンクリートの基本的な物理化学特性は、土木学会コンクリートライブラリー第106号「高強度フライアッシュ人工骨材を用いたコンクリートの設計・施工指針（案）」による。
>
> 2) 利用実績
>
>   フライアッシュ人工骨材を用いたコンクリートを構造物に適用した実績は少ない。
>
> 3) 供給性
>
>   フライアッシュ人工骨材は生産量が少なく、供給は限定される可能性もあるので、使用する場合には供給の可能性をよく調査しなければならない。
>
> 4) 二酸化炭素の発生量
>
>   フライアッシュ人工骨材をコンクリートに使用するために、特に多くの二酸化炭素が発生することはないが、フライアッシュ人工骨材製造時には燃料の使用とカルシウム源の消費により二酸化炭素が発生する。

【解　説】

1)について　土木学会コンクリートライブラリー第106号「高強度フライアッシュ人工骨材を用いたコンクリートの設計・施工指針（案）」には、フライアッシュ人工骨材を用いたコンクリートの試験室でのフレッシュ性状・硬化性状および耐久性状の確認・ポンプ圧送試験による施工性能・構造性能確認実験の実施により、基本となるデータの収集が行われている。他には文献が少ないので、使用にあたってはこの文献の内容をよく検討しておくとよい。

2)について　橋梁に使用された実績がある。しかし、実構造物における実績は少ないため、フライアッシュ人工骨材を用いたコンクリートの適用にあたっては、適用構造物の要求性能を満足することを十分に確認する必要がある。

3)について　フライアッシュ人工骨材は本格的に生産されておらず、市場への供給は限定されているので、使用にあたっては骨材の入手が可能か調査する必要がある。

　なお、再使用にあたっては十分な試験を実施して性能上問題ないことを確認する必要がある。

4)について　フライアッシュ人工骨材製造時には、焼成工程を経るため二酸化炭素が発生する。

（利用例）

1) 鉄筋コンクリートケーブルトラフ（工場製品）

2) セメント工場リサイクル原料置場の擁壁
3) 第二東名高速道路側道橋（プレテンション方式 PC 単純中空床版橋）主桁

（参考文献）
1) 土木学会コンクリートライブラリー第106号：高強度フライアッシュ人工骨材を用いたコンクリートの設計・施工指針（案）、2002年8月
2) 日本コンクリート工学協会高性能軽量コンクリート研究委員会：軽量コンクリートの性能の多様化と利用の拡大に関するシンポジウム論文集、2000年8月

3.4　粉砕処理

クリンカアッシュを細かく粉砕して粒度を整え、フライアッシュのようにして使用する新しい利用方法である。

3.4.1　アスファルト舗装用フィラー

(1) 適用範囲
本項は粉砕クリンカアッシュをアスファルト舗装用フィラーに使用する場合に適用する。

【解　説】
本項は粉砕クリンカアッシュを JIS フライアッシュの代わりに使用する場合に適用する。

(2) 試験評価方法
1) 品質基準と試験方法
粉砕クリンカアッシュをアスファルト舗装用フィラーに適用する場合の品質基準は、「舗装設計施工指針」・「舗装施工便覧」の品質規格を準用する。
2) 環境安全性基準と試験方法
粉砕処理したフライアッシュをアスファルトフィラーに使用する場合の環境安全性基準と試験方法は第2編1.1.1(2)2)に準ずる。

【解　説】
1)について　品質基準に定められた各品質項目の試験方法は、「舗装試験法便覧」に示される方法とする。粉砕クリンカアッシュをアスファルト舗装用フィラーに適用する場合は、JIS A 6201「コンクリート用フライアッシュ」の規格および表3.4.1-1および表3.4.1-2に示す「舗装設計施工指針」・「舗装施工便覧」の品質規格に適合することを確認して用いる。

表3.4.1-1 粒度：石灰岩を粉砕した石粉の粒度規格

ふるい目開き	通過質量百分率（％）
600μm	100
150μm	90～100
75μm	70～100

表3.4.1-2 物理的性質：フライアッシュ、石灰岩、石粉をフィラーとする場合

項　目	評価基準値
塑性指数（PI）	4以下
フロー試験（％）	50以下
吸水膨張率（％）	4以下
剥離試験（％）	合格

2)について　第2編1.1.1(2)2)の解説（P.29）に準ずる。

---

(3) 利用技術

1) 設計

　粉砕クリンカアッシュを使用するアスファルト混合物の配合設計は、「舗装設計施工指針」に示される方法と手順に準ずる。

2) 施工

　粉砕クリンカアッシュを使用するアスファルト混合物の配合と混合の方法は「舗装施工便覧」に準ずる。

3) 記録および繰返し利用性

　粉砕クリンカアッシュを使用するアスファルト混合物を用いた場合、発注者は材料調書・施工図面・配合設計書等の工事記録を保存し、そのアスファルトが繰返し再生利用と処分に際して利用できるように備える。

【解　説】

(3)について　配合設計上の留意点は、石炭灰の密度が小さいので密度補正を行うことである。

---

(4) 課題

1) 品質基準と試験方法

　通常使用する石粉などとは性能が異なることに配慮しなければならない。

2) 供給性

　使用に際して、工事に必要な材料の量および貯蔵方法に配慮しなければならない。

【解　説】

1)について　石炭灰は石粉と比べて粒子形状が球形で、粒径が小さい。したがって、マーシャル安定度試験においては、密度が大きい・空隙率が小さい・飽和度が大きい、という傾向が現れ、最適アスファルト量が、石粉を使用した場合に比べて少なくなる。このため、アスファルト混合物としての配合試験および混合物の性状試験（疲労抵抗性・流動抵抗性・摩耗抵抗性・剥離抵抗性等）の確認を行い、品質基準の検査を行う必要がある。

アスファルト舗装用フィラーの適用実績を、表3.4.1-3に示す。

表3.4.1-3　アスファルトフィラーへの適用実績例

発生場所	下関 国内炭灰	竹原 国内炭灰	竹原 国内炭灰	新宇部 海外炭灰	磯子 国内炭灰	松島 海外炭灰
工種	私道新設	市道新設	私道新設	私道新設	町道新設	私道新設
施工年月	1982.1	1982.12	1982.10～ 1983.1	1983.3	1984.4～8	1985.12
地域	広島	広島	広島	香川	福島	沖縄

2)について　施工上の留意点として、施工規模に見合う十分な量の石炭灰の確保と、品質を維持させる貯蔵方法の検討が必要である。

（参考文献）
1) 日本フライアッシュ協会：石炭灰とその利用について（主に道路材料として）、1987年4月
2) 日本フライアッシュ協会：石炭灰を道路舗装用材料として利用するための調査研究報告書、1989年4月
3) 日本フライアッシュ協会：同上技術マニュアル、1987年4月
4) （社）土木学会：石炭灰の土木材料としての利用技術の現状と展望-埋立・盛土・地盤改良、1990年4月
5) BVK社技術資料：A Granulate with many possibilties (steag)
6) Von K.-H.Puch、W.vom Berg:Nebenprodukte aus kohlebefeuerten Kraftwerken、VGB-Kraftwerkstechnik、1997、Hert 7

4 木くず

廃棄物の概要

　建設工事あるいは建築解体工事から排出される木材を建設発生木材と呼ぶ。その内容は、山間部の建設工事による伐根と伐採材・街路樹剪定工事等から排出される枝葉・建築解体工事から排出される木くず・転用出来なくなった型枠等がある。

　家屋解体による建築廃材のように、雑多な樹種の混在・形状のふぞろい・他物質との複合など再利用を阻害する因子が多いため、資源化が経済的にうまくいかない場合も多い。また、ダムと造成などの建設工事にともなって発生する抜根・伐採木・流木などは、野焼き等の方法により処分されてきたが、最近の法規制により野焼きが禁止されたため木くずあるいは建設発生木材として扱われることが多くなってきた。

　木くずをリサイクルする最も一般的な方法は、チップに粉砕して利用する方法である。ここでは木くずの破砕処理の方法・チップ化後そのまま利用する方法（①マルチング材への適用、②クッション材への適用、③歩行者用舗装材への適用、④緑化基盤材への適用）・チップ化後堆肥に加工してこれを緑化基盤材へ適用する方法を示す。

　建築解体工事によって発生する建築解体材は、本マニュアルの対象外である。ただし、自然由来の木材と異なり防腐剤など有害な化学薬品を含んでいる恐れがあるので、環境安全性に十分な配慮が必要である。間伐材はガードレール、遮音壁・安全柵・立て看板等多くの実績がある資材であるが、本マニュアルでは間伐材に関しては建設工事由来ではない、建設廃材として処理を受けないもののみを対象とする。

　木くずを再利用する際には、表4-1に示すように破砕・チップ化して用いる事が多い。

表4-1　各木くずの用途と必要な処理工程

用途	利用形態	必要な処理工程	剪定枝葉	倒伏・枯損樹木 枝・葉	倒伏・枯損樹木 幹・根	樹皮	伐採樹木 枝・葉	伐採樹木 幹・根
マルチング材	チップ材	破砕・チップ化	△	△	○	△	△	○
クッション材	チップ材	破砕・チップ化	△	△	○	△	△	○
土壌改良材	堆肥化物	破砕・チップ化→堆肥化	○	○	△	○	○	△
法面吹付緑化基材	堆肥化物	破砕・チップ化→堆肥化→副資材と混合	○	○	△	○	○	△
法面吹付緑化基材	チップ材	破砕・チップ化→副資材と混合	△	△	○	△	○	○

＊：○適している　△あまり適していない

主な木くずとそれらの特徴などは次のとおりである。

① 伐採樹木・根株

　伐採・伐根に伴って発生する木くずで、幹・枝・葉・根がある。分解しにくい幹・根は堆肥化に時間がかかるので、チップ化後そのまま植物の生育基盤の補強材として利用すると有効である。ただし、幹等で木材として使用されるものは、廃棄物ではないので本マニュアルの対象外とする。

　木くずが廃棄物として処分される場合は、木材が嫌気的条件では腐敗分解するため、管理型廃棄物とされる。したがって、木くずの再生利用する場合には、好気的な条件で用いることに留意しなければならない。

② 剪定枝葉

　剪定枝葉とは剪定作業によって発生する枝・梢・茎葉をいう。これらは、樹木の種類（樹種）・発生時期（夏期剪定と冬期剪定の二期）によって材質が変化し、後述の処理行程と利用後の耐久性に影響を与えるが、分解しやすく、堆肥化に適した材料である。

③ 倒伏・枯損樹木

　老衰・生育不良・自然災害・人為的要因によって倒伏あるいは枯死した樹木等をいう。幹質な材料になりやすいため、分解性に難があり、堆肥化にはあまり適していない。

④ 樹皮（バーク）

　スギ・ヒノキ等の針葉樹とクヌギ・コナラ等の広葉樹の樹皮。バーク堆肥の原料として有名である。

4.1 破砕処理

(1) 破砕処理の概要

1) 破砕対象材料の種類

　木質系破砕機は基本的に木質系の材料を対象として設計されている。しかし、実際の現場では種々の木材以外の材料が混在しており、それらを木質系破砕機で破砕する場合、破砕し易い材料・破砕し難い材料・破砕できない材料に区分される。

① 破砕し易い材料：枝・葉・幹・根

　伐根についている石は、ビットの破損につながるので除去する。また、伐根に付着している土・砂も刃の磨耗につながるのでできるだけ除去する。

② 破砕し難い材料：草・つる・土付着の多い根・竹草・畳

　ハンマーに巻きつくことがあるので、枝葉・幹などと混合して破砕する。

　土付着の根はスクリーンの目詰まりにつながることがあるので、できるだけ破砕前に乾燥・土除去または枝葉と混合し、破砕する。竹も切断しにくくハンマーに巻きつきやすい。

③ 破砕できない材料：岩塊・金属類

　上記の材料を木質系破砕機で破砕するのは、非常に困難である。

(2) チップの性質・形状・寸法・用途

　タブグラインダー・横型シュレッダー等で破砕処理が行われる。

破砕工程を経て製造されるチップの形状・寸法・用途を表4.1-2に示す。

表4.1-2 スクリーンサイズ別チップの寸法と用途

スクリーンサイズ (mm)	チップサイズ (mm) 長さ×幅×厚さ	一般的な用途
20	20〜30×3×3	家畜敷材、吹付け基材用堆肥
25	25〜40×4×4	家畜敷材、堆肥
38	38〜55×6×6	堆肥
50	50〜75×8×8	堆肥
65	65〜95×10×10	マルチング
100	100〜150×12×12	マルチング、法面緑化基材

注1. 上記チップサイズおよび生産量は破砕前材料の乾燥度合いにより変動する。
（乾燥材料の場合のチップはやや大きめ、湿っている材料の場合はやや小さめに破砕される）

4.1.1 マルチング材・クッション材

(1) 適用範囲

本項は、木くずを破砕処理したチップを公園緑地・造成法面等におけるマルチング材あるいは園路・広場等の遊器具周辺のクッション材として利用する場合に適用する。

【解 説】

木くずを破砕処理したチップをそのまま現地でリサイクルする場合、マルチング材およびクッション材として利用できる。

・マルチング材

一般にウッドチップマルチングと呼ばれ、雑草繁茂抑制・土壌乾燥防止・土壌の保温・赤土等の流出防止などを目的とし、公園緑地・道路（街路）・造成法面の植栽地・裸地法面等を被覆するマルチング材として現在全国的に利用されている。既製のマルチング材と同様に有機質材料であることから、土壌への養分供給・物理性の改善効果（クッション効果や踏圧緩和効果・土壌の保水性向上・乾燥防止効果等）が注目されている。

・クッション材

児童を安全に遊ばせるようにするため、アスレチック広場や公園の遊器具周辺に敷設し、クッション効果のある歩きやすい園路とすることができる。また、遊具の周りに敷き均すことによって、転落などの際の事故防止にも効果があり、利用者の安全性を高めることができる。公園利用者等による踏圧緩和を目的として、桜等の老木の根周りに敷き均す利用方法も増えている。

(2) 試験評価方法

1) 品質基準と試験方法

マルチング材とクッション材の品質は、原材料名と最大寸法・粒度等で表示し、必要に応じて品質基準と試験方法を設けて使用する。

2) 環境安全基準と試験方法

原木の廃材以外に有害物を含むと思われる木くずを原料に使用する場合は、環境安全性の観点から、使用するチップについて環境安全性の調査をしなければならない。

① 安全性基準

有害物質の溶出量は、「土壌の汚染に係る環境基準について」(平成3年8月23日環境庁告示第46号) 別表 (付属資料1. 別表参照) に示される27項目のうち銅を除いた26項目 (「土壌汚染対策法施行規則」(平成14年12月26日環境省令第29号) 第18条第1項および別表第2で定められた項目と同じ。) の溶出限界 (以下溶出量基準と記す) を満足しなければならない。

有害物質の含有量は、「土壌汚染対策法施行規則」第18条第2項および別表第3 (付属資料2. 別表第3参照) に示される9項目の含有限界 (以下含有量基準と記す) を満足しなければならない。

② 試験方法

溶出試験方法は、「土壌の汚染に係る環境基準について」(平成3年8月23日環境庁告示第46号) 付表 (付属資料1. 付表参照) に示される方法による。

含有量試験方法は「土壌含有量調査に係る測定方法」(平成15年3月6日環境省告示第19号) 付表 (付属資料3. 付表参照) に示される方法による。

③ 安全性の管理

木くずを使用する場合は、ロット単位で溶出試験を実施し、その結果を品質表示票として添付されたものを使用しなければならない。

【解 説】

<u>1)について</u> マルチング材とクッション材の品質は、チップの材質 (樹種・部位)・破砕粒度・破砕形状などで表示される。これらは、エロージョン・飛散・耐久性あるいは施工性等に影響すると考えられるが、使用基準は定められていない。通常、最大寸法50mm以下のチップにして使用されている。

<u>2)について</u> 伐採樹木と間伐材・剪定材・流木・倒木等を原材料とするチップは、自然環境の中にあり重金属等を含まないので、環境面では安全である。しかし、建築物等の解体材は耐久性を維持するため、防腐・防蟻効果のある有害な薬剤 (銅のクロム砒素防腐剤。以下ではCCAと記す) を加圧注入していることがある。このような材料と判断がつかない木くずをチップ化して利用する場合は、環境安全性に十分配慮しなければならない。CCAは最近になり使用実績が少なくなっているが、砒素・クロム・銅を含有した有害物質であり、CCA処理材が地下水汚染の原因の一つとなっている。

付属資料4には、環境リスク評価基準値として溶出量・含有量の許容限界値をまとめてある。すな

わち、「土壌の汚染に係る環境基準について」および「土壌汚染対策法施行規則」の評価基準値をまとめると表4.1.1-1のようになり、試験によって得られた溶出量・含有量は、この評価基準値を満足しなければならない。

表4.1.1-1 環境リスク評価基準値

項　目	溶出量基準	含有量基準
カドミウム及びその化合物	0.01mg/ℓ以下	150mg/kg以下
六価クロム化合物	0.05mg/ℓ以下	250mg/kg以下
シマジン	0.003mg/ℓ以下	
シアン化合物	検出されない事	50mg/kg以下（遊離シアン）
チオベンカルブ	0.02mg/ℓ以下	
四塩化炭素	0.002mg/ℓ以下	
1,2-ジクロロエタン	0.004mg/ℓ以下	
1,1-ジクロロエチレン	0.02mg/ℓ以下	
シス-1,2-ジクロロエチレン	0.04mg/ℓ以下	
1,3-ジクロロプロペン	0.002mg/ℓ以下	
ジクロロメタン	0.02mg/ℓ以下	
水銀及びその化合物	0.0005mg/ℓ以下	15mg/kg以下
セレン及びその化合物	0.01mg/ℓ以下	150mg/kg以下
テトラクロロエチレン	0.01mg/ℓ以下	
チウラム	0.006mg/ℓ以下	
1,1,1-トリクロロエタン	1mg/ℓ以下	
1,1,2-トリクロロエタン	0.006mg/ℓ以下	
トリクロロエチレン	0.03mg/ℓ以下	
鉛及びその化合物	0.01mg/ℓ以下	150mg/kg以下
砒素及びその化合物	0.01mg/ℓ以下	150mg/kg以下
ふっ素及びその化合物	0.8mg/ℓ以下	4,000mg/kg以下
ベンゼン	0.01mg/ℓ以下	
ほう素及びその化合物	1mg/ℓ以下	4,000mg/kg以下
ポリ塩化ビフェニル（PCB）	検出されないこと	
有機リン化合物	検出されないこと	
アルキル水銀	検出されないこと	

　安全性の管理のために、製造者がチップを出荷する場合は、表4.1.1-2のような品質表示票に所定の事項を記載し添付して、品質を保証しなければならない。

表4.1.1-2　安全性の品質表示に関する記載事項

番号	記　載　事　項
①	銘柄および材料の種類
②	製造者名
③	製造工場名
④	製造年月または出荷年月日
⑤	ロット番号
⑥	数量
⑦	品質保証表示（カドミウム0.01mg/ℓ以下、鉛0.01mg/ℓ以下などの表4.1.1-1にある項目の品質保証を表示する）
⑧	その他（粒度・物理性状・溶出試験結果など）

　安全性の検査には、製造者による出荷検査と発注者による受入れ検査がある。受入れ検査では、納入者の示す試験成績票で検査するか、発注者が自ら行う確認のための試験値で検査するかのいずれかによる。この場合、試料の採取は原則として JIS Z 9015「計数値に対する抜き取り検査手順」に準ずる。

(3) 利用技術

　　チップを、マルチング材およびクッション材として利用する場合の設計・施工上の規定は特に設けられていないが、用途別に定めた形状や大きさのチップを概ね5～15cm程度の厚さで敷き均して利用する。

【解　説】

　これらの利用に関する一般的な設計施工基準類は定められていない。各事業者が現場の状況に合わせ、個々に対応しているのが実情である。施工例では、直径100mm程度のスクリーンで破砕したチップを10cm前後の厚さで敷設しているものが多い。ただし、クッション材の場合は、利用が頻繁で消耗が激しいため、約15cm程度とやや厚めに敷設し、毎年補充することが多い。

(4) 課題

1) 環境安全性

　　破砕処理したチップを、そのままの状態でマルチング材やクッション材として利用する場合、チップの分解工程で排出される灰汁による周辺環境への影響や、火災発生の危険性などに対する懸念がある。

2) 物理化学特性

　　施工実績を蓄積・整理して、マルチング材、クッション材として利用する場合の設計基準と用途別のチップの品質規定等を明らかにしてゆく必要がある。また、既製のマルチング資材と

　　　　比較した雑草抑止・乾燥防止等のマルチング効果の検証が必要である。
　3）　利用実績
　　　　利用実績としての実態を現す全国的な統計データの集計がなされていない。
　4）　繰返し利用性
　　　　チップは数年で分解・腐植化するので繰返し利用には適さない。

【解　説】

<u>1）について</u>　使用するチップが伐採材の場合は、自然由来の材料であり、有害物質の含有と溶出などの問題はあまりない。しかし、水の溜まりやすい窪地や湿地で利用する場合、チップの分解工程で排出される樹液が溜まり、周辺の樹木の害になる恐れがあるので注意しなければならない。また、タバコの吸殻などによる火災発生の危険性もある。剪定枝葉等のチップでは生じにくいが、スギ・ヒノキの樹皮等の繊維質のものは延焼性があり、これらの防炎処理剤にはリン酸塩が使われることが多い。その他、害虫（不快害虫，農業害虫）と植物病害菌の異常発生などが考えられる。これらの発生の有無等について今後確認することが重要である。

<u>2）について</u>　チップの粒度・敷設厚の違いなどにより、チップの飛散・雨水による流出（チップが浮いて流れる）が発生しやすくなるため、これらの防止対策・設計基準及び用途別のチップの品質規定を設定することが課題である。また、チップは数年で分解・腐植化する傾向があり、永続的な効果を期待する場合には、定期的（1〜2回/年）にチップの補充が必要となる。マルチング利用は雑草繁茂抑制・土壌乾燥防止・土壌の保温・赤土等の流出防止などを目的として施工するが、今後はその効果を定量的に判断する必要がある。

<u>3）について</u>　マルチング材とクッション材としての施工例は著しく多いと思われる。しかし、試験施工などの利用実績としての実態を現す全国的な統計データの集計がなされていない。

<u>4）について</u>　チップは数年で分解・腐植化するので繰返し利用することはできない。

　その他、留意すべき点は以下の通りである。
① 　供給性
　全国的に供給可能である。ただし、大規模に使用する場合は調査が必要である。
② 　必要性
　環境負荷低減・資源循環の見地から積極的に利用する必要がある。

（参考文献）
1)　マルマテクニカ㈱：HP http://www.maruma.co.jp/
2)　藤崎健一郎、勝野武彦、長谷川秀三、村中重仁、鈴木良治：ウッドチップマルチングの分解について、第28回日本緑化工学会研究発表会研究発表要旨集、1997年
3)　緑ソフトサイエンス社：木を創る植栽基盤―その整備手法と適応事例―　植物発生材の利用、1998年

4.1.2 歩行者用舗装

> **(1) 適用範囲**
> チップ化した木質系材料を表層材料として、歩行者用道路を敷設する場合に適用する。

【解　説】
　伐採木・抜根・剪定枝等の樹木をチップ化した木質系材料を用いた、歩行者用道路への利用技術である。環境負荷が少なく、景観に調和した歩行者用舗装道路の築造が可能である。主な使用材料は、チップ化した木質系材料とバインダーであるが、粗目砂を配合する場合もある。バインダーとしては、特殊エポキシ樹脂・湿気硬化型ポリウレタン樹脂・改良アスファルト乳剤等が使われている。なお、混合物の配合割合を変えることにより、用途に応じた弾力性が得られる。

> **(2) 試験評価方法**
> 　1) 品質基準と試験方法
> 　　チップ化した木質系材料の混合物が、歩行者用舗装材としての品質を満たしていることを確認するためにの評価項目は、①木質系材料の容積比、②歩行性、③耐久性、④経済性、⑤色彩等とする。
> 　2) 環境安全性基準と試験方法
> 　　第2編4.1.1(2)2)に準ずる。

【解　説】
1)について　樹木をチップ化した木質系材料を使用し、園路・歩道舗装としての基本機能を有する本工法の特徴と品質基準は、以下のとおりである。
　①舗装の表層は、歩行者等の安全な通行に応じた滑り抵抗値を有すること。
　②歩行の障害となる水溜りができないこと。
　③「アスファルト舗装要綱」における歩行者系道路舗装の設計区分Ⅰ（歩行者、自転車の交通に供する歩道、自転車道）の荷重に耐え得る強度であること。
　④気象条件などにより、ひび割れ・角かけ等の破損が生じにくいこと。
　⑤磨耗等の変形が生じにくいこと。
　⑥既存の歩行者用舗装道路に比べて施工費が著しく高くなく経済性に優れたものである。
　⑦景観との調和に優れたものである。
評価項目・評価基準および評価方法を表4.1.2-1に示す。

表4.1.2-1　評価項目・評価基準および評価方法

品質基準	評価項目	評価基準	評価方法
①樹木をチップ化したものなどの木質系材料を使用していること	木質系材料を主材とすること	主要材料が木質系（チップ材、木繊維等）であること	・表層材における木質系材料の容積比
②園路、歩道舗装として基本機能を有すること	歩行性	・滑り抵抗値が湿潤状態で40BPN以上であること ・歩行の支障になる水溜りができにくいこと	・振り子式スキッドレジスタンステスターによる滑り抵抗試験 ・床の固さ試験 ・GB・SB試験 ・透水試験 ・排水性
	耐久性	交通荷重と気象条件により著しく破損しないこと	・カンタブロ試験 ・凍結融解試験および試験後のカンタブロ試験 ・耐候性試験および試験後のカンタブロ試験 ・低温カンタブロ試験
③経済性に優れたものであること	経済性	既存の景観を考慮した舗装工法に比較して施工費および維持管理費が著しく高くないこと	・施工単価 ・施工方法マニュアル ・補修方法マニュアル
④景観との調和に優れたものであること	色彩	色彩の調整ができること	・供試体 ・施工写真 ・配合表

注）BPN：British Pendulum Number　GB：ゴルフボール（Golf Ball）SB：鉄球（Steel ball）

各々の試験の基準、および1工法当りの供試体本数を表4.1.2-2に示す。

表4.1.2-2　性能確認試験

実験項目	基準	供試体（ケ/工法）	備考
振り子式スキッドレジスタンステスターによる滑り抵抗試験	舗装試験法便覧	3	ホイールトラッキング試験用供試体
床の硬さ試験	JIS A 6519	3	ホイールトラッキング試験用供試体
弾力性試験（GB・SB試験）	舗装試験法便覧	3	ホイールトラッキング試験用供試体
カンタブロ試験（常温20℃）	舗装試験法便覧別冊	3	マーシャル試験用供試体
凍結融解試験および試験後のカンタブロ試験	舗装試験法便覧付録5	3	マーシャル試験用供試体
耐候性試験および試験後のカンタブロ試験	JIS B 7754	3	マーシャル試験用供試体
カンタブロ試験（低温5℃）	舗装試験法便覧別冊	3	マーシャル試験用供試体

注）ホイールトラッキング試験用供試体（30cm×30cm×5cm）
　　マーシャル試験用供試体（φ10cm×5〜6.5cm）

次に、施工時の歩行者系道路舗装材の安全評価として、表4.1.2-3のような品質管理を現場で行う。

表4.1.2-3　木質系チップ舗装の品質管理試験

試験名称	試験方法	目標値
滑り抵抗試験	舗装試験便覧	BPN 40以上
現場透水試験	舗装試験便覧	透水係数 1×10^{-2}cm/s
GB・SB試験	舗装試験便覧別冊	アスファルト弾性混合物と同程度

2)について　第2編4.1.1(2)2)の解説（P.105）に準ずる。

(3) 利用技術

1) 使用材料

　　木質系チップ舗装材に使用する材料は、設計書に特記した場合を除き、規格に適合したもの、もしくは同等以上の品質を有するものとする。

2) 設計

　　木質系チップ舗装における路盤工は、「舗装設計施工指針」および「アスファルト舗装要綱」に準ずる。木質系混合物の配合は、バインダーの種類や舗装工法により違いがあるが、指定された配合によるものとする。

3) 施工方法

　　木質系チップ舗装の施工にあたっては、混合・敷きならし・転圧・養生等について、適正な品質管理のもとに行なわれなければならない。

【解　説】

1)について　木質系チップ舗装に使用する路盤材料は、舗装設計施工指針およびアスファルト舗装要綱に準じたものとする。表層工の主な使用材料は、木質系チップ・バインダー・砂等である。木質系チップは2.0～3.0cmのものが多いが、木質系チップをさらに破砕して1.0cm以下のウッドファイバーとして使用した事例もある。バインダーとしては、特殊エポキシ樹脂・湿気硬化型ポリウレタン樹脂・改良アスファルト乳剤等が使われている。表4.1.2-4に、バインダーとしてエポキシ樹脂を使った材料の内訳を示す。

表4.1.2-4　使用材料

材料名	形状・性状等
木材チップ	2.5～3.0cm
特殊エポキシ樹脂	密度1.1g/cm³程度
特殊エポキシ樹脂	密度1.0g/cm³程度
粗目砂	密度2.6g/cm³程度

2)について　木質系材料を用いた歩行者用道路の表層工は、工法とバインダーの種類により配合に違いがあるので、必ず配合表を確認し設計図書に明記すること。

表4.1.2-5に、バインダーとしてエポキシ樹脂を使った配合を示す。

表4.1.2-5　設計配合

材料名	配合（質量比　％）	配合（容積比　％）
木質チップ	32	85.1
特殊エポキシ樹脂（主材）	10	3.5
特殊エポキシ樹脂（硬化材）	10	4.2
粗目砂	48	7.2

図4.1.2-1に、舗装構造の標準断面を示す。

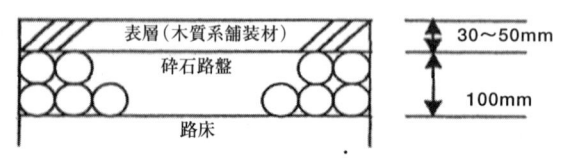

図4.1.2-1　舗装構造の標準断面

3)について　木質系チップ舗装の一般的な施工手順を図4.1.2-2に示す。

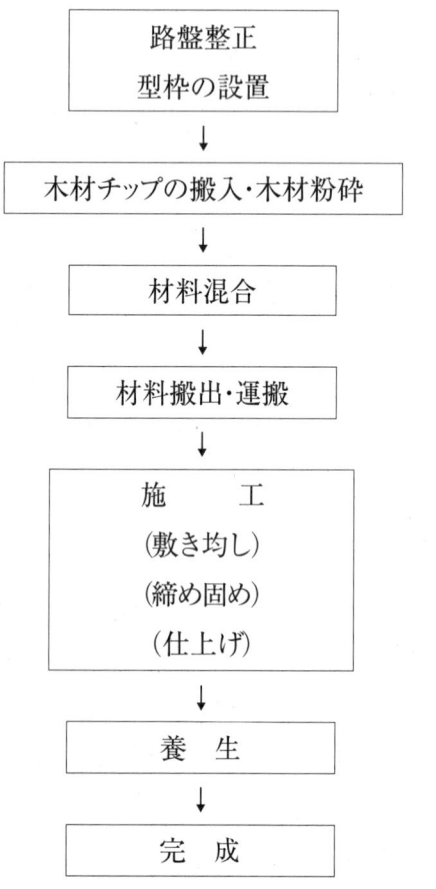

図4.1.2-2　木質系チップ舗装の施工手順

工種の内容と留意点を以下に示す。

① 準備工

路盤整正は、舗装の厚さが確保できるようにローラ・プレート等で平坦に仕上げる。型枠の設置は、

高さと線形に留意して行う。

② 木材チップの粉砕と搬入

木材チップは、間伐材や被害木等を原料収集地点で粉砕するか、木材チップ工場で粉砕し、使用地点まで搬入する。運び込まれた木材チップと粗目砂などの他の材料は、雨などの影響を受けないようにシートなどで覆う。

③ 材料混合

所定の配合割合で計量したものを容器に入れ、外観・量等を検査する。材料の混合は、モルタルミキサで行う。最初に木材チップをモルタルミキサに入れ、攪拌しながら、あらかじめ混合しておいた結合材を加え、さらに約1分間攪拌する。これに粗目砂を加え、約1分間攪拌する。混合作業は、特殊エポキシ樹脂等を取り扱うため、材料が体に触れないように、長袖の作業着・メガネ・マスク・ゴム手袋・前掛け等を着用する。

④ 材料搬出・運搬

混合が終わった材料は、均一に混合されていることを確認し、モルタルミキサから搬出する。運搬は、車両の進入が可能な場合は軽トラック等で、不可能な場合には一輪車等で行う。

⑤ 施工

運搬された材料を、均一にレーキおよび木ゴテで敷き均す。敷均し終了後、養生板等を敷き、その上からプレートで締め固め均一な路面を確保する。その後、タンパと木ゴテなどで目地違いや端部の処理を行う。

⑥ 養生

雨などに備えて舗装面全体を養生シートで覆い、端部をアンカーで固定する。養生期間は、夏季で12時間程度、冬季で24時間程度とする。

---

(4) 課題

1) 物理化学特性

歩道舗装としての機能を確認する物理試験・環境安全性を確認するため、溶出試験および含有量試験等をどの程度の頻度で実施したらよいのかは今後の課題である。

2) 利用実績

木質系チップ舗装の使用例が増え始めているが、全国的には広がっていない。

3) 供給性

野焼きの禁止により、農林業などにおける伐採材の処理に困っている状況であり、使用にあたって材料の入手が不可能なことはない。

4) 二酸化炭素の発生量

伐採材や抜根をチップ化し、バインダーで結合するので二酸化炭素は発生しない。

【解 説】

1)について　園路、歩道舗装としての基本機能（歩行性、耐久性）について、表4.1.2-2に示す確認

試験を実施し、すべり抵抗・弾力性・透水性・耐久性・耐候性等が、「舗装試験法便覧」に示される適用基準を満足していることを確認する。すなわち、物理性能の要求はすべて新材の場合と同等とする。リサイクル材料特有の物理性能に対する要求事項の有無に関する調査は、今後の課題である。

<u>2）について</u>　木質系チップ舗装の実績は少ない。全国的には種々の発注機関で試験的に採用され、使用例が増え始めている。今後は、自治体を中心に実績が多くなると予想される。

<u>3）について</u>　野焼きの禁止により、農林業などにおける伐採材の処理に困っている状況がある。建設業も同様であり、使用にあたって材料の入手が不可能な地域はないと考えられる。

<u>4）について</u>　伐採材や抜根をチップ化し、バインダーで結合するだけなので二酸化炭素が発生することはない。

その他、留意すべき点は以下の通りである。

① 環境安全性

伐採材あるいは抜根に農薬などの化学物質が付着していない場合は、環境安全性に関する問題はないが、そのことは試験により確認されていることが大切である。試験結果が安定すれば試験頻度は少なくしてよい。

② 繰返し利用性

供用開始後、年月が経っている場合には、腐食のために再利用が難しい。

③ 経済性

既存の景観を考慮した他の舗装工法などに比べて、施工費用は少し高くなる。今後の検討課題である。

④ 必要性

今後、野焼きの禁止により伐採材の処理量は増えるが、用途は限られている。建設事業においても使用法を検討し、準備しておく必要がある。

（参考文献）
1) 木質系材料を活用した舗装工法の開発「オークウッド舗装」　建技評第97201号
2) 木質系材料を活用した舗装工法の開発「ウッドファイバー舗装」　建技評第97204号
3) 木質系材料を活用した舗装工法の開発「アスウッド舗装、カラーアスウッド舗装」　建技評第97206号
4) ウッドチップ舗装技術資料（株式会社熊谷組）

4.1.3　緑化基盤材

木くずを緑化基盤に使用する方法には大別して2種類ある。すなわち、堆肥化しないウッドチップ（以下生チップという）を土あるいは肥料と共に生育基盤材料の一部として活用する方法と、木くずを堆肥工場まで運搬した後、粉砕・堆肥化したものに、粘土等の副資材および緩効性肥料を加え、資源循環型の生育基盤等に利用する方法（堆肥化）である。

4.1.3-1 生チップ緑化基盤材

(1) 適用範囲

本項は、木くずを破砕処理したチップを堆肥化しないで、そのまま緑化の生育基盤材料の一部として利用する場合について適用する。

【解 説】

生チップを利用するには、いくつかの方法がある。第1は、通常の植生基材吹付工で使用しているバーク堆肥等の有機質基材の代替品として、その一部または全部を生チップで置き換える方法である。この場合チップは5～15mm程度に細かく破砕して使用する。第2の方法は、150mm程度の大きな形状のチップをチップ法面に敷き均し、その上から種子吹付けを行う方法である。第3の方法は、現地で剥ぎ取られた表土とチップを混合使用する方法である。混合することによって、適度な通気性と保水

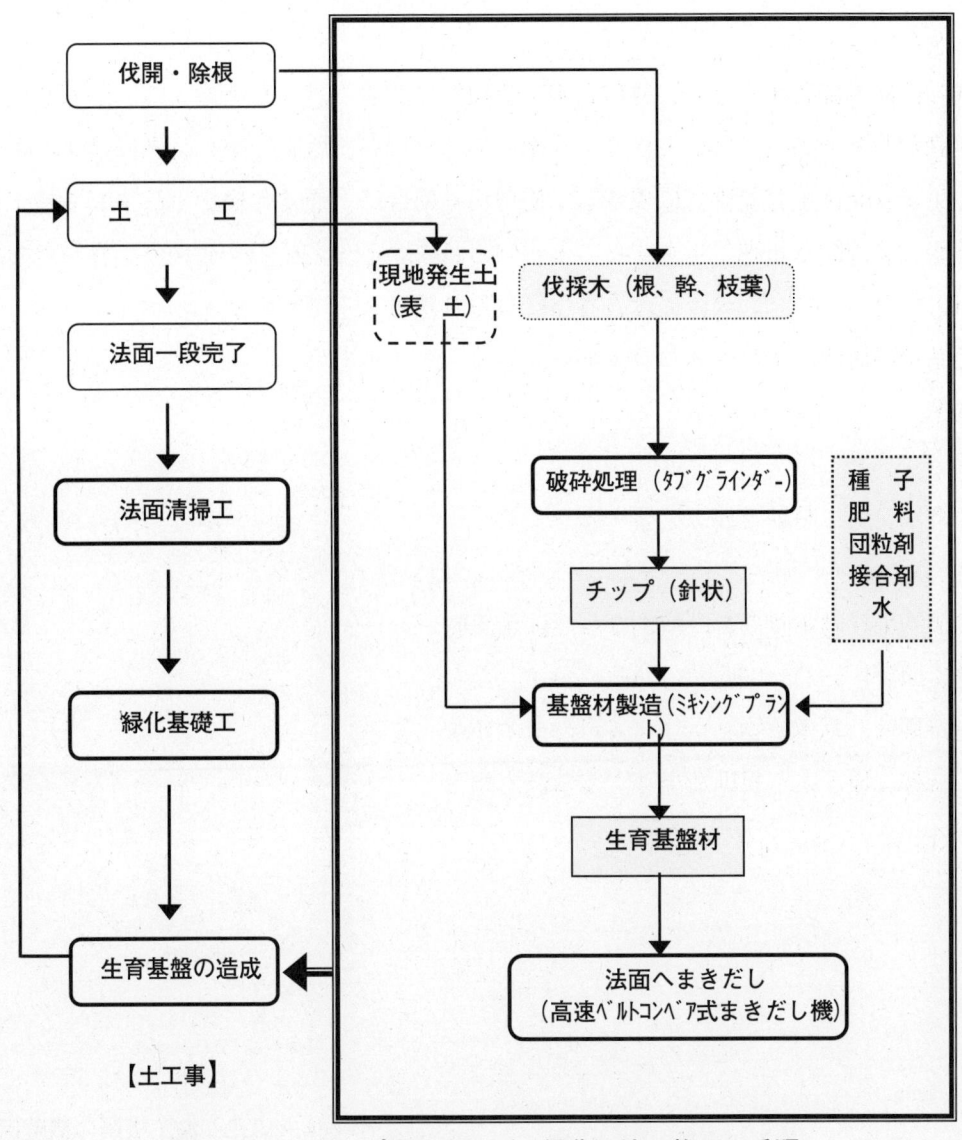

図4.1.3-1 チップ表土まきだし緑化工法の施工の手順

性を兼ね備えた植生に良好な生育基盤を造成できる。

　建設技術審査証明を得ている工法では、チップ表土まきだし緑化工法などがある。同工法の基本的な施工手順を、図4.1.3-1に示す。

---

(2) 試験評価方法

　1) 品質基準と試験方法

　　生チップを法面緑化の生育基盤材料として適用する場合の品質基準は、法面保護工としての耐侵食性あるいは植生の生育判定基準等は、従来の法面緑化工法に要求される品質基準と同等の性能を有するものとする。

　2) 環境安全性基準と試験方法

　　第2編4.1.1(2)2)に準ずる。

【解　説】

1)について

① 品質基準

　要求される性能を確認するため、材料と施工管理等に関する試験を実施する。法面緑化工では、施工後の生育判定基準を満足しないときは、追肥と追播を行い、所定の緑化目標に達するようにする。

　ただし、生チップを生育基盤材に混合して使用する場合は、通常の緑化工法よりも施工初期の生育が遅くなるが、その後は順調に生育することが知られている。表に示す従来の生育判定で判定保留あるいは不可とされるケースの場合には、さらに数ヶ月様子をみて判断する。

　生育判定基準の概要は下記のとおりである。

生育判定基準

・判定時期

　植物の生育は、施工時期と施工場所によって著しく異なる。

　施工後の植物生育判定時期を区域別ならびに施工時期別に分けて図4.1.3-2および表4.1.3-1に示す。ただし、当判定時期は、草本植物およびマメ科の低木類を対象とし、特殊な種子と不規則な発芽をする高木類は対象から除外する。

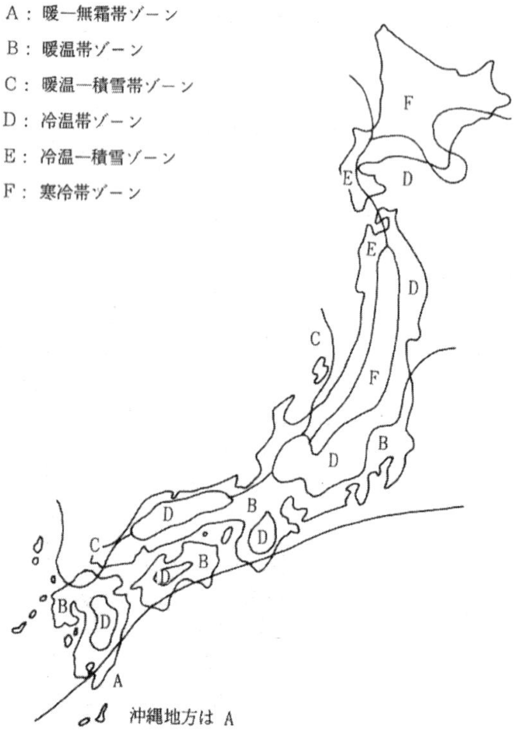

A：暖—無霜帯ゾーン
B：暖温帯ゾーン
C：暖温—積雪帯ゾーン
D：冷温帯ゾーン
E：冷温—積雪ゾーン
F：寒冷帯ゾーン

沖縄地方は A

図4.1.3-2　施工場所の概略区分け図

表4.1.3-1　判定時期

場所＼時期	春 期	夏 期	秋 期	冬 期
A	（3～5月施工）施工後60日	（6～9月施工）11月初～中旬	（10～11月施工）翌年5月初旬	（12～2月施工）5月中～6月初旬
B	（4～6月施工）施工後60日	（7～9月施工）11月中旬	（10～11月施工）翌年5月中旬	（12～3月施工）5月下～6月中旬
C	（4～6月施工）施工後60日	（7～9月施工）11月中旬	（9月中～10月施工）翌年5月中～下旬	（11～3月施工）6月中～下旬
D	（4～6月施工）施工後90日	（7～8月施工）11月中旬	（9～10月施工）翌年6月初旬	（11～3月施工）7月初旬
E	（4～6月施工）施工後90日	（7～8月施工）11月中旬	（9～10月施工）翌年6月中～下旬	（11～3月施工）7月初旬
F	（5～6月施工）施工後90日	（7～8月施工）11月中旬	（9～10月施工）翌年7月初旬	―

注1）植物成立状態が、分蘖開始以前であれば成立本数、分蘖開始以後であれば被覆率で判定する。
注2）異常気象が発生した場合は、監督員と協議のうえ決定する。

・生育判定

　生育判定は、緑化目標と施工時期などによって様々である。施工適期に行われた施工3ヶ月後の植生状態成績判定の目安を表4.1.3-2に示す。

表4.1.3-2　播種後の成績判定の目安

評価		施工3ヶ月後の植生の状態
木本群落型	可	・植被率が30～50％であり、木本類が10本/㎡以上確認できる。
		・植被率が50～70％であり、木本類が5本/㎡以上確認できる。
	判定保留	・草種に70～80％覆われており、木本類が1本/㎡以上確認できる。この場合翌年の春まで様子を見る。
		・所々に発芽が見られるが、法面全体が裸地状態に見える。この場合は、1～2ヶ月様子をみる。
	不可	・生育基盤が流亡して、植物の成立の見込みがない。この場合は再施工する。
		・草本植物の植被率が90％以上で、木本植物が被圧されている。この場合、草刈後様子を見て対策を講じる。
草地型	可	・法面から10m離れると、法面全体が「緑」に見え植被率が70～80％以上である。
	判定保留	・1㎡当たり10本程度の発芽はあるが、生育が遅い。この場合は1～2ヶ月様子を見る。また植被率が50～70％程度である。
	不可	・生育基盤が流亡して、植物の成立の見込みがない。この場合は再施工する。
		・植被率が50％以下である。

注1）施工時期と施工後の経過日数により状態は異なる。
注2）木本群落型の場合、秋には落葉などにより一旦裸地状態になることがあるが、この場合は来春に様子を見る（一般には良好な群落へと進む）。

② 品質試験方法

生育判定基準に定められた品質項目の試験方法は、(社)日本道路協会「道路土工 〜のり面工・斜面安定工指針」に示されている方法を参考に行う。また、その他の品質試験方法は、参考文献1)を参考にするとよい。

2)について　第2編4.1.1(2)2)の解説（P.105）に準ずる。

> (3) 利用技術
> 1) 設計方法
> 生チップを法面緑化の生育基盤材料として適用する場合の設計方法は、使用実績の多い設計例に準ずる。
> 2) 施工方法
> チップ表土まきだし緑化工法の場合には、破砕したチップと現地発生土（表土）を主な原料として、現地で植物の生育に適した生育基盤材を製造し、法面にまきだして施工する。

【解　説】

1)について　法面の緑化を目的とする法面の保護だけでは、法面崩壊などの構造的な破壊の防止効果は期待することはできないので、法面の安定性に関する構造的な検討は別途に検討するものとする。したがって、本技術の設計の範囲は緑化生育基盤としての性能を満足するための設計法とする。

生チップ表土まきだし緑化工法は切土法面や盛土法面だけでなく、岩盤や肥料分および土壌のない無土壌法面など、広範囲な土質条件の法面にも適用可能である。また、表面の風化・侵食の激しい法面に対しては、法面工との一体化施工（法面整形完了後直ちに緑化工を施工し、法面1段ごとに仕上げていく方法）を行うと早期に法面を保護できるため非常に効果的である。

本工法により造成される生育基盤は団粒構造を有し、地域自生の微生物と植物種子が混在している表土を利用できる。したがって草本・木本を問わず多彩な種類の種子の発芽・生育が容易であり、多様な植物群落の復元要求に対応することができる。

チップ表土まきだし緑化工法に適用する標準的な設計を表4.1.3-3に示す。

表4.1.3-3 標準的な設計

		設計基準	備考
金網張工の有無	法勾配が1割5分より緩い場合	無し	凍結、凍上の恐れのある法面では1:1.5より緩い勾配であっても設置が必要
	上記以外の法面勾配の場合	有り	
施工厚さ	土砂～軟岩	t＝7cm	盛土も含む
	軟岩～硬岩	t＝10cm	
法勾配		1:0.8未満の緩勾配	1:0.8より急勾配の場合は、厚層金網張工や柵工などの法面保護工が必要
法長の施工範囲 注1）	13m以下（18m以下）	可能	（ ）は、ロングブーム仕様のバックホウをベースマシンとした場合の対応可能な法長
	13m以上	逆巻き施工	
材料の施工変化率		30%	平地など特殊ケースは検討が必要

注1）移動式クレーンでまきだし機を吊り下げて施工する場合は、法面3段あるいは4段の高さでの施工が可能

<u>2）について</u>　堆肥化しない生チップを生育基盤材に利用する場合、植物の生育に適した最適な土壌構造となるように、所定の材料を配合通り適切に混合し、製造しなければならない。

　チップ表土まきだし緑化工法には、現地発生の伐採樹木を破砕・チップ化した材料と現地で剥ぎ取られた表土が利用される。このため、当該工事の全体工程を踏まえて現地発生材の使用数量（使用可能数量）の確保および施工時期などを計画する。特に土工事との並行作業となる場合は、これらの工事工程との調整を綿密に図る必要がある。

・伐採樹木の利用計画

　伐採樹木のうち、有価物や有用物となりにくく、処理が困難な根っこあるいは枝葉の部分をチップ化してリサイクルする。対象となる伐採地域において、再利用を図るべき樹木の伐採時期・処理（チップ化）時期・利用時期などを把握し、チップの再利用計画を立案する。破砕処理されたチップを長期間貯蔵する場合には、分解・腐植が進行するのを極力避けるために、保管方法・保管場所などには十分留意しなければならない。

・表土の利用計画

　表土の採取・利用時期および利用可能数量などを、事前に把握して再利用計画を立てる。また、生育基盤の土壌としての適性を、事前に調査しておくことも必要である。表土の利用は、生育基盤材料として適しているばかりでなく、埋土種子などによる地域植生の早期復元が期待できるため、できるだけ選別採取するよう留意する。

　現地発生土の選定手順を図4.1.3-3に示す。

```
                              現地発生土（表土）
                                    ↓
                              土壌性状の判定
            No          ①植物の生育に有害な物質を含まないこと
        ←──────────     ②細粒分含有率(0.075mm以下)＝質量比20%以上
        ↓               ③礫分含有率(20mm以上)＝質量比40%以下
    改良処理              ④土壌酸度(H₂O)＝4.5〜8.0
    ①粘土添加                      │
    ②礫分除去                      │ Yes
    ③植生の生育に有害な物質の除去   ↓
        └──────────→  団粒化試験（室内）
                              ↓
            No          団粒状況の確認
        ←──────────
                              ↓ Yes
```

図4.1.3-3　現地発生土の選定手順

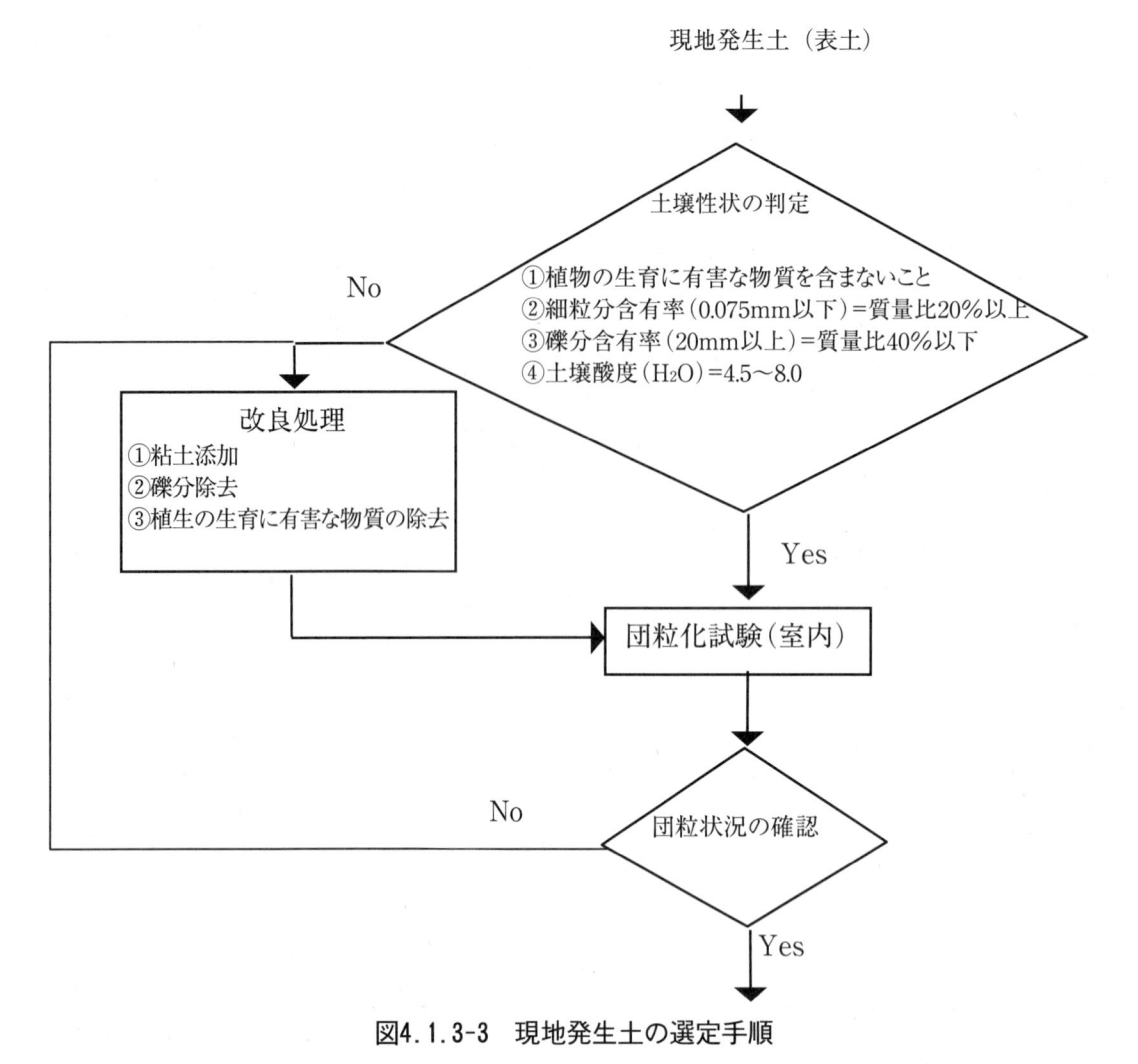

<u>2)について</u>　リサイクルしたチップの樹種名、広葉樹・針葉樹の区分け、現地発生土の種類（表土または掘削残土）、汚泥の利用の有無等についての情報は、施工後の生育基盤の状態や植物の生育状況と合わせて多くのデータを蓄積する必要があるので、施工記録として保存しておかなければならない。

(4) 課題

1) 物理化学特性

　　生チップを植物の生育基盤に利用するとき、稀に初期生育が遅い場合があるが、むやみに追播と追肥を行わないように注意しなければならない。

　　また、使用する表土は、その中に微生物と埋土種子が混入しており、土壌改良された生育基盤によって旺盛に発芽・生育することがある。したがって、所定の緑化目標と異なる植生・緑化景観になる場合があるので、緑化目標によっては表土の選択と種子配合に十分配慮する必要がある。

2) 供給性

　　使用するチップの原材料は、「木くず」に区分された産業廃棄物に指定されている。したがって、その取扱いは廃棄物処理法等の関連法規を遵守し、適正に行わなければならない。

3) 繰返し利用性

> チップ・表土などを利用して造成された生育基盤は、時間の経過とともに分解・自然同化してくるので繰返し利用することはできない。

【解　説】

<u>1)について</u>　施工初期（概ね、3〜4ヶ月程度）の生育がやや遅いことから、従来の生育判定基準では生育不良と評価され、追播と追肥を行わなければならない場合もあることが想定される。しかし、これは堆肥化していない生チップを生育基盤材料として使用する場合の特性であり、その後は順調に生育することが実証されているので、むやみに追播と追肥をすることなく、自然の植生の遷移にまかせるのがよい。

<u>2)について</u>　チップの原料は、「木くず」と区分された管理型最終処分場で処理すべき産業廃棄物である。このため、その取扱いは基本的に廃棄物処理法に則った適正な方法で行わなければならない。

　木くずの発生した現場で直接リサイクルできる場合は、廃棄物処理法の対象とはならず、再利用しやすい。しかし、このような場合にも、廃棄物関連の法規制等により利用上の制約があるので、注意が必要である。発生場所と異なる現場へ持ち出して使用する、あるいは外部からチップを持ち込んでリサイクルする場合などは、廃棄物処理法の対象となることもあるので、事前に関係者と協議して行う必要がある。

<u>3)について</u>　チップ・表土などを利用して造成された生育基盤は、時間の経過とともに徐々に分解され自然環境と一体になるので、繰返し利用には適さない。しかし、このように法面緑化工で利用した材料が繰返し利用できないことは、新材を利用した工法においても同様であり、問題とはならない。

　その他、留意すべき点は以下の通りである。

① 　経済性

　使用材料の大部分がリサイクル材料であること、チップは一次破砕だけで堆肥化が不要であること、客土の代わりに現地発生土（表土）が使えること、機械化施工であり施工能力が高いことから、従来工法である植生基材吹付工の1割〜3割程度において施工が可能である。

② 　必要性

　環境負荷の低減と資源循環型社会の創造のために必要である。

③ 　二酸化炭素の発生量

　機械化施工が主体となるので、多くの重機（内燃機関）を稼働させるが、その燃料消費のために生じる二酸化炭素の発生以外は特に懸念されるものはない。

（参考文献）
1) ㈱熊谷組：伐採樹木を利用したのり面緑化工法「ネッコチップ工法」先端建設技術・技術審査証明報告書、㈶先端建設技術センター、1999年3月
2) ネッコチップ工法研究会：ネッコチップ工法技術資料、2001年4月
3) 横塚享、小林正宏、石田真実、高橋正道、赤間亮夫、太田誠一：未分解チップ施用法面の土壌化学的特性および植生状況　第32回緑化工学会大会、2001年9月

4) 横塚享、小林正宏、斉藤茂、細江清二：未分解チップ施用土壌による法面緑化、その1―チップの腐朽と土壌中の窒素動態―、第56回土木学会年次学術講演会、2001年10月
5) (社)日本道路協会：「道路土工　のり面工・斜面安定工指針」、1999年3月

4.1.3-2　堆肥化緑化基盤材

(1)　適用範囲

本項は、木くずをチップ化して堆肥化させた材料に、粘土等の材料を適宜組み合わせて、法面吹付緑化基盤材に用いる場合に適用する。

【解　説】

木くずを堆肥工場あるいは堆肥化ヤードへ運搬した後、粉砕・堆肥化したものに粘土等の副資材および緩効性肥料を混合すると、生育基盤材とすることができる。これをチップ堆肥化緑化基盤材と呼ぶ。

チップ堆肥化緑化基盤材には、緑化基盤材相互および地山との接合を強化し、降雨による侵食と凍結・凍上などによる生育基盤の流亡を防止する目的で、接合材を混合する。

チップ堆肥化緑化基盤材の製造は、図4.1.3-4に示す手順によるものが一般的である。

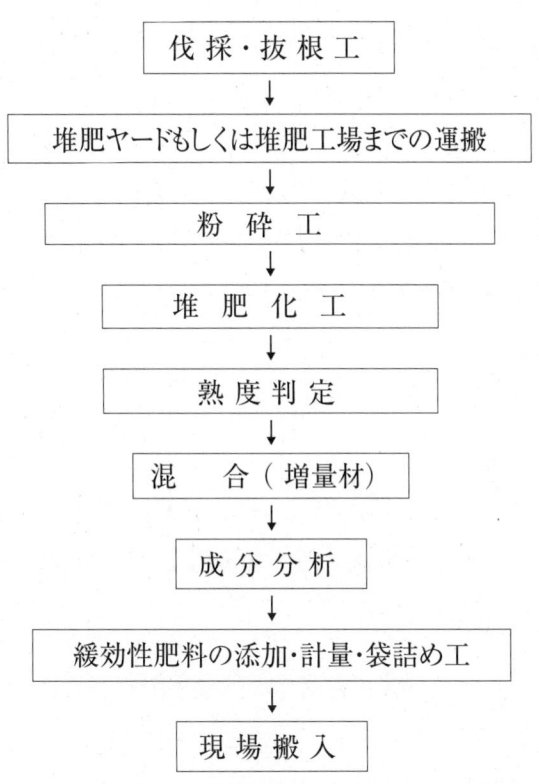

```
伐採・抜根工
   ↓
堆肥ヤードもしくは堆肥工場までの運搬
   ↓
粉 砕 工
   ↓
堆 肥 化 工
   ↓
熟 度 判 定
   ↓
混 合（増量材）
   ↓
成 分 分 析
   ↓
緩効性肥料の添加・計量・袋詰め工
   ↓
現 場 搬 入
```

図4.1.3-4 チップ堆肥化緑化基盤材の製造手順

(2) 試験評価方法

1) 品質基準と試験方法

チップ堆肥化緑化基盤材は、生育基盤材としての品質を満たしていなければならない。また、そのことを確認するために、材料や設備も定期的な検査を行うものとする。

2) 環境安全性基準と試験方法

第2編4.1.1(2)2)に準ずる。

【解 説】

<u>1)について</u>　チップ堆肥化緑化基盤材は、以下に示す品質を満足するように配合設計を行う。

表4.1.3-4　チップ堆肥化緑化基盤材の品質基準値　　　（乾物当り）

項　目	単位	基準値	備　考
全窒素（N）	％	1.0以上	肥料分析法
全炭素（C）	％	40以上	肥料分析法
C/N比	−	40以下	肥料分析法
塩基置換容量（CEC）	mol(+)kg^{-1}	40以上	肥料分析法
pH	−	5.5～8.0	肥料分析法
水分	％	60±10	肥料分析法
粒径	mm	10以下	

チップ堆肥化緑化基盤材の品質確認は、化学分析試験を行い、材料の結果が所定の品質基準値に合格しているか否かを判定する。

分析方法は、以下のいずれかによる。
・第2改訂　詳解肥料分析法（越野正義編　養賢堂　平成元年5月）
・土壌養分分析法（農林水産技術会議事務局監修　養賢堂　昭和45年12月）
・堆きゅう肥など有機物分析法（農産業振興奨励会　昭和60年3月）
・土壌物理測定法（養賢堂　昭和47年4月）

チップ堆肥化緑化基盤材が、生育基盤材としての品質を満たしていることを試験で確かめる。また、製品のばらつきを少なくするために、製造工程における品質管理も行う。

品質試験は、表4.1.3-5に示す項目を実施する。頻度は、表に示す以外にも材料あるいは機械設備の変更があった場合には、随時試験を実施する。

表4.1.3-5　品質試験項目

項　目		頻度
設備の検査	材料計量装置	1回/年
材料の基準試験	木くずの堆肥化の確認	堆肥化完了時(仕込みから3～4ヵ月後)※
	木くずの堆肥化物の品質試験	1回/ロット
	養殖貝殻粉砕物等添加物の品質試験	1回/ロット
製品の試験	化学成分・環境安全性試験	1回/ロット

※　1ロットの大きさは生産規模、材料の品質変動状況などを考慮して決める。

伐採木・抜根の堆肥化物の品質試験結果および製品試験の化学成分が、表4.1.3-4に示す品質基準を満足していることを確認する。

日常の品質管理は、所定の品質を確保するために実施する。

2)について　第2編4.1.1(2)2)の解説（P.105）に準ずる。

(3)　利用技術

1)　設計方法

チップ堆肥化緑化基盤材における基礎工は菱形金網を標準とし、地山の安定状態に応じ、法枠工などの強固なものを使用する。また、緑化目標に応じて、吹付け厚さ・種子配合を決定する。

2)　施工方法

チップ堆肥化緑化基盤材の施工にあたっては、法面清掃工・金網張工・アンカーピン打設工・緑化基盤材吹き付け工等の確実な施工を行う。

【解　説】

<u>1）について</u>　チップ堆肥化緑化基盤材は、植物の生理・生態的限界を超えない限り、岩盤・岩錐状態の無土壌地の法面（勾配1:0.5より緩い）に対して、耐侵食性に優れる生育基盤を造成し、法面の修景の向上および自然の回復を図ることが可能な生育基盤である。

　チップ堆肥化緑化基盤材に使用する材料は、設計書に品質規格を特に明示された場合を除き、以下に示す規格に適合したもの、あるいは同等以上の品質を有するものとする。

表4.1.3-6　使用材料の例

使用材料	規　格	単位
菱形金網	ϕ 2mm　50mm×50mm	m²
主アンカーピン	ϕ 16mm　L=400mm	本
補助アンカーピン	ϕ 9mm　L=200mm	本
生育基盤材	堆肥化チップ生育基盤材	ℓ
接合剤	高分子系樹脂	kg
熟成・保水調整材	粘土鉱物	kg
種子		式

<u>2）について</u>　堆肥化チップ育成基盤の施工にあたっては、下記に示す各項目に対して十分な検討を行った上で、確実な施工を心掛けなければならない。

① 準備

　設計図書に基づき、現地の状況を確認し施工する。確認項目は、終起点の確認・湧水の有無・地山の亀裂等の異常確認などである。

② 施工手順

a）法面清掃

　法肩および法面のゴミ・浮石・浮根・雑草などを除去し、崩壊箇所などの著しい凹凸は整形処理を実施する。切土直後の法面では、必要に応じて法面上の不安定な石などを除去する。

b）金網張

　菱形金網を法肩より順次継ぎ足しながら、施工箇所全面を覆うようにする。金網の重ね合わせは2目以上（約100mm）の重ね幅を確保する。

c）アンカーピン打設

　主アンカーピンは100m²当り30本程度、補助アンカーピンは100m²当り150本程度の割合で打設し、金網を固定する。

d）吹き付け材料計量

　配合計画書に基づき、吹付材料（種子・接合剤）を計量する。

e）生育基盤材吹付

　生育基盤材である堆肥化チップ育成基盤材・接合剤および種子を緑化専用ミキサーを用いて攪拌後、ベルトコンベアにより吹付機に投入し、エアー圧送する。同時に、熟成・保水調整材の懸濁液を

ポンプ圧送し、吹付ノズルから3m程度手前で生育基盤材と合流させる。必要によって、急結材を添加しながら法面に吹付ける。吹き付け作業は吹付面の形状に応じてノズルの角度・距離を調整しながら慎重に行う。

---

(4) 課題

1) 物理化学特性および環境安全性

緑化基盤材としての機能を確認する物理試験と環境安全を確認するための試験を実施しなければならない。

2) 利用実績

チップ堆肥化緑化基盤材の実績は少ないが、地方整備局での使用例が増え始めている。

3) 供給性

原材料の入手は容易であるが、地域によっては堆肥化したものの入手に時間を要する。

4) 二酸化炭素の発生量

伐採材と抜根をチップ化し、堆肥化する工程でバイオガスが発生するが、その大部分は好気性分解に伴う二酸化炭素である。

【解説】

1)について

① 環境安全性

伐採材と抜根に農薬などの化学物質が付着していない限り、環境安全性に関する問題はない。ただし、木くずとして多くの種類の木くずが使用される場合には、試験によって安全性を確認をしなければならない。

② 物理化学特性

チップ堆肥化緑化基盤材が、生育基盤としての品質を満たしていることを確認するため、表4.1.3-4に示す確認試験を実施する。また、本工法の施工は一年を通じて可能であるが、緑化植物の発芽と生育には、適度の水分と温度が必要であり、厳冬期・酷暑期の施工は避けることが望ましい。特に、木本類は、発芽・生育とも遅く、ある程度まで成長しないと冬期に枯れることが多いので、夏以降の施工は好ましくない。

2)について　チップ堆肥化緑化基盤材の実績は少ないが、関東地方整備局、四国地方整備局などで使用例が増え始めている。今後は、自治体を中心に実績が多くなると予想される。

3)について　野焼きの禁止により、農林業などにおける伐採材の処理に困っている状況がある。使用にあたって原材料の木くずの入手は容易である。ただし、それを堆肥化するのに数ヶ月以上かかり、地域によっては材料入手に時間を要する場合があると考えられる。

4)について　伐採材と抜根をチップ化し、堆肥化する工程で二酸化炭素が発生する。この二酸化炭素は、バイオマス由来であることから、温暖化ガス排出量削減の対象とはならない。

その他、留意すべき点は以下の通りである。

① 繰返し利用性

チップ堆肥化緑化基盤材は、最終的には植生基盤と一体になってしまうので、基盤材そのものが再利用されることはない。

② 経済性

材料の支給方法により異なる。現場で伐採木・抜根を堆肥化する場合は、生産コストは市場に出ている堆肥の価格より高くなるが、需給の関係で価格は変動的である。

③ 必要性

環境負荷の低減・資源循環型社会を創造する上で、必要度が高い工法である。

（参考文献）
1) ライト工業株式会社：伐採木・抜根の粉砕堆肥化物を有効利用した育成基盤「Wチップエコサイクル」、技術審査証明報告書、建技審証第0125号、㈶土木研究センター、平成14年3月
2) 西松建設株式会社：植物発生材を現場内で堆肥化・有効利用する法面緑化工法「根をリサイクル工法」、技術審査証明報告書、技審証第1401号、㈶先端建設技術研究センター、平成14年4月
3) 日本リサイクル緑化協会：リサイクル緑化PMC工法解説書
http://www.japan-recycle.com/pdf/pmc-kaisetu.pdf，平成16年4月
4) 藤原宣夫・石坂健彦・石曽根敦子・森崎浩一・飯塚康夫：下水汚泥と剪定枝葉を混合した堆肥の製造方法に関する検討（建設省土木研究所）、土木研究所資料第3708号、2000年
5) 石曽根敦子：汚泥枝葉堆肥を用いたのり面緑化試験施工、土木技術資料 Vol 44 No.1、2002年1月
6) 佐藤吉之・渡邊哲也：伐採材を使用したのり面緑化用基材の製造、ハイウェイ技術、No.19、2001年4月
7) 北園誠之：切土のり面の調査・設計から施工まで、㈳地盤工学会、1997年10月
8) 難波宣士：緑化工の実際、創文社、1986年

5 廃ガラス

廃棄物の概要

ガラスくずは、主として建物解体により発生する窓ガラスくず・ガラス製造工程で発生するくず・不良品、卸・小売業で発生する使用済みの容器である。

2003年のガラス製品の国内生産量は、表5-1に示すようにガラスびんが最も多く、次いで建物および車両の窓ガラスなどに使用される板ガラス・テレビのブラウン管・蛍光灯・電球などに使用される台所用品用ガラス・FRP製品などに使用されるガラス繊維等があり、合計231万トンである。

表5-1 ガラス製品の生産量（2003年）

品目＼項目	質量（トン）	構成比	金額（円）	前年比
総合計	2,308,701	100.0%	368,412	100.0%
ガラス基礎製品	626,402	27.1%	154,836	42.0%
理化学・医療用ガラス	8,003	0.3%	2,834	0.8%
容器類（ガラスびん）	1,560,159	67.6%	148,671	40.4%
台所用品	66,321	2.9%	28,803	7.8%
花びん・灰皿	4,545	0.2%	2,029	0.6%
その他のガラス製品	43,271	1.9%	31,239	8.4%
産業用品［計］	2,237,835	97.0%	337,580	91.6%
生活用品［計］	70,866	3.0%	30,832	8.4%

資料出所：経済産業省経済産業政策局　調査統計部

これらのガラス製品のうち、最も多く再利用されているのはガラスびんである。無色・茶色のガラスびんの大部分はカレットにして、ガラスびんに再利用されているが、緑・黒色などのびんは、生産ロットが小さいために再利用が進んでいない。このため、ガラスびん以外の用途としてタイル・ブロック・超軽量骨材・アスファルト舗装の骨材などが、開発・実用化されている。

建物用および車両のガラス窓などに使用される板ガラスのうち、工場でガラス窓などの製品を製造する際に発生する端材は破砕され、カレットとしてガラス製造会社で再利用されている。窓ガラスとして使用されたものは、回収されていない。しかし、最近では建物の解体時に発生する窓ガラスくずのタイル・ブロック原料への再使用、テレビ・パソコンのブラウン管や蛍光灯の回収・再利用も進められている。また、自動車の窓ガラスもシュレッダーダストからの回収が一部始められ、解体時に取り外し、再利用する検討も進められている。

5.1 粉砕処理

　ガラスカレットは、ガラスびんを分別して細かく砕き粒度選別したものである。ガラスの原料として利用されるほか、建築材料・土木材料・工業用品など多方面に活用されている。

　日本ガラスびん協会のデータ（図5.1-1　ガラスびん生産量とカレット利用率を参照）によれば、ガラスカレットの利用率は年々増加していて、平成15年には90.3％程度に達している。省資源・省エネルギー化とゴミの減量化のためには、大量にガラスカレットを使用する用途の開発が大きな社会的要請となっており、近年ではガラスカレットを舗装材料へ利用する方法が検討され、各種の利用方法が実施されている。

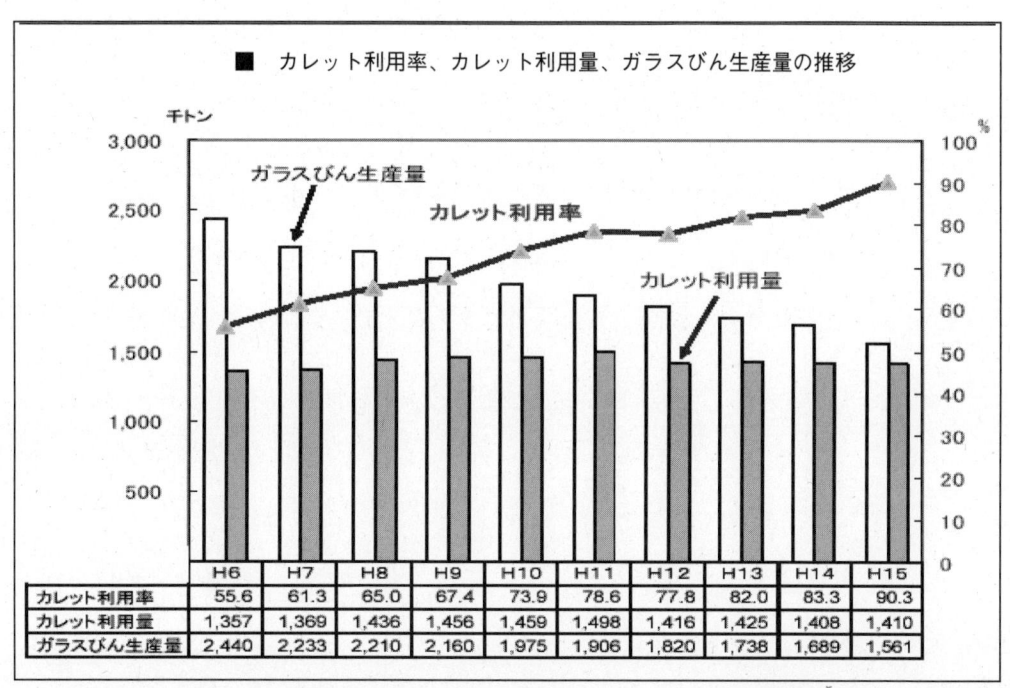

カレット利用率、カレット利用量、ガラスびん生産量の推移

	H6	H7	H8	H9	H10	H11	H12	H13	H14	H15
カレット利用率	55.6	61.3	65.0	67.4	73.9	78.6	77.8	82.0	83.3	90.3
カレット利用量	1,357	1,369	1,436	1,456	1,459	1,498	1,416	1,425	1,408	1,410
ガラスびん生産量	2,440	2,233	2,210	2,160	1,975	1,906	1,820	1,738	1,689	1,561

資料：「ガラスびん生産量」（単位：千トン）… 経済産業省「窯業・建材統計」

図5.1-1　ガラスびんの生産量とガラスカレット利用率

(1) 処理の概要

　ガラスびんを破砕して粒度選別するガラスカレット粉砕システムの例を以下に示す。

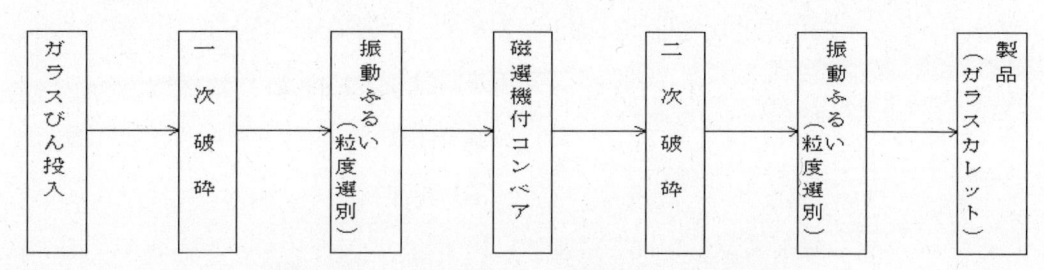

ガラスびん投入 → 一次破砕 → 振動ふるい（粒度選別） → 磁選機付コンベア → 二次破砕 → 振動ふるい（粒度選別） → 製品（ガラスカレット）

図5.1-2　ガラスカレット粉砕システムの例

(2) 物理化学的性質

　ガラスびんと板ガラスの組成および物性を表5.1-1および表5.1-2に示す。これらは組成・物性値ともほぼ同様であるが、ガラスびんの無色以外の色カレット（茶・緑・青・黒）は板ガラスに使用でき

ない。また、無色の板ガラスは無色のガラスびんより不純物が多いため、そのカレットはガラスびんの原料には使用できないなどの制約があり、ガラスびんと板ガラスの間に互換性がない。

表5.1-1　ガラスびんおよび板ガラスの組成（色別）

成　分	ガラスびん					板ガラス			
	黒色（透明）	茶色	緑色	青色	無色	フロート無色透明	型板ガラス無色透明	熱線吸収ブルー	熱線吸収ブロンズ
SiO_2	72.83	71.40	71.53	71.34	70.87	71.10	1.80	71.40	71.21
Al_2O_3	1.83	2.43	2.20	2.23	2.30	1.47	1.58	1.47	1.47
Fe_2O_3	0.03	0.24	0.11	0.15	0.16	0.07	0.07	0.37	0.18
TiO_2	0.01	0.03	0.02	-	0.01	0.03	0.04	0.03	0.03
GaO	11.00	10.47	10.67	10.17	11.10	8.91	10.32	8.85	8.84
MgO	0.11	0.37	0.30	0.83	0.22	4.04	2.47	3.75	3.91
Na_2O	12.63	13.67	13.43	13.30	13.33	13.10	12.40	13.30	13.33
K_2O	0.96	1.17	1.10	1.11	1.40	0.83	0.84	0.86	0.79
SO_3	0.21	0.08	0.24	0.17	0.21	0.24	0.24	0.20	0.26

注）日本硝子製品工業会編「ガラス組成データブック（1991年版）」より作成

表5.1-2　ガラスびんおよび板ガラスの物性値（色別）

成　分	ガラスびん					板ガラス			
	黒色・透明	茶色	緑色	青色	無色	フロート無色透明	型板ガラス無色透明	熱線吸収ブルー	熱線吸収ブロンズ
軟化点(℃)	730	718	725	724	726	734	738	729	730
徐冷点(℃)	568	558	563	563	564	549	554	545	545
熱膨張係数（$\times 10^{-7}$/℃）	88	92	91	90	92	91	91	90	90

注）日本硝子製品工業会編「ガラス組成データブック（1991年版）」より作成

また、ガラスカレットの代表的な物性値は表5.1-3のとおりである。

表5.1-3　ガラスカレットの代表的な物性値

項　目	物　性　値
密　度	2.45～2.55（g/cm³）程度
吸水率	0～0.3％程度
粒　度	砕石5号・6号・7号の粒径が多い
すりへり量	40～50％程度
安定性	0.2％程度

ガラスびんのリサイクルシステムとしては、洗って繰返し使用するリターナブルびん、砕いて新しいガラスびんの原料として再利用するワンウェイびんに分けられ、それぞれ有効な資源として活用されている。ガラスカレットは、ガラスびんを分別して細かく砕き粒度選別したものをいう。ガラスの原料として利用されるほか、建築材料・土木材料・工業用品など多方面に活用されている。

5.1.1 舗装の路盤材料

(1) 適用範囲

本項は、ガラスびんを分別して細かく砕き、粒度選別したガラスカレットを、下層路盤用骨材として用いる場合に適用する。なお、舗装計画交通量T≧1,000（台/日・方向）以上の道路に適用する場合は、実績を参考にするか試験施工を実施するなどによって判断する。

【解　説】

ガラスびんを砕いたガラスカレットを、舗装の路盤材料として使用した例は少ない。しかし、表層用骨材として用いる場合に比べて、繰返し再生利用性とアスファルトからのはく離などの技術的課題がないという利点を有している。下層路盤材料に適用する場合は、舗装計画交通量T＜1,000（台/日・方向）、旧舗装要綱で規定されているB交通相当程度までの道路を対象とし、それよりも交通量の多い道路あるいは上層路盤に使用する場合は耐久性等の確認を行う必要がある。

(2) 試験方法

1) 品質基準と試験方法

ガラスカレットを用いた路盤材料の品質基準は、適用する道路舗装の種類に応じて「舗装設計施工指針」・「舗装施工便覧」等の品質規格を準用する。

品質基準に定められた各品質項目の試験方法は、「舗装試験法便覧」に示されるそれぞれの方法による。

2) 環境安全性基準と試験方法

路盤材料に使用するガラスカレットの環境安全性基準と試験方法および管理は、第2編1.1.1.(2)2)に準ずる。すなわち、6項目の溶出試験・含有量試験を行わなければならない。

【解　説】

1)について　ガラスカレット粒度との関係もあって、カレット単体で路盤に使用した実績はない。クラッシャラン・天然産の粒状路盤材料あるいは安定処理路盤材料にガラスカレットを混合使用する場合には、混合した材料の品質が下層路盤材料の品質規格（第2編1.1.1　表1.1.1-4）を満足しなければならない。使用実績などから、カレットの混合率は15％以下にすることが望ましい。

2)について　ガラスは、建設資源として使用される岩石などに組成が近い無機質である。1,000℃以上の温度で溶融工程を経て製造されるので、環境安全面での有害性は少ない素材である。したがって、

溶融スラグ等と同様に6種類の溶出試験および含有量試験によって、路盤に使用するカレットの環境安全性を確認する。詳細は第2編1.1.1.(2)2)の解説（P.29）に準ずる。びんに付着物が残っていたりすると、有害物質溶出が検出されることが懸念される。したがって、ガラスカレットは製造時に十分な水洗が必要である。

---

(3) 利用技術

1) 設計

　ガラスカレットを用いた路盤の設計は、「舗装設計施工指針」に示される方法と手順に準ずる。

2) 施工

　ガラスカレットを用いた路盤の施工は、路盤工法に応じ「舗装設計施工指針」等に示される方法と手順に準ずる。

3) 記録および繰返し利用性

　ガラスカレットを用いて路盤を構築した場合、発注者は施工図面、数量表等の設計図書を、ガラスカレットを用いた路盤材料の試験成績票とともに保存し、繰返し再生利用と処分に際して利用できるように備えるものとする。

　ガラスカレットは、使用により通常その性質が大きく変化するものではないので、再利用しても特に支障はない。

【解　説】

① 利用実績

　我が国の構内舗装における試験施工結果では、カレット：粒調砕石＝50：50の路盤材料が、一般の路盤材料と同程度の耐久性を有しているとの報告例がある[1]。また、アメリカ・テキサス州では、ガラスびんと他の路盤用岩石をクラッシングし、路盤材料として施工した結果、運搬用トラックのタイヤの損傷もなく良好であったとの文献もある[2]。

　東京都が江東区内で行った、空き瓶を細かく砕いたガラスカレットを路盤材料に再利用する試験施工例を図5.1.1-1に示す[3]。この試験施工では厚さ30cmの路盤のうち、厚さ15cmの下層路盤に道路用砕石RC-40とガラスカレットを混合したものを使用し、表層に厚さ10cmのアスファルトコンクリートを敷き均している。砕石中のガラスカレットの割合を15％、50％と変えた路盤、ガラスカレット100％に11kg/㎡のセメントを混合する配合にした路盤を施工している。

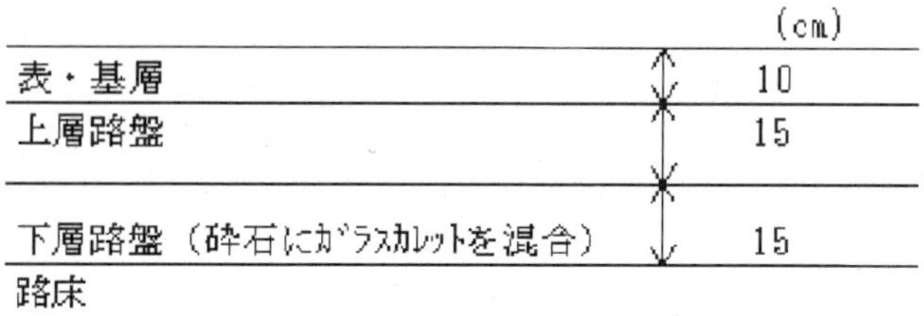

	(cm)
表・基層	10
上層路盤	15
下層路盤（砕石にガラスカレットを混合）	15
路床	

図5.1.1-1　ガラスカレットを使用した路盤の試験施工[3]

試験施工時の調査結果では、以下の知見を得ている。

　a）下層路盤材料へのガラスカレットの混入率は、施工性・支持力等から判断して約15％が適当である。

　b）ガラスカレットをセメント処理した材料は、施工性（特に転圧時）にやや難があるが、支持力は確保できる。

　c）ガラスカレットを遮断層に用いた場合、舗装の支持力が従来工法（CBR 20％）に比べやや劣る。

　d）ガラスカレットを埋戻し材に用いる場合、必要な施工性・支持力を得ることができる。

② 供給性

廃ガラスびんの処理工場とカレットの製造工場は、都市に集中しているため、工事現場で工事に必要な量だけ入手が可能か調査する必要がある。

③ 繰返し利用性

ガラスカレットは、使用により材質が変化することはないので再利用は可能である。

④ 経済性

ガラスカレットを路盤材料に混合する場合、現地混合は難しいので、プラント混合となり、通常の路盤工法と比べコスト高となる。

⑤ 必要性

廃ガラスびんのリサイクルとして、ガラスびんの原料以外の用途に最も期待されるのは、建設資材としての利用である。舗装材料としての路盤へのリサイクルは、大量に使用される再利用工法であり、技術が確立すればガラスカレットの中でも再利用が進んでいない緑色びんの再資源化につながる。

⑥ 二酸化炭素の発生量

ガラスカレットは、廃ガラスびんを細かく砕き、粒度選別して製造するものであり、二酸化炭素の発生は破砕と選別のために使用する電力によるものだけである。

(4) 課題

ガラスカレットを舗装の路盤材料として使用した例は少ないため、施工性、耐久性、経済性等のデータを蓄積するとともに、長期供用性の把握に努めなければならない。

（参考文献）
1) ㈶クリーンジャパンセンター：廃棄物等用途拡大実施事業報告書（道路舗装用骨材としてガラスびんカレット用途開発）、平成6年3月
2) Roger L. Engelke:City Finds Cutting Edge To Recycling Glass、West Age、Feb 1, 1997
3) 木村浩平・網野秀生・針谷孝伸：ガラスカレットの路盤材料および埋戻し材への適用、第23回日本道路会議一般論文集、pp.152-153、平成11年10月

5.2 粉砕焼成処理

(1) 処理の概要

再生ごみカレットを原料とするガラス再資源化タイルとブロックの製造工程は、以下のとおりである。1,000℃（従来は1,200℃程度）の低温焼成が可能であり、製造工程において二酸化炭素の排出量を削減し、エネルギー資源の節約を図ることができる。

1) 粉砕工程

カレットは洗浄工程を経由し、粉砕機により所定の粒度に粉砕される。この工程までは前記3.1と同じである。次の工程で色度の調整を行うと原料としての粉末ガラスとなる。この粉末に粘土・粘結剤を原料タンクから自動添加し、混合ミキサーにより均一に混合して杯土（成型できる土）とする。

2) 成型工程

混合された杯土の流動性を管理し、高圧プレス機で所要寸法の金型に充填したのち、加圧成型する。

3) 焼成工程

成型されたタイルを耐火物セッターに移載したのち、ローラハースキルンによって焼成する。焼成温度は約1,000℃で、変形・亀裂等が生じないよう炉内温度領域を区分して管理する。

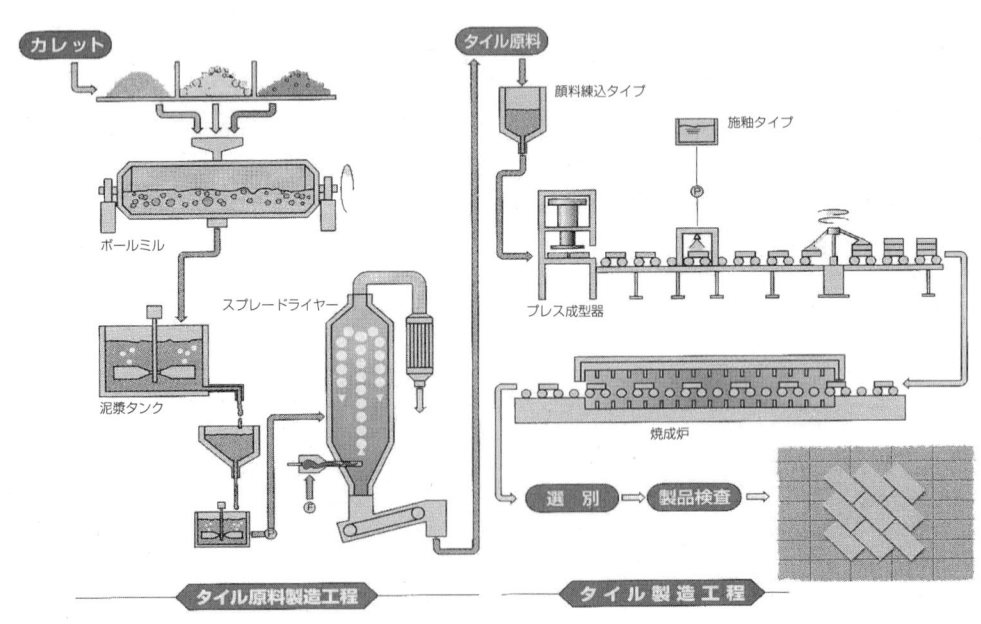

図5.2-1 ガラス再資源化タイルの製造手順の例[3]

(2) 物理化学的性質

1) 物理的性質

廃ガラスと粉砕焼成処理したタイルを他建材（磁器質タイル・石器質タイル・コンクリートタイル）の物理的性質の比較を表5.2-1に示す。

表5.2-1 ガラス再資源化タイル物性値

物性値	ガラス再資源化タイル[1]	磁器質タイル	石器質タイル	コンクリート
吸水性	1.5%	1%	5%	15%
曲げ強度	20.6 N/mm² (210kgf/cm²)	19.6 N/mm² (200kgf/cm²)	14.7 N/mm² (150kgf/cm²)	4.9 N/mm² (50kgf/cm²)
摩耗減量	0.04 g	0.04～0.08 g	0.04～0.09 g	
すべり抵抗性	77～97 BPN	35～60 BPN	45～70 BPN	60～80 BPN
耐薬品性	酸・アルカリ3% 異常なし	酸・アルカリ3% 異常なし	酸・アルカリ3% 異常なし	
凍結融解性	300サイクル 異常なし	10サイクル 異常なし	10サイクル 異常なし	
かさ密度（g/cm³）	2.32	2.2～2.4	2.1～2.3	2.2～2.4

注1) 試験方法は、JIS A 5209 陶磁器質タイルに準ずる。
　2) BPN：英国式のポータブルすべり試験器。

　粉砕・焼成工程において鋭利な部分が無くなるため、施工時の安全性は磁器質タイルや煉瓦と同等である。粉砕・調整の工程にて粒度・カレットの色を管理することで、磁器質タイル同等の意匠性の自由度を確保している。耐侯性は、磁器質タイルと同等である。

　建築基準法第2条9号で定義される不燃材料には、煉瓦・ガラスなどが含まれている。廃ガラスは、ガラスと同様の不燃材料とする。

2) 化学的性質

　廃ガラスを粉砕焼成処理したタイルの組成を表5.2-2に示す。

表5.2-2 ガラス再資源化タイルの組成（質量%）

成分	SiO_2	Al_2O_3	Fe_2O_3	CaO	MgO	K_2O	Na_2O
含有量	65 - 70	10 - 20	1.0 - 2.0	5.0 - 7.0	1.0 - 2.0	1.0 - 2.0	7.0 - 9.0

5.2.1 タイル・ブロック

(1) 適用範囲

　本項は、ガラスカレットを原料とする舗装と土木構造物の表面仕上げ用タイル・ブロック・レンガ・道路用境界ブロック等に適用する。

【解　説】

　ガラス再資源化タイルおよびブロックは、一般的に以下のような用途に使用する。

① タイル製品

　土木構造物の外壁用タイル。

② ブロック製品

公園・舗道などに使用される焼成製品のブロック・レンガ・道路用境界ブロック等。ただし、コンクリート製のブロックとインターロッキングブロックは除く。インターロッキングブロックは、第3編4.1.3による。

> (2) 試験評価方法
> 1) 品質基準と試験方法
> 　以下のJISに示される寸法と強度等の物理的品質を満足するものでなければならない。
> ① タイルについて
> 　JIS A 5209「陶磁器質タイル」に準ずる。
> ② レンガおよびブロックについて
> 　JIS R 1250「普通レンガ」・JIS A 5371「プレキャスト無筋コンクリート製品」のⅠ類「舗装用平板」・「道路用境界ブロック」に準ずる。
> 2) 環境安全基準と試験方法
> 　原料となる、廃ガラスから製造したガラスカレットの環境安全性基準と試験方法および安全性の管理は、第2編1.1.1.(2)2)に準ずる。すなわち、6項目の溶出量試験・含有量試験を実施し、指定された有害物質に対して溶出量が環境基準値以下でなければならない。

【解 説】

<u>1)について</u>　関連するJISを品質を表5.2.1-1〜表5.2.1-5に示す。品質の試験方法は関連するJISに規定される方法で試験を行い、品質を確認する。試験の結果は品質表示に反映させる。

表5.2.1-1　JIS A 5209「陶磁器質タイル」　曲げ強さ

呼び名による区分		幅1cm当たりの曲げ破壊荷重 N/cm（kgf/cm）
内装タイル	壁用	12{1.23}以上
	床用	60{6.12}以上
外装タイル	タイルの寸法*が155mm以下の場合	80{8.16}以上
	タイルの寸法*が155mmを超える場合	100{10.20}以上
床タイル		120{12.24}以上
モザイクタイル		60{6.12}以上

＊タイルの寸法とは、長方形のタイルの長辺または正方形のタイルの一辺を意味する。

表5.2.1-2 JIS A 5371「プレキャスト無筋コンクリート」Ⅰ類 「舗装用平板」曲げ強さ（参考用）

種類			曲げ強度荷重	スパン L
露出面の加工方法	略号	呼び	kN	mm
普通平板	N	300	12	240
		330	13	
カラー平板	C	300	12	
		400	16	
洗出平板	W	300	12	
		400	16	
		450	18	
		300B	5	480
		450B	7.5	
擬石平板	S	300	12	240
		400	16	
		450	18	
		300B	5	480
		450B	7.5	

表5.2.1-3 JIS R 1250「普通れんが」 れんがの品質

	2種	3種	4種
吸水率（％）	15以下	13以下	10以下
圧縮強さ N/mm²	15.0以上	20.0以上	30.0以上

表5.2.1-4 JIS A 5371「プレキャスト無筋コンクリート」Ⅰ類「道路用境界ブロック」曲げ強度荷重（参考用）

種類			曲げ強度荷重 kN	
	略号	呼び	L＝600mm、1,000mm	L＝2,000mm
片面歩車道境界ブロック	片	A	23	12
		B	40	21
		C	60	31.5
両面歩車道境界ブロック	両	A	24	12.5
		B	42	22
		C	63	33
地先境界ブロック	地	A	6.5	－
		B	8	－
		C	13	－

表5.2.1-5　JIS A 5406「建築用コンクリートブロック」 ブロックの性能（参考用）

断面形状による区分	圧縮強さによる区分の記号	圧縮強さ N/mm²	前断面積に対する圧縮強 N/mm²	気乾かさ密度（g/cm³）	吸水率 %	透水性* ml/m²·h
空洞ブロック	08	−	4以上	1.7未満	−	−
	12	−	6以上	1.9未満		
	16	−	8以上	−	10以下	300以下
	20	20以上	−			
	25	25以上	−		8以下	
	30	30以上				
片枠状ブロック	20	20以上	−	−	10以下	
	25	25以上			8以下	
	30	30以上				
	35	35以上			6以下	
	40	40以上				

＊透水性は、防水性ブロックだけに適用する。

2)について　環境安全性基準と試験方法は、第2編1.1.1(2)2)の解説（P.29）に準ずる。

---

(3) 利用技術

1) 設計

タイルの設計は、特記仕様書あるいは建築工事標準仕様書・同解説 JASS19「陶磁器質タイル張り工事」に準ずる。

2) 施工

タイルの施工は、特記仕様書あるいは建築工事標準仕様書・同解説 JASS19「陶磁器質タイル張り工事」に準ずる。

3) 記録および繰返し利用性

タイル製品梱包物等には、再生材であることを明示するとともに、使用した場合には設計書等に記録を残さなければならない。

一度使用したガラス再資源化タイルを、将来再資源化タイルの原料として再生利用する場合は、通常のタイル材料と同等のものと考えて再利用してよい。

【解　説】

1)について　ガラス再資源化タイルは、類似のタイル建材と同等の物性を示すことから、従来と同様の設計が可能である。特記仕様がある場合はそれに従い、なければ建築工事標準仕様書・同解説 JASS19「陶磁器質タイル張り工事」に準じて設計してよい。

2)について　ガラス再資源化タイルは、約1,000℃の温度で焼成したもので、JIS A 5209「陶磁器質タイル」と材質も類似しているので、従来と同様な施工が可能である。特記仕様があればそれに従い、

なければ建築工事標準仕様書・同解説 JASS19「陶磁器質タイル張り工事」などに準じて施工する。

<u>3)について</u>　ガラス再資源化タイル製品の納入に使用する製品梱包物等には、その内容物が再生品とわかるように明示する。また、当該製品を使用した場合には、完成図書等の設計図書に再生品とわかるように記録を残さなければならない。一度使用したガラス再資源化タイルは、傷などがなければ再使用可能である。

---

(4)　課題

1) 物理化学特性

　　同種の他建材と比較して、同等以上の性能を有しており問題は少ない。ただし、カレットを使用する場合に、異物と有害物が含有しないよう留意しなければならない。

2) 利用実績

　　民間工事を含めると、ある程度の実績があるが、使用にあたっては使用実績のある製造プラントで生産された製品を選定する。

3) 供給性

　　全国販売されているが、使用にあたっては製品が入手可能かどうか調査する必要がある。

4) 二酸化炭素の発生量

　　焼成で二酸化炭素を発生するが、低温焼成を行うことにより製造工程での二酸化炭素排出量削減を図っているので、従来のタイル製品に比べて二酸化炭素の排出量は少ない。

【解　説】

<u>1)について</u>　粉砕焼成したガラス再資源化タイルおよびブロックは、同種の建材（磁器質タイル・石器質タイル・コンクリートタイル等）と比べて、強度と耐久性（耐候性・耐火性）がこれを上回る、あるいは同等の性能を有しており、問題は少ない。必要な性能は JIS を準用し、これを満足していれば特に問題はないが、日常の品質管理が十分なされているプラントから生産されたものを選定して使用することが大切である。公的機関などによって審査され、性能が確認されたプラントを選定し、そこから供給されるものを使用するようにするとよい。破砕技術・ガラスの色の選別・異物の除去などによるカレット品質の安定化が課題である。

<u>2)について</u>　土木研究所によるアンケート調査（2002.12実施）によれば、タイルの使用実績は舗道用タイルの1件の報告のみとなっている。ただし、建築分野での利用実績を考えると利用実績はもう少し多いと考えられる。また、「建設用リサイクル資材ハンドブック」（平成12年12月）によれば、民間工事での利用実績も多く報告されている。なお、粉砕焼成したガラス再資源化タイル・ブロックの使用にあたっては、製造実績のある製造プラントで生産された製品を選定する必要がある。

<u>3)について</u>　栃木県・茨城県・岐阜県・福岡県などで生産され、全国販売されているが、使用にあたっては製品が入手可能かどうか調査しておく必要がある。

<u>4)について</u>　焼成で重油と電力などのエネルギーを使用するため、二酸化炭素を発生する。従来のタイルの焼成温度が1,200～1,300℃であるのに対し、リサイクルガラスを使用する場合は900～1,000℃

の低温焼成を行うことによって、製造工程での二酸化炭素の排出量削減を図っている。なお、ガラス発泡骨材を使用したタイル製品の二酸化炭素の計算例[6]では、160（kg-CO_2/トン）程度であり、粉砕焼成したリサイクルガラスタイル・ブロックの場合は、これより小さい値と考えられる。

また、窯業土石の二酸化炭素排出量の算定例（「平成7年窯業・建材統計年報」）によれば、板ガラスでは5,850（kg-CO_2/トン）、ガラス繊維製品では1,400（kg-CO_2/トン）程度である。びんガラスをカレット化し再生ガラスにする場合には、さらに多くの二酸化炭素を排出することになる。

その他、留意すべき点は以下の通りである。

① 環境安全性

粉砕焼成されたガラス再資源化タイルおよびブロックは、1,000℃程度で溶融されるので、環境安全性にはほとんど問題がない。なお、原料としてカレットを使用する場合には、異物として特に問題となる非鉄金属類・陶磁器・石類・異質ガラス（耐熱食器・調理器等の結晶化ガラス・電球・蛍光灯等）を含有させないようにして、カレットの品質を向上させることが課題である。

② 繰返し利用性

環境安全性や耐久性等で問題がないため、外見に問題なければ繰返し利用してもよいと考えられる。

③ 経済性

粉砕焼成したガラス質再資源化タイルおよびブロックの価格は、大きさ・種類により異なるが、6,600円～10,000円/㎡程度である。一方、磁器質タイルは、床タイルで7,000円～10,000円/㎡程度であり、再生材と同程度の価格である。

④ 必要性

ガラス全体のリサイクル率は90.3％（平成15年度）と高い。再生に回されるガラスびんは、無色（白色）・茶色のびんに限定されており、これ以外の色付きガラスびんは、再利用が難しく、廃棄物として処分されているのが実態である。なお、ガラスカレットの用途は、ガラスびん原料としての利用がほとんどを占めているが、ガラスびん以外の用途としては、ガラス繊維原料・タイル・ブロック・道路舗装用骨材・軽量骨材・盛土材等であり、平成12年度には15万トンが利用されている[4]。

（製品）
1) クリスタルクレイ（クリスタルクレイ㈱）
2) クリスタルロード（黒崎播磨㈱）
3) レガ（東陶機器㈱）

（参考文献）
1) 財団法人建設物価調査会：建設用リサイクル資材ハンドブック、平成12年12月
2) 社団法人建築研究振興協会：廃ガラスを再利用した建築材料の評価手法に関する調査報告書、1999年3月
3) 鹿島建設㈱：カタログ「エコ・クリスタルクレイ」
4) ガラスびんリサイクル促進協議会：平成12年度報告書

5) 平成7年窯業・建材統計年報
6) クリスタルクレイ㈱ホームページ：ガラス発泡骨材Gライトを用いた環境負荷低減型軽量セラミック、http://www.crystalclay.co.jp/

5.3 溶融・発泡

(1) 処理の概要

発泡廃ガラスは、ガラスびんから製造した軽量新材料である。ガラスびんを破砕して添加剤を加えて混合し、この混合物を焼成炉内に入れて、ガラスの軟化点以上に加熱することにより得られる。

発泡ガラスは、微小な間隙からなる多孔質構造を有し、軽量かつ強固な特徴をもっている。また、その製造条件により、絶乾密度は0.3～1.5に調整可能であり、同時に吸水性の多少についても調整可能である。発泡の状況により、独立間隙のものと連続間隙のものに分けられる。

このように、発泡廃ガラスは、添加剤である発泡材の種類・量により気泡の大きさと数によって、吸水性と絶乾密度の異なるものが得られる。また、昇温過程での温度と継続時間により、気泡が独立したものと連続したものが得られる。発泡廃ガラスの用途を図5.3-1に示す。

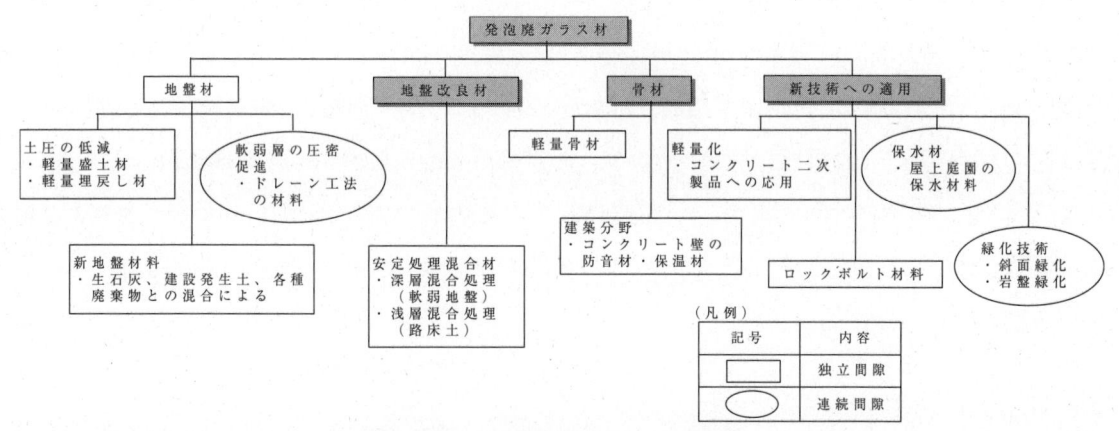

図5.3-1　発泡廃ガラスの用途[2]

製造方法[1]

ガラスびんを原料とする発泡廃ガラスの製造手順は、以下のとおりである（図5.3-2参照）。

①ガラスびん収集。
②金属類など不純物を除去する。
③4cm以下に破砕して、ホッパーに貯蔵する。
④30メッシュ以下にさらに微粉砕して、ホッパーに再貯蔵する。添加物（質量比で1.5%の炭化珪素等）を加えて混合する。
⑤加熱・溶融・発泡。溶融中に発泡させ、絶乾密度0.4～0.5（g/cm³）を有する製品に仕上げる。
⑥冷却（除冷）。
⑦分級。粒径が2～75mmの粗粒分が95%以上の製品に仕上げる。

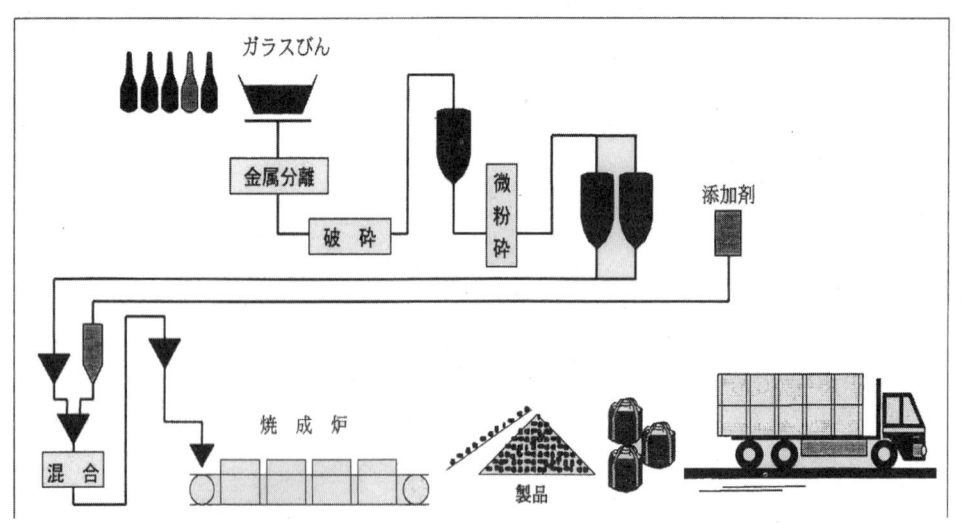

図5.3-2　発泡廃ガラスの製造手順

(2) 物理化学的性質

1) 物理的性質

　発泡廃ガラスの製品には、さまざまな種類がある。このうち絶乾密度が0.4～0.5（g/cm³）クラスで独立気泡の製品に関する物理的性状を、表5.3-1に示す。連続気泡の物性は、気泡の程度により異なる。特に吸水性が大きく、吸水試験結果[3]には135％程度とするデータもある。スレーキング率は0.1％程度、乾湿繰返し吸水率は0.4％/回、硫酸ナトリウムの損失質量百分率は3.7％程度である。発泡廃ガラスの材料損失・劣化はほとんどなく、安定性が高い。なお、破砕率試験では、上載荷重1,960 kN/m²の時、破砕率は30.9％で、一般の砕石・岩石の値（5～10％）に比べて大きい。軽量地盤材料・埋戻し材および裏込め材として使用する範囲では、実用上問題なく、発泡廃ガラスは長期荷重に対して安定している。

表5.3-1　気泡廃ガラスの物理性状[2],[5]

項　目		物　性　値
単体	絶乾密度（g/cm³）	0.4～0.5
	粒径範囲	2～75mm
	含水比	0％
	一軸圧縮強さ	3～4 N/mm²
	吸水率	30％以下
締固め時	密度（g/cm³）	0.3～0.4 t/m³
	せん断抵抗角	$\phi=30°$ 以上
	CBR値	17.7％
	透水係数	3×10^{-2}～1×10^{0} cm/sec
その他	pH	8～10
	スレーキング率	0.1％程度
	乾湿繰返し吸水率	0.4％/回
	硫酸ナトリウム試	3.7％程度

	験による損失質量
破砕率	上載荷重 1,960 kN/㎡ : 30.9% 上載荷重　980 kN/㎡ : 10.5% 上載荷重　490 kN/㎡ : 2.6%

図5.3-3　発泡廃ガラスの粒状写真[1]

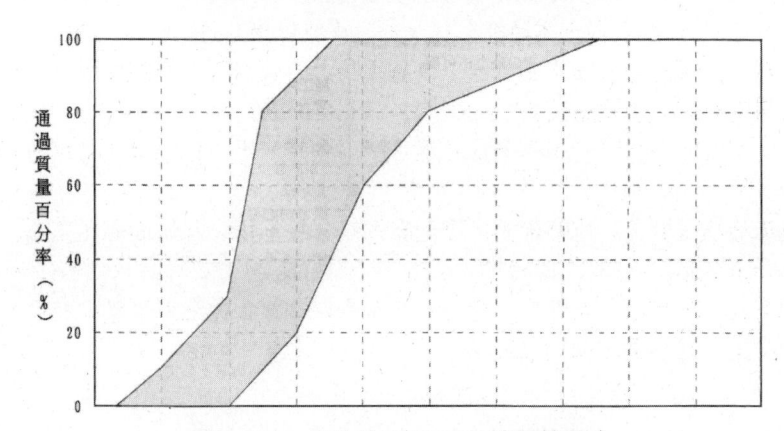

図5.3-4　発泡廃ガラスの粒径範囲[1]

2) 化学的性質

発泡廃ガラスの、化学成分を表5-3-2に示す。また、発泡廃ガラスは、使用済みガラスびんを溶融・発泡・固化したもので、化学的に安定であり、熱・油・薬品に強い特徴がある。溶出試験結果を表5.3-3に示す。有害物質の溶出も環境基準値以下であり、周辺環境に対しても安全性が高い。

表5.3-2 発泡廃ガラスの化学成分[4]　　（重量％）

ig.loss	SiO_2	Al_2O_3	Fe_2O_3	MgO	CaO	Na_2O	K_2O	SO_3
1.3	68.2	6.3	0.6	0.6	9.5	11.7	1.3	0.0

表5.3-3　発泡廃ガラスの溶出試験[1]

項目	溶出試験値（mg/ℓ）	環境基準値（mg/ℓ）
カドミウム	0.001以下	0.01以下
鉛	0.01以下	0.01以下
六価クロム	0.02	0.05以下
砒素	0.01以下	0.01以下
総水銀	0.0005以下	0.0005以下
セレン	0.005以下	0.01以下
ふっ素	―	0.8以下
ほう素	―	1以下

※溶出試験方法は、「土壌の汚染に係わる環境基準について」（平成3年8月23日環境庁告示第46号）の別表の測定方法の欄に掲げる方法による。

（参考文献）
1) ㈲岸本国際技術研究所：ガラスびんからの軽量地盤材料　スーパーソル、土木系材料技術・技術審査証明報告書（技審証第1103号）、㈶土木研究センター、平成11年8月
2) 横尾磨美・原　裕・鬼塚克忠・安田功：ガラス廃棄物の再資源化―発泡廃ガラス材の基礎的性状―、第10回廃棄物学会研究発表会講演論文集、pp.442～444、1999年
3) ㈶クリーン・ジャパン・センター：廃棄物リサイクル技術情報一覧、産業廃棄物編改訂版、pp.231～232、平成13年3月
4) 原　裕・鬼塚克忠・横尾磨美・桃崎節子：発泡廃ガラス材を用いた斜面緑化工法、地盤工学会、土と基礎、Vol.47、No.10、pp.35～37、1999年
5) 渡辺孝平・上川泰治・矢野淳・友野裕：廃ガラスを原料とした発泡ガラスの特性、第10回廃棄物学会研究発表会講演論文集、pp.439～441、1999年

5.3.1　盛土材

(1)　適用範囲

本項は、発泡廃ガラスを単体で軽量盛土材として使用する場合について適用する。

発泡廃ガラスは、一般家庭から回収されるガラスびんや事業系廃棄物から回収したガラスびんを溶融固化し、添加剤を加えて高温で発泡させたものをいう。

【解　説】

発泡廃ガラスは、埋戻し材や裏込め材等の盛土材のほか、緑化保水材・湧水処理材・地盤改良材・軽量骨材等・土木資材として多方面の分野への適用が可能である。本マニュアルでは、これらの適用分野のうち、軽量の盛土材として適用する場合について規定する。

発泡廃ガラスは、公園・緑地・レジャー施設等の盛土材、擁壁背面の裏込め材・ボックスカルバート等の軽量盛土・埋戻し材として用いることが可能である。（図5.3.1-1参照）

①擁壁等の裏込め用軽量地盤材料

②ボックスカルバート等の埋戻し用軽量地盤材料

③公園・緑地等の軽量地盤材料

④運動場・レジャー施設等の軽量地盤材料

⑤半地下式駐車場等の埋戻し用軽量地盤材料

⑥落石緩衝材としての軽量地盤材料

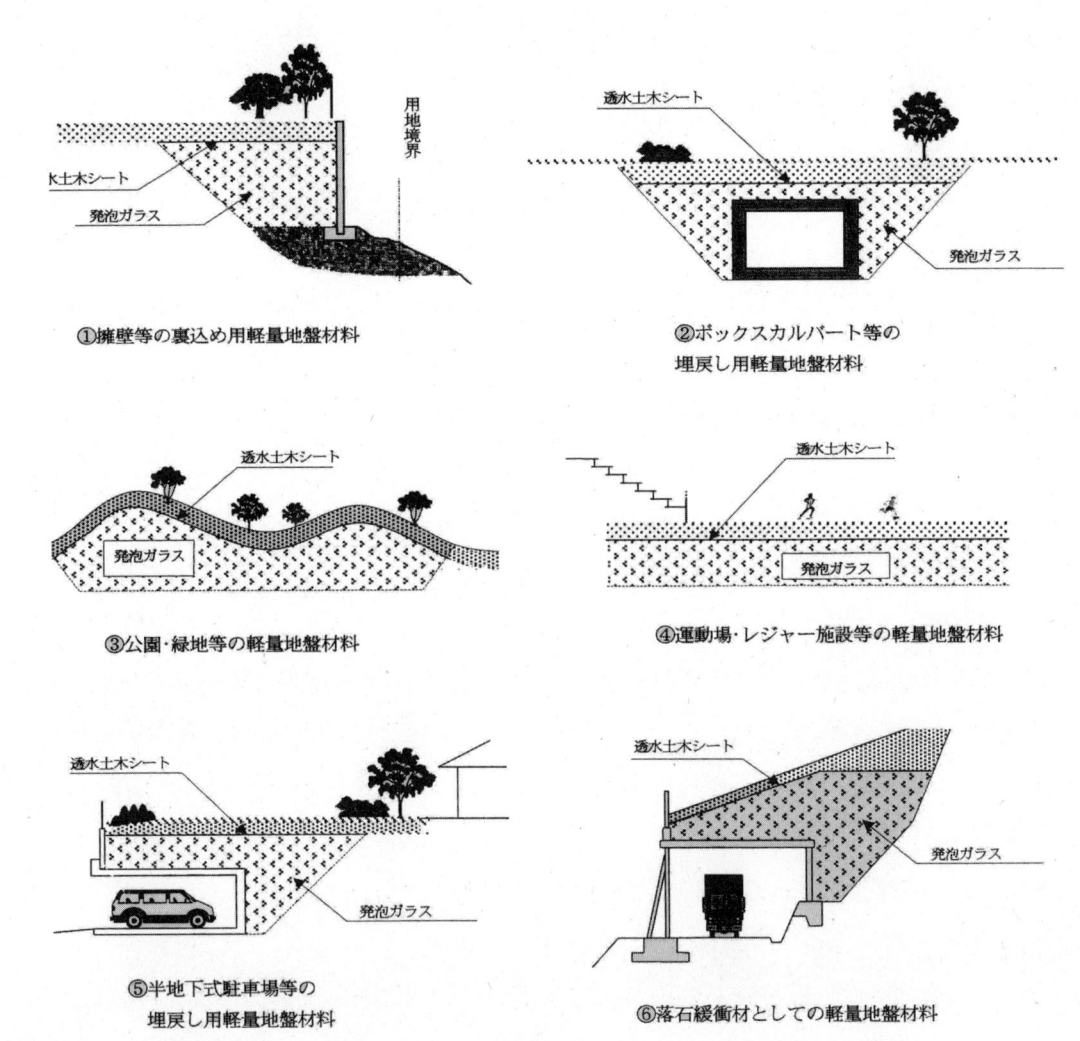

図5.3.1-1　発泡廃ガラスの軽量盛土材としての適用範囲・用途[1]

(2) 評価方法

1) 品質基準と試験方法

①発泡廃ガラスは、清浄堅硬かつ耐久性が高く、ごみ・泥・薄い石片・細長い石片・有機不純物などを含まない清浄なものでなければならない。

②発泡廃ガラスを軽量盛土として使用する場合には、粒度・絶乾密度・吸水率の品質について表5.3.1-1に示す規格を満足しなければならない。

表5.3.1-1　発泡廃ガラスの軽量盛土材としての規格値

検査項目	規格値	試験方法
粒度	最大粒径75mm	JIS A 1204 に準ずる
絶乾密度	0.4～0.5（g/cm³）	JIS A 1110 に準ずる
吸水率	30％以下	JIS A 1110 に準ずる

③発泡ガラス製品の品質検査は、ロット毎に行う。1ロットの大きさは当事者間の協議によって決定する。試料採取はJIS Z 9001による抜き取り検査によって行い、表5.3.1-1の規格に

適合したものを合格とする。発注者は、製造者の提出する試験成績票により性能を確認する。

2) 環境安全性基準と試験方法

溶融・発泡廃ガラスを使用する場合の環境安全性基準と試験方法および安全性の管理は、第2編1.1.1(2)2)に準ずる。すなわち、6項目の溶出量試験・含有量試験を実施し、指定された有害物質に対して溶出量が環境基準値以下でなければならない。

【解 説】

1)について 発泡廃ガラス製品は、ごみ・泥・有機不純物などが含まれず、きれいなもので、かつ硬くて容易に割れず、形状が変化しないものでなくてはならない。

軽量盛土材としての発泡廃ガラスに求められる品質を、表5.3.1-1に示す。

2)について

① 環境安全性基準

発泡廃ガラスをリサイクル材料として利用する場合、発泡廃ガラスの溶出試験と含有量試験を行い、環境安全性を確認しなければならない。環境安全性基準は、第2編1.1.1(2)2)の解説①（P.29）に準ずる。原料のガラスびんの付着物も環境安全性試験の結果に影響を与える。

② 溶出試験方法

第2編1.1.1(2)2)の解説②（P.30）に準ずる。

③ 安全性の管理

発泡廃ガラスの製造者は、環境安全性の基準を満足していることを試験によって確認し、発注者は試験成績票等によって環境安全性を確認する。さらに、必要に応じて、抜き取り検査を行って確認してもよい。試験はロット毎に行うが、1ロットの大きさは当事者間の協議で決める。

(3) 利用技術

1) 設計

原則として、地下水位より上部での使用が望ましいが、地下水位以下に用いる場合には、浮力による浮き上がりに対する検討を行い、所要の安全率を確保させなければならない。また、使用目的・施工位置における地下水の条件等を考慮し、適切な設計定数を設定して安定計算を実施しなければならない。

2) 施工

①発泡廃ガラスは、重機等で転圧する際に破砕する特性があるため、転圧重機の選定および転圧回数を設定する時には、これらのことを十分注意しなければならない。

②一層の敷均し厚さは30cmとし、転圧機械は10トン級湿地ブルドーザあるいは1トン級振動ローラを使用した施工を標準とする。

③締固め密度は、乾燥密度で0.3 t/m^3以上とする。

④材料の分離および締固めた発泡廃ガラスの間隙内に土砂が混入することを防ぐため、発泡廃ガラスと土との境界には透水土木シートを敷設することが望ましい。

⑤施工方法は、通常の土工事の施工に準ずる。
3) 記録
　発泡廃ガラス製品を使用する場合には、梱包物あるいは袋に再生材であることを明示させるとともに、設計図書等に記録を残さなければならない。掘削・掘り起した発泡廃ガラスは、繰返し耐久性にも優れているため、同種の軽量盛土材・埋戻し材として再利用できる。

【解　説】

1)について

① 浮力による発泡廃ガラスの浮き上がりに対する安定検討

　発泡廃ガラスを地下水位以下に用いる場合あるいは地下水位の変動等により発泡廃ガラスが水浸する可能性がある場合には、発泡廃ガラスに浮力が作用するため、浮き上がりに対する安定性を検討する必要がある。その際、地下水位としては想定される最高水位を採用する。また、安全側となるように、発泡廃ガラスの単位体積質量としては、地下水位以下の部位においても乾燥状態の値を用い、地盤との摩擦力は無視する。浮き上がりに対する安全率が不足する場合には、発泡廃ガラス施工基面を高くし、発泡廃ガラスに作用する浮力の低減・覆土厚さの確保・押え荷重の増加などの対策が必要である。

　浮力による発泡廃ガラスの浮き上がりに対する安全率 F は、次式により算定する。

$$F = P/U = (\gamma_t l \cdot hl + \gamma_t s \cdot h_s) / \rho_w \cdot h_w \geq 1.2$$

　　　P：押え荷重（kN/m²）
　　　U：浮力（kN/m²）
　　　$\gamma_t l$：覆土の単位体積質量（t/m³）
　　　hl：覆土の厚さ（m）
　　　$\gamma_t s$：発泡廃ガラスの乾燥状態の単位体積質量（t/m³）
　　　h_s：発泡廃ガラスの施工高さ（m）
　　　ρ_w：水の単位体積質量　1.0（t/m³）
　　　h_w：地下水位以下の発泡廃ガラスの厚さ（m）

② 覆土荷重に対する発泡廃ガラスの安定検討

　発泡廃ガラスの長期的な安定性を確保させるためには、許容支持力度（q_a）が発泡廃ガラスに作用する載荷重（覆土荷重、p）よりも大きくなるように、発泡廃ガラスの締固め密度（ρ_d）を設定する。

$$q_a \geqq p = 9.8 \cdot \gamma_t 1 \cdot hl$$

　　　q_a：発泡廃ガラスの許容支持力度（kN/㎡）
　　　p：発泡廃ガラスに作用する載荷重（kN/㎡）

③　安定計算用設計定数について

　発泡廃ガラスを軽量盛土として利用する場合、締固め仕事量が大きくなるにつれて細粒化が進行し、密度が増大するとともに、強度特性・支持力が変化する。また、地下水位以下に用いた場合にも、吸水作用により密度が増大する。そのため、設計時には、発泡廃ガラスの使用目的・施工位置における地下水の条件等を考慮して、適切な設計定数を設定する必要がある。

　標準的な施工方法（一層の敷均し厚さ：30cm、締固め機械：1トン級振動ローラおよび10トン級湿地ブルドーザ、締固め回数：N＝2～4回）の場合の軽量盛土用発泡廃ガラスの設計定数の例を表5.3.1-2に示す。

表5.3.1-2　発泡廃ガラスの軽量盛土材として利用する場合の設計定数

締固め密度（乾燥密度）ρ_d（t/㎥）	湿潤密度 ρ_t(t/㎥)*1	粘着力 c_d(kN/㎡)*2	せん断抵抗角 ϕ_d（°）*2	許容支持力度 q_a(kN/㎡)*3	敷均し厚さ：30cm時の転圧回数の目安 N（回/層）*4 10トン級湿地ブルドーザ	1トン級振動ローラ
0.25	0.40	0	25	39	0	0
0.30	0.45	0	30	98	2	4
0.35	0.55	0	30	137	4	(8)*5

＊1　地下水位以下（水深3m以内）で用いる場合の値。水浸試験結果をもとに設定した。
　　ただし、浮き上がりに対する安定性を検討する際には、安全側となるように表中に示す乾燥状態での値を用いることとする。なお、原則として水深3m以深での適用とし、それ以上の場合は別途水浸時における試験結果をもとに設定すること。
＊2　非水深・水浸条件下での三軸圧縮試験結果をもとに設定した。
＊3　平板載荷試験結果、支持力公式による算定結果をもとに設定した。上載荷重等に対する概略の支持力検討を行う時に用いるものとする。
＊4　現場転圧試験結果から求めた。なお、締固め密度ρ_d＝0.25t/㎥は転圧機種で撒き出し敷き均しをした状態の値である。
＊5　1トン級振動ローラにて8回転圧を行った場合、締固め密度としてはρ_d＝0.33t/㎥が得られた。

2)について　①発泡廃ガラスは、軽量であるため、施工性・安全性に優れ、また簡単な転圧・締固めによって、十分な支持力と強度を有する地盤が形成できる。透水性・排水性が良好であり、多少の降雨でも作業に影響しない特徴がある。

　一方、発泡廃ガラスは重機等で転圧する際に、破砕する特性があるため、転圧重機の選定および転圧回数を設定する時には、十分注意をする必要がある。

②施工時には、発泡廃ガラスが設計で見込んだ所定の性質を発揮できるように、施工方法（一層の敷均し厚さ・締固め機械・締固め回数）を決定するとともに締固め管理が必要となる。一層の敷均し厚さを30cmとし、転圧機械は10トン級湿地ブルドーザあるいは1トン級振動ローラを使用して施工をする場合、それぞれの機械・転圧回数・設計に使用する定数との関係を、表5.3.1-2に示す。

③発泡廃ガラスは、締固め密度により強度特性等が変化する。締固め密度（ρ_d）とせん断抵抗角（ϕ_d）の関係を図5.3.1-2に一例として示す。これによれば、せん断抵抗角ϕ_dを30°以上とするためには締固め密度ρ_dは0.3 t/m³以上とする必要がある。このことから、発泡廃ガラスの締固め密度が規定値すなわち、乾燥密度で0.3 t/m³以上になるように十分締固めなければならない。

④軟弱な地山上に発泡廃ガラスを盛土する場合および発泡廃ガラスによる盛土の上に覆土を行う場合には、材料の分離および締固めた発泡廃ガラスの間隙内に土砂が混入することを防ぐ目的で、発泡廃ガラスと土との境界には、透水土木シートを敷設する必要がある。なお、発泡廃ガラスを仮置きする場合にも防水シートの覆い等で、降雨が発泡ガラスに浸透するのを防止するようにしなければならない。

ボックスカルバート上部の埋戻し材として、発泡溶融廃ガラスを施工した事例を図5.3.1-3に示す。

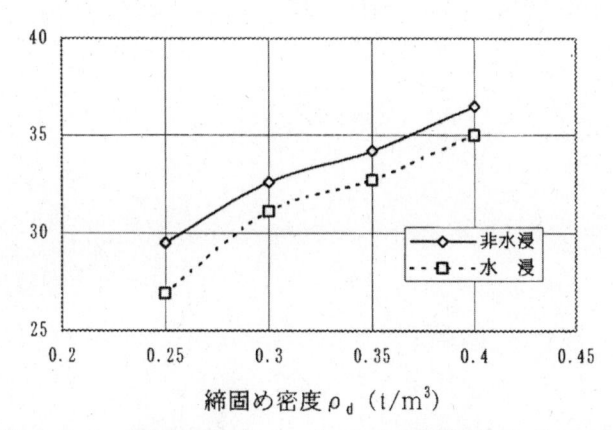

図5.3.1-2　締固め密度（ρ_d）とせん断抵抗角（ϕ_d）[1]

①トラックによる運搬・搬入 　　　　②発泡溶融廃ガラスの投入状況

③発泡溶融廃ガラスの投入状況 　　　④発泡溶融廃ガラスの転圧状況

図5.3.1-3　ボックスカルバート上部の埋戻し材として発泡廃ガラスを利用した施工[1]

2)について　溶融・発泡廃ガラス製品の納入に使用する梱包物と袋には、その内容物が再生品とわかるように明示する。また、当該製品を使用した場合には、完成図書等の設計図書に再生品とわかるよう、記録を残さなければならない。溶融・発泡廃ガラスは耐久性が大きく、繰返し利用が可能である。

(4) 課題

1) 物理化学特性

溶融・発泡廃ガラスは、使用する添加剤・発泡材の種類と量・製造設備・管理方法などにより出来上がる製品の性能差が生じるため、良質な製品であることが確認された製品または建設技術審査証明を得た製品を使用する。

2) 利用実績

民間工事を含めると多くの実績があるが、使用にあたっては使用実績のある製造プラントで生産された製品を選定する。

3) 供給性

全国販売されているが、使用にあたっては製品が入手可能かどうか調査する必要がある。

4) 二酸化酸素の発生量

低温溶融を行うなど製造工程での二酸化炭素排出量削減を図っているが、それでも、溶融のためには燃料を使用するので、二酸化炭素を発生する。

【解　説】

<u>1)について</u>　溶融・発泡廃ガラスは、発泡の状況により独立間隙のものと連続間隙のものがある。軽量盛土材・埋戻し材としては、吸水性の小さい独立間隙の製品のみが対象である。発泡廃ガラスは、鉱物性無機質であるため化学的にも安定しており、熱・薬品・油等に対する耐久性も大きい。したがって、これを用いた軽量盛土・埋戻しおよび裏込めは、長期荷重に対しても安定していると考えられる。

　発泡ガラスは、使用する添加剤あるいは発泡材の種類・量により発泡度合いが異なり、吸水性や絶乾密度が異なる。したがって、これを使用する場合には、所要の性能の製品であることを確認してから使用する必要がある。

<u>2)について</u>　土木研究所によるアンケート調査（2002.12実施）によれば、擁壁裏込め材として1件・道路盛土として1件、計2件の実績が報告されている。民間工事資料によれば、平成14年7月時点で計14件の使用実績例が報告されている。

<u>3)について</u>　発泡廃ガラスの生産工場は、群馬県・徳島県・佐賀県・福岡県・沖縄県などにあり、全国販売されている。しかし、使用にあたっては製品が入手可能かどうか調査する必要がある。なお、生産施設のみならず、原料となる使用済みガラスびんの供給安定化も課題となる。

<u>4)について</u>　溶融で重油と電力などのエネルギーを使用するために、二酸化炭素が発生する。

　なお、二酸化炭素の排出量を具体的に算定したデータはないが、ガラス発泡骨材を使用したタイル製品の例[7]では160（kg-CO_2/トン）程度であり、溶融・発泡廃ガラスの場合はこれよりさらに小さい値と推定される。また、窯業土石の二酸化炭素排出量の算定例（「平成7年窯業・建材統計年報」）によれば、板ガラス5,850（kg-CO_2/トン）・ガラス繊維製品1,400（kg-CO_2/トン）程度となっている。

　その他、留意すべき点は以下の通りである。

① 環境安全性

　発泡廃ガラスは900℃程度で溶融されるので、環境安全性も高い。しかし、原料としてガラスびん以外のガラス（耐熱食器・調理器等の結晶化ガラス、電球・蛍光灯等）の混入の恐れもあるので、発注者は、環境安全性の試験結果の確認を行う必要がある。

② 繰返し利用性

　掘削・掘り起こした溶融・発泡廃ガラスは、第2編4.3.(2)に示すように繰返し耐久性もあり、盛土材・埋戻し材・裏込め材としての再利用が可能である。前述のように、盛土中の発泡廃ガラスは透水性土木シートで土砂と分離されているため、掘削や掘り起こしにより単体として取り出し再利用することが可能である。一方、土に混ぜて混合土として取り扱うことも可能である。

③ 経済性

　溶融・発泡廃ガラスは13,500円〜16,500円/m³程度であるが、従来の有機性の軽量盛土材と比べて材料単価だけを比較すれば、安価である。

④ 必要性

　ガラス全体のリサイクル率は90.3％（平成15年度）と高い。ガラスびんはカレットとして一般的に

利用されている。再利用に回されるガラスびんは無色（白色）と茶色のびんに限定されており、これ以外の色付きガラスびんはガラス製品として再利用が難しく廃棄物として処分されている。これらのガラスびんの他に、建物解体時に生じる窓ガラスなどの廃ガラスもほとんど再利用されていない。したがって建設資材として利用する必要性がある。

（製品）
1) スーパーソル（スーパーソル協会）
2) ミラクルソル（ミラクルソル協会）

（参考文献）
1) ㈲岸本国際技術研究所：ガラスびんからの軽量地盤材料 スーパーソル、土木系材料技術・技術審査証明報告書（技審証第1103号）、㈶土木研究センター、平成11年8月
2) 水谷仁・阿部裕・深沢栄造ら：発泡ガラスの軽量地盤材料としての工学的特性と現場適用、地盤工学会、「軽量地盤材料の開発と適用に関するシンポジウム」、平成12年5月
3) 佐藤磨美・鬼塚克忠・原　裕・江口厚喜：ガラス廃棄物の再資源化─発泡廃ガラス材を用いた軽量盛土工法─、廃棄物学会、第11回廃棄物学会研究発表会講演論文集Ⅰ、pp.486〜488、2000年
4) 原　裕・鬼塚克忠・佐藤磨美・桃崎節子：環境に配慮した斜面緑化の事例─発泡廃ガラス材を用いた緑化─、地盤工学会、土と基礎、Vol.49、No.10、pp.13〜15、2001年
5) 鬼塚克忠・横尾磨美・原　裕・吉武茂樹：発泡廃ガラス材の工学的特性と有効利用の一例、地盤工学会、土と基礎、Vol.47、No.4、pp.19〜22、1999年
6) 財団法人建設物価調査会：建設用リサイクル資材ハンドブック、平成12年12月
7) クリスタルクレイ㈱ホームページ：ガラス発泡骨材Ｇライトを用いた環境負荷低減型軽量セラミック、http://www.crystalclay.co.jp

第3編
試験施工マニュアル

1 一般廃棄物焼却灰

廃棄物の概要
　第2編1（P.21）と同じ。

1.1　焼結・焼成固化処理

(1)　処理の概要

　焼結固化処理とは、焼却灰および飛灰に粘土等の添加材を混合し、焼結炉において1,050℃から1,200℃の高温で焼き固めて固形物とする処理である。これを破砕・分級し、焼却灰再生骨材を製造する。

　また、焼成固化処理とは、上記固化物を破砕、分級したものにガラス粉等の添加材を混合し、これを成形した後、焼成炉で1,100℃の温度で焼いて固形物のセラミックブロックとする処理である。

　焼結・焼成固化処理は、概ね1,200℃以上で行う溶融固化処理よりも処理温度が低いが、固体粒子が高温加熱によって互いに融解固着し、さらに付随して起こる収縮・緻密化、再結晶等により強度発現した固化物とすることができる。焼結・焼成固化処理の製造工程の手順を図1.1-1に示す。

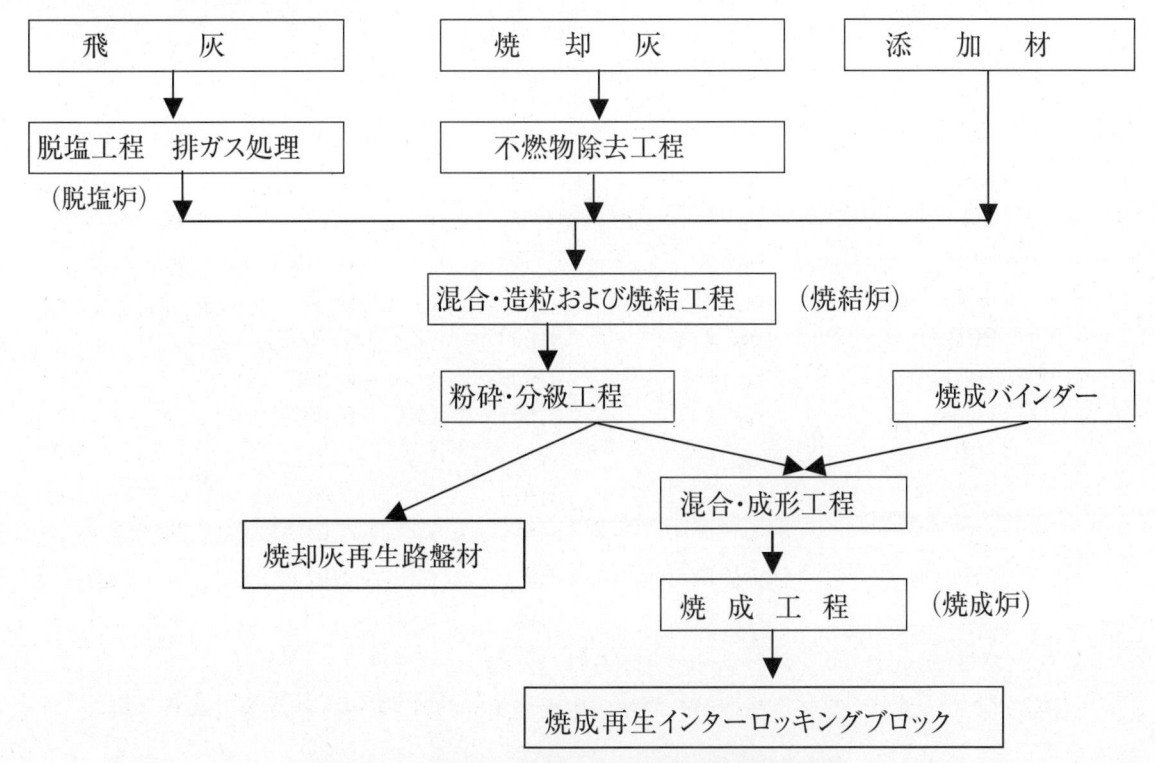

図1.1-1　焼結・焼成固化処理の製造工程手順

　なお、千葉県船橋市焼却灰再資源化施設で製造された焼結・焼成固化物の平成12年度の使用実績は、焼却灰再生路盤材料等で760トン、焼成再生インターロッキングブロックで4,700㎡である。

(2) 物理化学的性質

1) 形状寸法

表1.1-1に例を示す。

表1.1-1 焼結固化物の形状寸法

形　　状	寸　　法　（mm）
円　柱（造粒）	直径 10・長さ 20
直方体（造形）	長さ 85・幅 85・厚さ 60

2) 物理性状

表1.1-2に焼結固化物の物理性状の例を示す。

表1.1-2 焼結固化物の物理性状[1]

項　　目	測　定　値	
粒子密度（表乾密度）	2.607	g/cm³
吸水率	0.13	％
圧縮強度	1,660	kgf/cm²

3) 環境安全性

表1.1-3に焼却灰焼結固化物の溶出試験結果の例を示す。

表1.1-3 溶出試験[2]

項　目	単位	細粒品	未破砕品	環境基準値*
アルキル水銀	mg/ℓ	<0.0005	<0.0005	
総水銀	mg/ℓ	<0.0005	<0.0005	*<0.0005
Cd	mg/ℓ	<0.001	<0.001	*<0.01
Pb	mg/ℓ	<0.01	<0.01	*<0.01
有機リン	mg/ℓ	<0.005	<0.005	
Cr^{6+}	mg/ℓ	0.03	<0.01	*<0.05
As	mg/ℓ	<0.005	<0.005	*<0.01
CN	mg/ℓ	<0.03	<0.03	
PCB	mg/ℓ	<0.0005	<0.0005	
トリクロロエチレン	mg/ℓ	<0.008	<0.008	
テトラクロロエチレン	mg/ℓ	<0.002	<0.002	
Cl	mg/ℓ	14	5.3	
Cu	mg/ℓ	<0.01	<0.01	
Zn	mg/ℓ	<0.01	<0.01	
F	mg/ℓ	0.2	<0.07	
Se	mg/ℓ	<0.001	<0.001	*<0.01
pH	－	9.5（27℃）	8.8（27℃）	

＊　参考文献2）が定めている基準値。厚生省生衛発第508号に規定された溶出基準と同じ。

(3) 路盤材料としての物理性状

表1.1-4に焼却灰焼成固化物を破砕分級した路盤材料の物理性状の例を示す。なお粒度はクラッシャラン（C-30）に適合している。

表1.1-4　焼却灰焼成固化路盤材料の物理性状

項　　目	表乾密度	吸水率	単位体積質量	すりへり減量	損失量	修正CBR
測定値	2.631	1.00（％）	1.382（kg/ℓ）	16.1（％）	7.5（％）	44.7（％）

1.1.1　舗装の路盤材料

(1)　適用範囲

本項は、一般焼却灰の焼結・焼成固化物を破砕分級したもの（以下、焼却灰再生路盤材料という）を用いて、道路舗装の設計・施工を行う場合に適用する。

(2)　試験評価方法

1)　品質基準と試験方法

舗装の路盤として用いる焼却灰再生路盤材料は、舗装設計施工指針等に示されるクラッシャランの品質基準を満足するものでなくてはならない。試験方法は、舗装試験法便覧に示される方法による。

2)　環境安全性基準と試験方法

この焼却灰再生路盤材料の原料は、焼却灰および飛灰に粘土等の添加材を混合し、焼結炉にて1,050℃から1,200℃の高温で焼き固めた固形物である。したがって焼却灰再生路盤材料の環境安全性基準と試験方法は、原則として第2編4.1.1(2)2)（P.105）に準ずる。すなわち、26項目の溶出試験、9項目の含有量試験を行ってその品質を保証しなければならない。ただし、製造・試験の実績を重ねて問題がないことがわかれば、第2編1.1.1(2)2)（P.26）に準ずる6項目の試験による品質管理でよい。

焼却灰再生路盤材料を活用する工事の発注者は、対象となる焼却灰再生路盤材料の環境安全性を一定のロット毎に実施された試験成績書等で確認し、その結果を記録、保存しなくてはならない。

(3)　利用技術

1)　設計

焼却灰再生路盤材料は、修正CBR 20％以上のクラッシャラン（C-30）相当品として、下層路盤等を設計する。

2)　施工

焼却灰再生路盤材料は、クラッシャラン（C-30）と同様に扱って施工する。

3)　記録または繰返し再生利用と処分

焼却灰再生路盤材料を路盤に使用した場合、発注者は施工場所の平面図・断面図・数量表等の設計図書を、焼却灰再生路盤材料の試験成績票とともに保存し、当該路盤材料の繰返し再生利用と処分に際して利用できるように備える。

(4)　課題

1)　環境安全性

焼却灰再生路盤材料は、溶融スラグに比べて焼結温度が低いので、溶融スラグで実施する6項目の

試験だけでよいことがわかるまでは、26項目の溶出試験と 9 項目の含有量試験を定期的に行う必要がある。

2) 利用実績

焼却灰再生路盤材料の使用実績は、千葉県船橋市を主とした限定地域でのものである。

3) 供給性

焼却灰再生路盤材料の製造は、千葉県船橋市のみに限られている。

4) 二酸化炭素の発生量

焼却灰再生路盤材料は、路盤施工時の二酸化炭素発生量が従来材料と比べて増すことはない。しかし、その路盤材料の製造時に高温で焼成固化するため、二酸化炭素発生量は増加する。

(利用例)

村田、岡村、村沢：船橋市における都市ごみ焼却灰の再資源化と再生品利用技術指針（案）舗装（1997.4）

(参考文献)
1) 船橋市：焼却灰再生品利用技術資料（案）、平成10年 8 月
2) 船橋市：焼却灰再生品利用技術指針（案）、平成 8 年 3 月
3) 財団法人廃棄物研究財団：焼却灰の適正な処理および有効利用に関する研究、平成 8 年度報告書、平成 9 年 3 月
4) 神奈川県：焼却灰有効利用等調査事業報告書、平成 8 年 3 月
5) 船橋市：焼却灰再生品利用技術資料（案）、平成10年 8 月

2 下水汚泥

廃棄物の概要
　第2編2（P.65）と同じ。

2.1 焼結・焼成固化処理

(1) 処理の概要

　下水汚泥焼却灰とは、脱水した下水汚泥を焼却炉において、800℃程度で燃焼することにより、汚泥中の水分が蒸発し、有機分が燃焼した後に残存する無機分である。脱水時に添加する凝集剤の種類により、高分子系下水汚泥焼却灰と石灰系下水汚泥焼却灰に大別される。

　高分子系下水汚泥焼却灰の処理方法は、以下の3方法がある。

　①脱水前に高分子凝集剤を添加した後脱水し、焼却して灰とするもの。

　②熱処理後脱水し、焼却して灰とするもの。

　③①あるいは②項で示した方法で製造された汚泥焼却灰に、消石灰や塩化第二鉄等の凝集剤を添加した後、脱水した汚泥を混合して焼成したもの。

　これらの高分子系下水汚泥焼却灰は、質量比で20～50％程度のけい素化合物（SO_2）を含んでいる。ブロック・タイル・レンガ等を焼成して製造する工場製品に粘土等の代替えとして利用できる。焼成タイプの工場製品に利用する場合には、製品製造時にもう一度1,000～1,200℃に加熱し、固化した製品として利用されるので、有害物の溶出の可能性が小さくなり、建設資材としての適用性が高くなる。

(2) 焼成灰の物理化学的性質

① 密度

　密度は焼却灰の組成と化学構造と関係しており、高分子系焼却灰は石灰系焼却灰に比べ一般的に密度が小さい。また、焼却灰中に未然の有機物が含まれている場合にも密度が小さくなる。高分子系下水汚泥焼却灰の密度は、通常2.5～3.0g/cm³程度である。

② 粒度分布

　焼成製品に使用する場合、焼成灰の粒度は製品の成形性・焼成品の強度・焼成温度・収縮率等に影響を与えるので、通常は使用に先立って破砕等によって粒度調整が必要となる場合が多い。

③ 含水率

　含水率は、下水試験法に準じて測定される。焼却直後の吸湿等による影響を受けていない灰（以下、乾灰という）および加湿後の灰の含水率を測定した例によれば、乾灰では概ね0％であり、加湿後では30～40％程度のものが多い。焼成タイプの工場製品に焼却灰を利用する場合、焼却灰に水分があると成形体に亀裂が入る等の障害が発生する。特に、乾式加圧成形の場合は、焼却灰中の水分の影響を受けやすいので注意を要する。

④ 強熱減量

強熱減量とは、乾燥固形物を約600℃で加熱して減少する質量割合を百分率で表したものである。試験は、下水試験法に準じて行う。

乾灰の強熱減量は通常1％以下である。焼成タイプの工場製品に利用する場合は、強熱減量が大きくなると焼成物に割れが生じる等の障害が発生することが多い。

⑤ 示差熱分析

示差熱分析は、試料を昇温または降温する時の熱挙動を測定し、分析する手法である。これによって焼却灰の焼成時に生じる物理的・化学的変化を推定できる。焼成行程の制御を行う際に有効である。

⑥ 熱膨張収縮率

熱膨張収縮率は、焼成に伴う収縮率・焼成工程の焼成温度決定等に重要な性状である。

⑦ 化学成分分析

高分子系下水汚泥焼却灰に含まれるけい素・カルシウム等の化学成分含有量は、製品の製造工程と性状に影響を及ぼすことがあるので、化学成分分析を行い、その成分を把握することが望ましい。

高分子系下水汚泥焼却灰の組成の例によれば、けい素含有率は SiO_2 として20～50％程度、カルシウムは CaO として10％程度以下、アルミニウム・鉄・リンはそれぞれ Al_2O_3、Fe_2O_3、P_2O_5 として10％程度である。

(3) 物理化学的特性

高分子系下水汚泥焼却灰の物理化学的特性は、焼却灰の成分組成の季節的な変動と焼却炉の運転条件等により変動する。焼成製品の原料に使用する場合は、その変動範囲を把握しておくことが望ましい。

有効利用時の製品の信頼性を高めるためには、この変動要因と範囲を把握し、品質管理を行うことが重要である。この変動要因としては、処理場流入下水の質の変動、水処理条件および脱水条件・天候（特に雨水による影響）・焼却温度・焼却炉における各種負荷条件が挙げられる。

(4) 環境安全性基準と試験方法

焼却灰の焼成温度は800℃程度であるので、灰の状態で環境安全性の試験をすれば合格しない可能性もある。工場製品にする場合には高温で再度焼成するので、工場製品から採取した試験片に対して、環境安全性の試験を実施してよい。

2.1.1 タイル等の焼成製品

(1) 適用範囲

本項は、下水汚泥焼却灰を1,000～1,200℃程度の温度で焼成して、タイルやレンガ等の焼成製品に適用する。焼却灰の焼成温度は800℃程度であるが、焼成製品では焼成加工時にさらに1,000～1,200℃に加温されるので、有害物質の残留の可能性は小さい。したがって、焼成製造された製品はその物理的性能も含めて環境安全性の管理が実施されれば、建設資材として使用できる。

(2) 試験評価方法

1) 品質基準と試験方法

①品質は、JIS等に定められる通常の材料を用いた製品の性能を満足するものでなければならない。
②下水汚泥焼却灰の材料としての性能は、製造者が定めるものとする。

下水汚泥焼却灰を使用した焼成製品の性質は、JIS等で定められた通常の製品の性能規格を満足すればよいと考えられる。焼成製品の規格は次のようなものがある。

・タイル　JIS A 5209

焼却灰は、内装タイル・外装タイル・床タイル・モザイクタイル等で利用されている。これらは、それぞれの利用用途に定められた規格値等を満足していなければならない。

焼却灰を用いたタイルの一般的な製造手順を図2.1.1-1に示す。

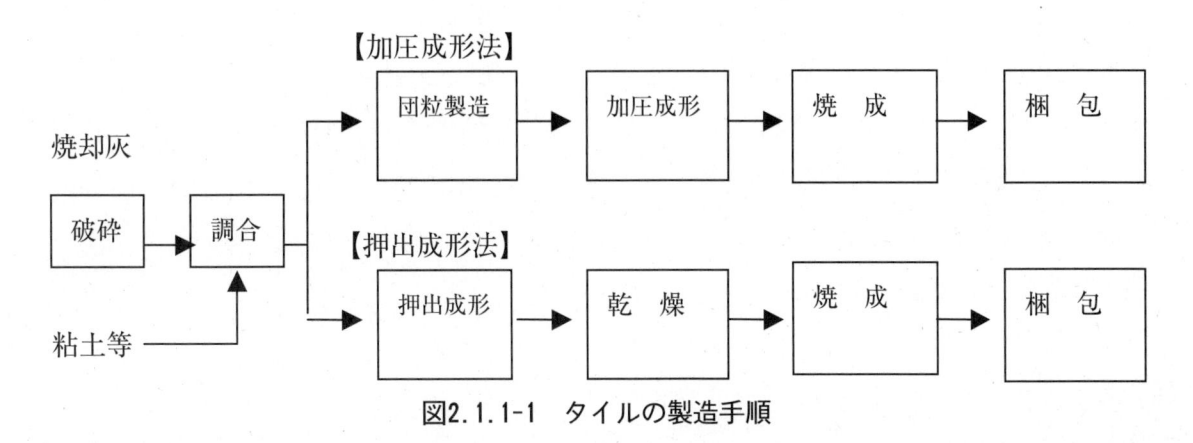

図2.1.1-1　タイルの製造手順

名古屋市では、磁器質タイルとして利用している。原材料は焼却灰と粘土であり、焼却灰の混合割合は1～12％としている。これらは、下水道関連の建築工事で利用され、建屋の外装タイル・玄関の床タイル・風呂の壁タイルなどに使用されている。

・普通レンガ　JIS R 1250

下水汚泥焼却灰を普通レンガとして利用する場合、その種類は品質により2種・3種・4種等に分類されるが、それぞれ種別毎に定められた規格値を満足しなければならない。また、普通レンガを製造する場合、それぞれの用途に見合った製造方法を決定する必要がある。横浜市では、焼却灰（質量比で10％）と配合粘土を混合したものを、普通レンガとして利用した例が報告されている。

・陶管　JIS R 1201

焼却灰を利用した陶管の例には、直陶管・枝付き陶管がある。焼却灰を用いた陶管を製造する場合、利用用途に定められた規格値を満足しなければならない。

・歩道用インターロッキングレンガ

JISには規定がないが、表2.1.1-1のような品質規定の例がある。

表2.1.1-1　インターロッキングレンガの品質

項　目	測定値	規格	参考とした規格
吸水率（％）	約0.16	10以下	JIS R 1250（普通レンガ4種）
対磨耗性（g）	約0.02	0.1以下	JIS R 5209
曲げ強さ（N/mm²）	約28	4.9以上	普通インターロッキングブロック規格
圧縮強さ（N/mm²）	約105	29以上	JIS R 1250（普通レンガ4種）
すべり抵抗値（湿潤）	約68	40以上	アスファルト舗装要綱

下水汚泥焼却灰を利用した軽量骨材は、東京都などで製造されている。JIS規格（軽量骨材JIS A 5002）は構造用軽量コンクリート骨材について定められたものである。しかし、現場打ちコンクリートに使用される軽量骨材は少なく、その多くは軽量ブロック等の断熱材・充填材・軽量盛土等に使用されている。

2) 環境安全性基準と試験方法

　本項の工場製品は、焼結炉において1,050℃から1,200℃の高温で焼き固めた固形物である。したがって環境安全性基準と試験方法は、第2編1.1.1(2)2)（P.26）に準ずる。

(3) 利用技術

3) 設計方法

　下水汚泥焼却灰を用いた焼成製品を使用する場合には、製品の規格の範囲で使用するものとする。

　下水汚泥焼却灰を用いた焼成工場製品を使用する場合は、通常製品と同様、製品の性能以上の荷重が載荷されず、製品の使用可能な環境条件を超えない地点で使用しなければならない。また、使用実績が少ない製品は、取替え不能な場所に使用してはならない。

2) 施工方法

①製品が確実に入手できる事を確認しなければならない。
②製品が通常材料を用いた製品と混合されない様に、配慮しなければならない。
③施工方法は、通常の材料を用いた製品と同じとする。

　下水汚泥焼却灰を使用した工場製品の生産量は少なく、流通経路も確立されていない場合もあるので、使用に当っては必要量を入手できることを確認する必要がある。また、構造物によっては通常製品以外の使用を認めないものもあるので、通常製品と混合しない様に、確実に区分けしておく事も大切である。焼成灰を用いた場合でも、製品の性能は同じであるので、施工方法は通常の材料の製品と同じでよい。

3) 記　録

　下水汚泥焼成灰を使用した焼成製品を使用する場合には、記録にそのことを明記しなければならない。さらに、耐久性などについての情報を蓄積する必要があるので、使用箇所・製造者・商品名等の記録を施工記録として保存しておくことが必要である。

(4) 課題

① 環境安全性

　下水汚泥焼却灰を工場製品に使用しても、1,000～1,200℃程度の高温で焼成されるので、環境安全性にはほとんど問題がないと考えれる。したがって第2編1.1.1(2)2)（P.26）に準じて、発注者は6項目の溶出・含有量の試験結果を確認するだけでよい。しかし、製造者は、6項目の試験だけでよいことがわかるまでは、26項目の溶出試験と9項目の含有量試験を確認しておくのが望ましい。

② 物理化学特性

　焼成製品を製造するのに適した汚泥焼却灰の質と量は、製造者が適切に選ぶので、発注者は製品の性能がJIS等に示される性能を満足していることだけを確認する。製品に対するJIS等が定められていない場合には、発注者は必要な性能を示すか、製造者が示す性能に同意した上でそれを使用する。

③　利用実績

インターロッキングブロック等の工場製品に使用された実績はかなり多いが、その長期耐久性はほとんど報告されていない。

利用例としては、歩道用平板・タイル・レンガ・歩道用透水性レンガ・配水管などがある。

④　繰返し利用性

通常材料を使用して焼成したものの再使用は、粉砕して再び焼成品の原料とする場合が多い。新材料に混合使用するとき、適切な混合量を選択すれば繰返し利用も可能と考えられるが、この可能性を検証した資料はない。

⑤　経済性

下水汚泥焼却灰の混合量は、原料粘土の10％程度であるので、価格にはほとんど影響しない。

⑥　必要性

下水汚泥の用途は建設資材以外の用途も多くあり、建設事業以外にも使用されている。下水汚泥の発生が公共事業で生じ、その量も多いので、建設事業においても多くの用途を準備しておく必要がある。特に、焼却灰を無加工で材料に混ぜて使用するこの適用方法は、汚泥焼却灰発生者の経済的負担が少ないという点で優れている。

⑦　二酸化炭素の発生量

下水汚泥焼却灰は、無加工で工場製品に使用されるので、通常材料を使用する場合に比べ、より多くの二酸化炭素が発生することはない。したがって、溶融スラグ化して使用するよりは優れている。

（利用例）
1)　タイルの製造方法の調査例（名古屋市）
2)　インターロッキングレンガとしての利用例（東京都）
3)　透水性レンガとしての利用例（大阪府）
4)　陶管の製造条件に係る調査例（名古屋市）
5)　軽量骨材の製造条件に係る調査例（東京都）
6)　軽量骨材の利用例（東京都）

（参考文献）
1)　泥資源利用協議会：下水汚泥の建設資材利用マニュアル（案）、2001年版

2.2 焼却灰石灰混合固化

処理の概要

　下水汚泥焼却灰を焼成などをしないで、そのまま石灰安定処理やセメント安定処理をする土に10％程度混合し、埋戻し土などに利用する方法が実施されている例がある[1]。灰の状態で、環境安全性を満足する下水汚泥焼却灰を使用する場合、あるいは安定処理を実施した状態で環境安全を満足することが確認できれば、このような使い方も可能である。ただし、この場合に採用しなければならない環境安全性の基準と試験方法は、第2編3.1.1(2)2)（P.83）に準ずる。発注者は焼却灰または安定処理した材料について26項目の溶出試験と9項目の含有量試験の結果が環境安全性を満足していることを確認しなければならない。

2.2.1 土質改良材

(1) 適用範囲

　本項は、下水道汚泥焼却灰に石灰を混合して土質改良材や土質安定材として使用する場合に適用する。

(2) 試験評価方法

　本材料の物理的品質に関する試験と評価の方法は、文献1)2)等を参考に定めるものとする。環境安全基準と試験方法は、第2編3.1.1(2)2)（P.83）に準ずる。

(3) 利用技術

　名古屋市は、焼却灰に0～20％の生石灰を加え、土質改良材や土質安定材として用いる方法を検討した。そして必要な強度を得ることができ、溶出試験の結果も満足することができると述べている[1]。そのほか横浜市でも試験施工をしている[1]。

　下水汚泥焼却灰の土質改良材としての利用マニュアル案[2]も作成されている。

（利用例）
1) 石灰系焼却灰を10％加えた建設残土を埋戻し材として路床に使用し、3年後に調査しても溶出量と強度に問題がない事を確認している。（横浜市）
2) 高分子系焼却灰および石灰系焼却灰を6～9％を加えた埋戻し土の、施工後3ヶ月間の調査を行って問題が生じないことを確認している。（名古屋市）

2.2.2 路盤材料

(1) 適用範囲

　本項は、下水道汚泥焼却灰にセメントや石灰を混合して安定処理路盤材料として使用する場合に適用する。

(2) 試験評価方法

　本材料の物理的品質に関する試験と評価の方法は、文献1)、3)等を参考に定めるものとする。環境安全基準と試験方法は第2編3.1.1(2)2)（P.83）に準ずる。

(3) 利用技術

　路盤材料焼却灰を単体で下層路盤材料に用いて試験舗装を行った例が、埼玉県および横浜市にある。また、焼却灰単体で路盤材料としての規準を満足しない場合でも、セメントや石灰などで安定処理を行うことが出来るとされている[1)3)]。

（参考文献）
1) 社団法人日本下水道協会：下水汚泥の建設資材利用マニュアル（案）、2001年版
2) 建設省土木研究所：下水汚泥焼却灰の土質改良材としての利用マニュアル（案）、平成2年11月
3) 建設省土木研究所：昭和63年度下水道関係調査研究年次報告集、平成元年10月

3 石炭灰

廃棄物の概要
第2編3（P.81）と同じ。

3.1 粉砕処理

クリンカアッシュを粉砕して細かくして粒度を整え、フライアッシュのようにして使用する石炭灰の新しい利用方法である。

3.1.1 アスファルト舗装用フィラー

(1) 適用範囲
本項は粉砕クリンカアッシュをアスファルト舗装用フィラーに使用する場合に適用する。

(2) 試験評価方法
1) 品質基準と試験方法

粉砕クリンカアッシュをアスファルト舗装用フィラーに適用する場合の品質基準は、「舗装設計施工指針」・「舗装施工便覧」の品質規格を準用する。品質基準に定められた各品質項目の試験方法は、「舗装試験法便覧」に示される方法とする。粉砕クリンカアッシュをアスファルト舗装用フィラーに使用する場合は、表3.1.1-1および表3.1.1-2に適合することを確認してから用いる。

表3.1.1-1 粒度（石灰岩を粉砕した石粉の粒度規格を引用）

ふるい目開き	通過質量百分率（％）
600μm	100
150μm	90〜100
75μm	70〜100

表3.1.1-2 品質基準（フライアッシュ・石灰岩・石粉の目標値を引用）

項　目	目　標　値
塑性指数（PI）	4以下
フロー試験（％）	50以下
吸水膨張率（％）	4以下
剥離試験（％）	合格

2) 環境安全性基準と試験方法

粉砕処理したフライアッシュをアスファルトフィラーに使用する場合の環境安全性基準と試験方法

は、第2編3.1.1(2)2)（P.83)に準ずる。

(3) 利用技術

① 設計

石炭灰をフィラーとするアスファルト混合物の配合設計は、「舗装設計施工指針」に示される方法と手順に準ずる。

配合設計上の留意点として、石炭灰の密度が小さいので密度補正を行うこと等があげられる。

② 施工

施工に関しては、基本的に「舗装施工便覧」に準ずる。アスファルト舗装用フィラーの適用実績を表3.1.1-3に示す。

表3.1.1-3 アスファルトフィラーへの適用実績例

発生場所	下関 国内炭灰	竹原 国内炭灰	竹原 国内炭灰	新宇部 海外炭灰	磯子 国内炭灰	松島 海外炭灰
工種	私道新設	市道新設	私道新設	私道新設	町道新設	私道新設
施工年月	1982.1	1982.12	1982.10〜1983.1	1983.3	1984.4〜8	1985.12
地域	広島	広島	広島	香川	福島	沖縄

3) 記録および繰返し利用性

フライアッシュ・粉砕処理したクリンカアッシュをアスファルト舗装用フィラーに適用する場合、発注者は、使用材料調書（フライアッシュ、粉砕処理したクリンカアッシュの試験成績票を含む）・施工図面・配合設計書等の工事記録を保存し、繰返し再生利用と処分に際して利用できるように備える。石炭灰は生産地によって組成成分が異なり、土壌環境基準を満たしていることを確認するとともに、発注者は使用時の設計図書等の内容を確認の上適切に対応しなければならない。

(4) 課題

①アスファルト舗装用フィラーへの適用という点について考えると、石炭灰は石粉と比べて粒子形状が球形で粒径が小さいので、マーシャル安定度試験においては、密度が大きく、空隙率が小さく、飽和度が大きくなり、最適アスファルト量が、石粉を使用した場合に比べて少なくなる。

このため、アスファルト混合物としての配合試験および混合物の性状試験（疲労抵抗性・流動抵抗性・摩耗抵抗性・剥離抵抗性等）の確認を行い、品質基準の検査を行う必要がある。

②施工上の留意点として、施工規模に見合う十分な量の石炭灰の確保と品質を維持させる貯蔵方法の検討が必要である。

(参考文献)
1) 日本フライアッシュ協会：石炭灰とその利用について（主に道路材料として）、1987年4月
2) 日本フライアッシュ協会：石炭灰を道路舗装用材料として利用するための調査研究報告書、1989年4月
3) 日本フライアッシュ協会：同上技術マニュアル、1987年4月
4) ㈳土木学会：石炭灰の土木材料としての利用技術の現状と展望-埋立、盛土、地盤改良、1990年4月

5) BVK社技術資料：A Granulate with many possibilities（steag）
6) Von K.-H.Puch、W.vom Berg：Nebenprodukte aus kohlebefeuerten Kraftwerken、VGB-Kraftwerkstechnik、1997、Helt 7

3.2 水熱固化

処理の概要

水熱固化方式は、石炭灰の灰成分（CaO、SiO$_2$、Al$_2$O$_3$など）と石灰石との間で固化反応を短期間に進め強度の高い固化体をつくるために、水蒸気養生を行う方法である。セメント混合固化に比べて高い強度が得られるが、セメント混合改良物に比べてコストは高い。重金属溶出に関する長期安定性は高いが、石炭灰を水熱固化物としてアスファルト舗装の路盤材料に適用する場合には、十分な事前事後の室内試験と現地での計測が必要である。

3.2.1 アスファルト舗装

(1) 適用範囲

本項は、水熱固化した石炭灰をアスファルト舗装に使用する場合に適用する。

(2) 試験評価方法

1) 品質基準と試験方法

① 品質基準

石炭灰の水熱固化物を用いた路盤材料の品質基準は、道路舗装の種類・使用位置および工法・材料に応じて、「舗装の構造に関する技術基準・同解説」、「舗装設計施工指針」、「舗装施工便覧」等の該当する路盤材料の品質規定を準用する。

石炭灰の水熱固化物をアスファルトコンクリート用再生骨材等と混合して所要の品質が得られるように調整した再生路盤材料には、「プラント再生舗装技術指針」に示される品質規定を準用する。これらの品質基準の概要を、表3.2.1-1、表3.2.1-2に示す。

表3.2.1-1　下層路盤材料の品質規格

工法、材料	修正CBR%	一軸圧縮強さMPa（Kgf/cm^2）	PI
粒状路盤材料、クラッシャランなど	20以上[注1]	—	6以下[注2]
セメント安定処理[注3]	—	材令7日、1.0(10)	—
石灰安定処理[注3]	—	材令10日、0.7(7)[注4]	—

注1） 簡易舗装では10以上
注2） 同左9以下
注3） 簡易舗装にはなし
注4） セメントコンクリート舗装では0.5
注5） クラッシャランは所定の粒度が必要。また安定処理に用いる骨材は修正CBR 10%以上かつPI（塑性指数）がセメントで9以下、石灰では6～18が望ましい。

表3.2.1-2 上層路盤材料の品質規格

工法、材料	修正CBR(%)	一軸圧縮強さ MPa(kgf/cm²)	マーシャル安定度 kN(kgf)	その他の品質
粒度調整砕石	80以上 注1)	—	—	PI 4以下
加熱アスファルト安定処理	—	—	3.43 (350)以上	フロー値 10～40 空隙率 3～12%
セメント安定処理	—	材令7日 注2) 2.9 (30)	—	—
石灰安定処理	—	材令10日 注3) 1.0 (10)	—	—

注1) 簡易舗装では60以上
注2) 簡易舗装では2.5 (25)、セメントコンクリート舗装では2.0 (20)
注3) 簡易舗装では0.7 (7)

　なお、上層路盤として用いる骨材は、すりへり減量が50%以下とする。粒度調整砕石は、所定の粒度が必要である。また、安定処理に用いる骨材は、修正CBR 20%以上（アスファルトを除く）、PIが9以下（石灰では6～18）かつ最大粒径が40mm以下であることが望ましい。

② 品質試験方法

　品質基準に定められた品質項目の試験方法は、「舗装試験法便覧」に示される方法を準用する。

2) 環境安全性基準と試験方法

　石炭灰水熱固化物の環境安全性基準と試験方法は第2編3.1.1(2)2)（P.83）に準ずる。

(3) 利用技術

1) 設計

　石炭灰の水熱固化物を用いた路盤の設計は、「舗装設計施工指針」および「アスファルト舗装要綱」・「セメントコンクリート舗装要綱」・「舗装施工便覧」等に示される方法と手順に準ずる。ただし、水熱固化物の単位体積質量・最大乾燥密度ともに、一般的な粒度調整砕石の半分程度であり、吸水率が大きいという特徴を有する。また、石炭灰の種類と水熱固化方法によって水熱固化物の品質が異なる。したがって、設計に際しては、水熱固化物を用いた路盤材料の品質基準に相応した等値換算係数を使用するとよい。前述のように使用実績は、設計交通量B以下の粒状路盤材料・粒度調整路盤材料に限られているので、これら以外の条件で使用する場合は、試験舗装を行うことなどによって確認する。

　なお、安全性確保のため、石炭灰の水熱固化物を用いた路盤材料を酸性水と接するような箇所へ使用する場合は、予め当該水熱固化物の製造者と発注者が協議し、必要に応じて溶出試験の条件を変えて安全性の確認を行わなければならない。

2) 施工

　石炭灰の水熱固化物を用いた路盤の施工は、路盤工法に応じ「舗装設計施工指針」および「舗装施工便覧」等に示される方法と手順に準じて行う。発注者は、石炭灰の水熱固化物を用いた路盤材料の試験成績票で溶出試験結果等内容を確認したうえ、施工図面とともに保存しなければならない。

3) 繰返し再生利用と処分

石炭灰の水熱固化物を用いた路盤を構築した場合、発注者は施工場所の平面図・断面図・数量表等の設計図書と共に、水熱固化物製造業者の作成した石炭灰の水熱固化材の試験成績票を施工図面等とともに保存し、当該路盤材料の繰返し再生利用と処分に際して利用できるように備える。

石炭灰の水熱固化物を用いた路盤材料の繰返し再生利用と処分を行うに当たっては、発注者は使用時の設計図書等の内容を確認のうえ、適正な方法と手順を策定する。

石炭灰の水熱固化材を用いた路盤材料の性状の例を表3.2.1-3に示す。

表3.2.1-3 石炭灰の水熱固化物を用いた路盤材料の性状

項　目		石炭灰の水熱固化物を用いた路盤材料の測定例	舗装設計施工指針および舗装施工便覧における規格
粒度	37.5　　mm	100	100
	31.5	99.4	95～100
	19	87.5	60～90
	4.75	32.7	30～65
	2.36	23.1	20～50
	0.425	8.2	10～30
	0.075	2.4	2～10
修正CBR		105	80以上
塑性指数		N.P.	4以下
すりへり減量（％）		32.1	[50以下]
損失量（％）		83.7	[20以下]
密度（g/cm³）	見掛け密度	2.382	(2.672)
	表乾密度	1.642	(2.621)
	かさ密度	1.106	(2.59)
単位容積質量（kg/ℓ）		0.826	(1.79)
吸水率（％）		48.4	(1.20)
最大乾操密度（g/cm³）		0.949	(2.240)
最適合水比（％）		55.9	(6.6)

注1） 粒度は、一次破砕のみの結果を示す。
注2） 右欄で、粒度はM-30、[　]内は目標値、（　）内は例を示す。

石炭灰の水熱固化物の単位体積質量・最大乾燥密度は、ともに一般的な粒度調整砕石の半分程度であり、吸水率は極めて大きい。修正CBR、塑性指数ともアスファルト舗装要綱の粒度調整砕石（M-30）の規格を満足しており、水硬性も有していることから、石炭灰の水熱固化材を用いた路盤材料は上層路盤材料として使用可能である。

（利用例）
参考文献1)、2)に利用された例が記載されている。

（参考文献）
1) 石原勲、泉秀俊、甘楽和夫、長岡茂徳、石炭灰を原料とした路盤材の実用化、道路建設、pp.43～48、平成8年9月
2) 泉秀俊、久我耕三、尾崎弘憲、石炭灰の整形・蒸気養生処理によるリサイクル路盤材「ナルトン」の開発、舗装、pp.15～19、平成12年11月

3.3 選別利用

(1) 処理の概要

石炭火力発電所等から発生する石炭灰は、溶融・セメント固化・焼成等の特別な処理を行わずに、用途に合うものを選別利用する場合の用途について、以下に記す。

(2) 物理化学的性質

表3.3-1に石炭灰の物理的特性および化学的組成を示す。

表3.3-1 石炭灰の物理化学特性

項　　目		石炭灰標準	土壌（山土）
粒子密度 ρ_s （g/cm³）		1.9～2.4	2.5～2.7
粒度組成	砂分（％）	0～10	―
	シルト分（％）	80～90	―
	粘土分（％）	10～20	―
コンシステンシー	液性限界	N.P.	―
	塑性限界	N.P.	―
化学組成	SiO_2	40～75	62.8
	Al_2O_3	15～35	24.0
	FeO_3	2～20	1.6
	CaO	1～15	0.0
	MgO	1～3	0.0
	その他	―	11.3

1) 物理的性質

石炭灰の色は、大部分が灰白色である。また、成分により黒味や赤味を帯びているものもある。密度は1.9～2.4g/cm³の範囲にあり、粒径は土壌より細かい。なお、かさ密度は0.8～1.0g/cm³である。粒度は比較的粗いクリンカアッシュの粒度分布は0.1mm～1mmが50％であり、1mm以上が50％、細かいフライアッシュの粒度分布は0.1mm以下が90％である。また、粒子形状が球形のものが多いことから、コンステンシー特性は液性、塑性限界とも測定不能（N.P.）であり、非常に微細な砂に近い性質を有する。

2) 化学的性質

石炭灰の化学組成は、ポゾラン活性の高いシリカ（SiO_2）が大半を占め、アルミナ（Al_2O_3）や酸

化第二鉄（FeO₃）など山土とほぼ同様な成分から成っている。この他に少量の炭酸カルシュウム（CaO）も含まれており、これが僅かな自硬性を有する要因となっている。また、産炭地によっては全水銀・カドミウム・鉛・砒素・六価クロム等の有害重金属が微量含まれていることもある。

石炭灰のpHは11程度でセメントと同程度のアルカリ性を示す。また溶出特性としては、六価クロムや砒素などの重金属が土壌環境基準を超えて検出される場合もある。特に、平成13年度より新たに土壌環境基準項目に加わったほう素は、環境基準を超えるものもある。「微粉炭燃焼灰の締固め及びスラリー施工における化学・力学特性に関する研究開発」（財団法人　石炭利用総合センター平成12年度　石炭生産・利用技術振興補助金事業　試験研究成果報告）によればほう素の溶出量が土壌環境基準の5〜20倍と報告されている。したがって、利用時には溶出試験を実施する必要がある。表3.3-2に石炭灰の溶出試験結果を示す。

表3.3-2　石炭灰の溶出試験　　　　　　　（単位 mg/ℓ）

国別	項目／溶媒	アルキル水銀	全水銀	カドミウム	鉛	有機リン	6価クロム	砒素	シアン	PCB
国内炭	純水	ND	ND	ND	ND	ND	0.19	ND	ND	ND
	海水	ND	ND	ND	ND	ND	0.19	ND	ND	ND
中国炭	純水	ND	ND	ND	ND	ND	ND	ND	ND	ND
	海水	ND	ND	ND	ND	ND	ND	ND	ND	ND
南ア炭	純水	ND	ND	ND	ND	ND	0.10	ND	ND	ND
	海水	ND	ND	ND	ND	ND	0.15	ND	ND	ND
豪州炭	純水	ND	ND	ND	ND	ND	ND	0.06	ND	ND
	海水	ND	ND	ND	ND	ND	ND	0.2	ND	ND
埋立処分に係る判定基準 ＊		ND	≦0.005	≦0.3	≦0.3	≦1	≦1.5	≦0.3	≦1	≦0.003

＊　金属などを含む産業廃棄物に係る判定基準を定める総理府令（昭48総令5、改正平12総令1）

（参考文献）
1)　㈳電力土木技術協会：電力土木、No.296．2001年
2)　環境技術協会、日本フライアッシュ協会：石炭灰ハンドブック、平成12年度版
3)　㈶石炭利用総合センター：「微粉炭燃焼灰の締固め及びスラリー施工における化学・力学特性に関する研究開発」、平成12年度

3.3.1　コンクリート用混和材

(1)　適用範囲

本項は、分級などの処理を施していない原粉を、石炭灰を混和材として多量に使用した無筋コンクリートおよび鉄筋コンクリート（以下、CAコンクリートと記す）に使用する場合に適用する。CAコンクリートは、コンクリートとしての性能をできるだけ損なわず、コンクリート材料として石炭灰を出来るだけ多量に使用することを基本として配合している。しかし、従来のコンクリートより粉体成分（石炭灰とセメント分）の使用量が多いので、石炭灰の微粉末効果とポゾラン反応性により、従

来のコンクリートとは施工特性などに異なる点もある。そのため、実構造物への適用に際しては、本項を参考にして十分な調査試験を行い、適用構造物に応じた評価を得ることが必要である。

(2) 試験評価方法

石炭灰は、ボイラの炉底に落下したものをクリンカアッシュ、集じん器により採取されたものをフライアッシュと分類されている。フライアッシュを細分すると、分級前のフライアッシュが原粉、分級後の細粉・粗粉がJISに規定されているフライアッシュである。一般にコンクリート用混和材としては、JISに規定されるフライアッシュが使用されるが、本項のCAコンクリートには、分級などの処理を施していない石炭灰（原粉）を用いる。表3.3.1-1に石炭灰の測定結果を示す。JISフライアッシュのⅡ種程度の品質は満足している。しかし、石炭灰の品質は、必ずしも一定ではなく大きく変動する可能性もあるので、使用にあたっては品質の確認が必要となる。

表3.3.1-1 石炭灰（原粉）の品質

石炭灰の種類	化学成分 （%）						MB吸着量(mg/g)	密度(g/cm³)	比表面積(cm²/g)	平均粒径(μm)
	SiO_2	AlO_3	Fe_2O_3	CaO	SO_3	lg.loss				
A	59.3	24.7	4.8	4.1	0.3	1.7	0.49	2.23	3210	16.4
B	57.4	27.6	4.8	4.7	0.3	2.9	0.55	2.23	3220	14.4
C	55.6	27.4	5.8	3.5	1.0	2.5	0.47	2.16	3130	21.3
D	56.1	32.8	3.9	4.1	0.4	1.6	0.24	2.18	3460	16.6
E	55.4	27.6	6.4	5.3	0.2	2.4	0.37	2.21	2710	22.9
平均値	56.8	28.0	5.1	4.3	0.4	2.2	0.42	2.20	3150	18.3
標準偏差	1.62	2.94	0.97	0.68	0.32	0.55	0.122	0.031	273	3.60

硬化したCAコンクリートの基本的な性状は、普通のコンクリートとほぼ同じであることが確認されている。したがって、CAコンクリートの品質試験は、普通のコンクリートに準拠した試験方法で実施してよい。

(3) 利用技術

現在流通しているフライアッシュセメントは、セメント質量の30%まで混入することが可能であり、主としてセメントの水和による発熱を抑制する目的で、ダムコンクリートなどに用いられている。しかし、初期強度が低いという欠点がある。このような欠点を改善するためにCAコンクリートでは、セメント量を一定値に確保したまま、細骨材の一部をフライアッシュで置き換える方法をとっている。微粒分を多くすると単位水量が大きくなるが、高性能減水剤を使用することによりそれを防止できる。

CAコンクリートは室内試験で、圧縮強度60N/mm²程度のコンクリートも製造可能であるが、使用実績ではプレストレストコンクリートや高強度コンクリート構造物に使用された実績がないので、CAコンクリートの設計基準強度の上限は30N/mm²程度にしておくのがよい。

CAコンクリートの配合例を表3.3.1-2に示す。CAコンクリートは、コンクリート中の単位粉体量が増大するため、通常のコンクリートよりも単位水量が大きくなる。単位水量を増さないで同一のスランプを得るには、高性能AE減水剤等の混和剤を使用する必要が生じる。また、混和剤の使用

量は単位粉体量の増加に応じて増大する。

　また、石炭灰中の未燃カーボンが AE 調整剤を吸着し、コンクリートへの空気連行性能を阻害する。その対応策としてフライアッシュ用 AE 調整剤も開発されている。

表3.3.1-2　CA コンクリートの配合例

コンクリートの種類	水セメント比 W/C (wt.%)	水粉体比 W/P (wt.%)	W	C	CA	S	G	SP	AEA
CA	60	30.0	180	300	300	433	1004	7.86	0.250
	65	32.5	180	277	277	478	1004	6.49	0.221
	70	35.5	180	257	257	516	1004	5.31	0.194

単位量 (kg/m³)

注1)　配合条件　スランプ：18±2.5cm、空気量4.5±1.0%
　2)　C：普通ポルトランドセメント、CA：石炭灰
　　　S：陸砂（表乾密度：2.59 g/cm³、吸水率：1.52%、粗粒率：2.75%、実積率：68.2%）
　　　G：砕石2005（表乾密度：2.64 g/cm³、吸水率：0.59%、粗粒率：6.66%、実積率：61.5%）
　　　SP：高性能 AE 減水剤（ポリカルボン酸塩系）、AEA：フライアッシュ用 AE 調整剤

CA コンクリートは、普通コンクリートと比較して、おおむね以下のような特徴を有している。

①ブリーディング率は、同一水セメント比の普通のコンクリートと比較して著しく減少する。これは、コンクリートの構成成分の中の、粉体量の割合が大きいので、余剰水が滲出しにくくなるためである。

　CA コンクリートは、材料分離抵抗性に優れているため、遠心成形製品においては、製品の品質を阻害するノロの防止に役立つ。

②水セメント比60%、65%および70%の CA コンクリートを標準養生した時の圧縮強度は、同一水セメント比の通常の配合のコンクリートよりも大きい。強度発現が良好な原因は、砂の代替としている石炭灰がポゾラン活性のために強度向上に貢献しているためである。

③静弾性係数は、圧縮強度が同一の場合には普通コンクリートのそれよりもいくぶん小さい傾向にある。ただし、圧縮強度60N/mm²程度までの範囲では、CA コンクリートの静弾性係数は、土木学会「コンクリート標準示方書」中に示される値とおおむね同等である。

④圧縮強度が60N/mm²程度までの範囲においては、圧縮強度と引張強度との関係は、普通コンクリートと同等である。また、CA コンクリートの引張強度は、土木学会「コンクリート標準示方書」中に示される普通のコンクリートの設計用値よりもいくぶん大きい。

⑤同一水セメント比および打設温度（および環境温度）における凝結時間は、普通コンクリートのそれと大差ない。

⑥断熱温度上昇は、試験期間1日程度までは普通コンクリートと同等である。終局温度上昇量は、単位セメント量が同一であっても、普通のコンクリートより大きい。これは、多量に使用した石炭灰が、ポゾラン反応を行って発熱するためと考えられる。

⑦中性化特性は促進試験の結果では、普通のコンクリートと同等かいくぶん小さい。

⑧乾燥収縮は、単位水量および単位セメント量が同一であっても、普通のコンクリートより小さい。

⑨水セメント比70％程度までの範囲であれば、所要の空気を連行させれば、耐凍害性は普通のコンクリートと同等である。

CAコンクリートの施工は、普通のコンクリートと同じに行える。基本的には土木学会「コンクリート標準示方書」に従えばよい。しかしながら、単位石炭灰量（あるいは単位粉体量）が極端に多いCAコンクリートでは、コンクリートの粘性が増大し、ポンプ圧送性と表面仕上げ性などの施工性能がいくぶん阻害されることがある。この場合には、単位水量を増加したり、フライアッシュの混合量を低減したりして調整する必要がある。

コンクリート構造物に石炭灰を使用した場合には、配合表などの記録に石炭灰を使用したことを明記しなければならない。

繰返し利用性については、コンクリートが解体再利用される場合は、強度のかなり低いコンクリートに使用されるか、粗骨材を取り出して骨材だけを利用すると考えられるので、特に問題はない。

(4) 課題

① 環境安全性

有害物質の溶出は、ウェットスクリーニングしたモルタル硬化体での溶出試験を実施した例では、土壌の汚染に係る環境基準を満たすことが確認されている。コンクリートのように硬化体として使用される建設材料では、従来から溶出試験などは実施されていないが、CAコンクリートはフライアッシュまたはコンクリートのいずれかで環境安全性の試験を実施するのが望ましい。環境安全基準と試験方法は、第2編3.1.1(2)2)（P.83）およびその解説（P.85）に準ずる。

② 物理化学特性

CAコンクリートに所要のワーカビリティーを与えるために、高性能AE減水剤の添加量が増加した場合に凝結時間が遅延する場合がる。

ブリーディング量が普通コンクリートよりも著しく小さいとき、こて仕上げ時期の選定および打設直後の初期ひび割れ発生に注意する必要がある。

CAコンクリートは粉体成分が多くなるため、普通コンクリートよりも粘性が大きい。粘性が大きいので材料分離などが生じにくくなるが、コンクリートの圧送性が悪くなる。したがって、使用実績の少ない配合は、従来の方法で施工可能かどうか確認することが大切である。

③ 利用実績

実際の工事に使用された実績は少ない。専用の貯蔵サイロや高性能AE減水剤タンクなどの設備面の検討も含め、使用実績のある生コン工場と製品工場などを選定することが望ましい。

④ 供給性

石炭灰の供給性については特に問題はないが、使用の際にはコンクリートの製造工場にCAコンクリートが供給できるように、石炭灰専用の貯蔵サイロと高性能AE減水剤タンクなどの設備面が整備されているかどうかを調査する必要がある。

⑤ 繰返し利用性

コンクリート構造物が解体された場合、石炭灰だけを取り出すことは困難である。微粉や骨材にし

て、低強度のコンクリートに使用されるのであれば、特に問題はない。ただし、性能を十分確認した上で使用することが望ましい。

⑥ 経済性

石炭灰の大量使用という目的は達せられても、コンクリートの製造費は、高性能減水剤の費用だけ高価になる。

⑦ 必要性

石炭灰の用途は多く、建設事業以外にも使用されているが、セメント関連での利用を除いては使用量が少ないのが現状である。そのため、建設事業用途での使用が望まれている。

⑧ 二酸化炭素の発生量

石炭灰をコンクリート用混和材として使用するにあたり、特に多くの二酸化炭素が発生することはない。

(利用例)
1) セメント工場リサイクル資材置場の擁壁
2) 火力発電所各種基礎工事
3) アッシュセンター構内舗装工事
4) L型擁壁（工場製品）

(参考文献)
1) 市川勝俊ら：養生環境の相違が石炭灰を多量に使用したコンクリートの強度特性に及ぼす影響、セメント・コンクリート論文集、No.51、1997年
2) 加藤将裕ら：石炭灰を多量に混入したコンクリートの現場施工試験土木学会第55回年次学術講演会論文集、2000年
3) 鈴木義正ら：石炭灰を大量に混入したCAコンクリートの実施工例、第3回東京・関東地区太平洋セメント生コン会技術発表会、2002年
4) 藤原正文ら：CAコンクリートの実構造物への適用について、コンクリートテクノ、vol.21、No.5、2002年
5) 岩木宏ら：石炭灰を大量に使用したCAコンクリートの基礎工事への適用、CEM'S、2002年
6) 唐沢彰彦ら：フライアッシュ原粉の即時脱型コンクリート製品への適用性の検討、土木学会第57回年次学術講演会、v-378、2002年
7) 森寛晃ら：フライアッシュ原粉を用いたコンクリートの蒸気養生下における硬化性状、土木学会第57回年次学術講演会、v-379、2002年

3.3.2　路盤材料

(1) 適用範囲

本項は、分級などの処理を施していない原粉を路盤材料に使用する場合に適用する。

(2) 試験評価方法

1) 品質基準と試験方法

石炭灰を用いた路盤材料の品質基準は、「舗装設計施工指針」・「舗装施工便覧」を準用する。品質基準に定められた各品質項目の試験方法は、「舗装試験法便覧」に準ずる。

粒径を主体にした分類ごとに材料の品質試験を行い、適用する道路の種別（交通量区分による分類）ごとに利用の可否を検討する。

石炭灰をアスファルトコンクリート用再生骨材等と混合し、所要の品質が得られるように調整した再生路盤材料は、「プラント再生舗装技術指針」に示される品質規定を準用する。これらの品質基準の概要を表3.3.2-1と表3.3.2-2に示す。

表3.3.2-1 下層路盤材料の品質規格

工法、材料	修正CBR%	一軸圧縮強さ MPa(kgf/cm²)	PI
粒状路盤材料、クラッシャランなど	20以上 注1)	—	6以下 注2)
セメント安定処理 注3)	—	材齢7日、1.0（10）	—
石灰安定処理 注3)	—	材齢10日、0.7（7）注4)	—

注1) 簡易舗装では10以上　　注2) 簡易舗装では9以下
注3) 簡易舗装にはなし　　注4) セメントコンクリート舗装では0.5（5）

なお、クラッシャランは所定の粒度が必要である。また安定処理に用いる骨材は、修正CBR 10%以上、かつPI（塑性指数）がセメントでは9以下、石炭灰では6～18が望ましい。

表3.3.2-2 上層路盤材料の品質規格

工法、材料	修正CBR %	一軸圧縮強さ MPa(kgf/cm²)	マーシャル安定度 kN(kgf)	その他の品質
粒度調整砕石	80以上 注1)	—	—	PI4以下
加熱アスファルト安定処理	—	—	3.43（350）以上	フロー値10～40 空隙率3～12%
メント安定処理	—	材齢7日 注2) 2.9(30)	—	—
石灰安定処理	—	材齢10日 注3) 1.0(10)	—	—

注1) 簡易舗装では60以上
注2) 簡易舗装では2.5（25）以上、セメントコンクリート舗装では2.0（20）
注3) 簡易舗装では0.7（7）

なお、上層路盤として用いる骨材は、すりへり減量を50%以下とし、粒度調整砕石は所定の粒度とする必要がある。また安定処理に用いる骨材は、修正CBRを20%以上（アスファルトを除く）、PIは9以下（石灰では6～18）かつ最大粒径が40mm以下であることが望ましい。

2) 環境安全性基準と試験方法

第2編3.1.1(2)2)（P.83）およびその解説（P.85）に準ずる。

(3) 課題

①石炭灰は生産地によって組成成分等が異なり、その性質・成分も異なる。特に、重金属類を含む有害物質は、路盤材料に適用する場合に最も注意しなければならない。事前に含有成分等を十分に確

認する必要がある。

②石炭灰は生産地が限られており、施工に際しては、施工規模に見合う十分な量の石炭灰の確保と品質を維持させる貯蔵方法の検討が必要である。

(4) 利用技術

1) 設計

石炭灰を用いた路盤の設計は、「舗装設計施工指針」に示される方法と手順に準ずる。

2) 施工

施工は、「舗装施工便覧」等に示される路盤工の方法と手順に準ずる。

粒径の大きさと物理性状に配慮して、クリンカアッシュを下層路盤へ適用する例が多い。また、アスファルト安定処理用混合物の細骨材と粒度調整砕石の細粒分の補足材料として利用することも可能である。ただし、使用用途に応じた所要の品質性能および環境安全性の確認を行わなければならない。

3) 記録および繰返し利用性

発注者は施工図面、数量等の設計図書を、石炭灰の試験成績票とともに保存し、繰返し再生利用と処分に際して利用できるように備えるものとする。

繰返し再生利用と処分を行う際には、発注者は土壌環境基準を満たしていることを確認するとともに、以前の使用時の設計図書等の内容を確認の上、適切に対応しなければならない。

(参考文献)
1) ㈳土木学会：石炭灰の土木材料としての現状と展望―埋立、盛土、地盤改良―、1990年3月
2) アッシュ情報調査センター：石炭灰有効利用ガイド「一般産業編」、1989年3月

3.3.3 路床材料

(1) 適用範囲

本項は、分級などの処理を施していない原粉を路床材料に使用する場合に適用する。

(2) 試験評価方法

1) 品質基準と試験方法

石炭灰を用いた路床材料の品質基準は、「舗装設計施工指針」・「舗装施工便覧」を準用する。

品質基準に定められた各品質項目の試験は、「舗装試験法便覧」に示される方法による。

石炭灰は、凍上抑制層用材料および遮断層用材料に主として使用される。凍上抑制層の材料としては、一般に排水性がよく、凍上を起こしにくい砂・切込砂利・クラッシャラン等が用いられている。凍上を起こしにくい材料の目安を表3.3.3-1に示す。

石炭灰を凍上抑制層に適用する場合は、表3.3.3-1の条件を参考にするとともに、凍上試験によって凍上を起こしにくいことを確認する必要がある。

表3.3.3-1　凍上を起こしにくい材料の目安

材料名	摘　要
砂	75μmふるいの通過質量百分率が、全試料の6％以下となるもの。
切込砂利	全試料について75μmふるいを通過する量が、4.75mmふるいを通過する量に対して9％以下となるもの。
クラッシャラン	全試料について75μmふるいを通過する量が、4.75mmふるいを通過する量に対して15％以下となるもの。

(社)日本道路協会「舗装施工便覧」

　遮断層用材料には、川砂・切込砂利または良質な山砂（75μmふるい通過量が10％以下）などが用いられるが、クリンカアッシュとシンダアッシュはこの用途にかなう材料であり、粒度特性を確認し使用の可否を検討しなければならない。

2)　環境安全性基準と試験方法

　石炭灰を路床用材料に適用する際の環境安全性は、第2編3.1.1(2)2)（P.83）に準ずる。

(3) 利用技術

1)　設　計

「舗装設計施工指針」に準じて設計する。

2)　施　工

適用用途に応じ「舗装施工便覧」等に示される方法と手順に準ずる。

（参考文献）
1)　(社)土木学会：石炭灰の土木材料としての現状と展望—埋立、盛土、地盤改良—、1990年3月

3.3.4　盛土材

(1) 適用範囲

　本項は、分級などの処理を施していない原粉を盛土材に使用する場合に適用する。

(2) 試験評価方法

　盛土構造物は、その使用目的により機能も様々である。盛土に使用する無処理の石炭灰は、盛土構造物の各指針・基準における盛土材に要求されるものと同等の性能を有することを原則とする。
　表3.3.4-1に盛土の種類と機能を示す。

表3.3.4-1　盛土の種類と機能

種　類	主な役割	所要条件	一般的な法面勾配
道路盛土	交通荷重の支持	①　十分な支持力 ②　沈下量、不同沈下が少ないこと ③　のり面の安定	1:1.5〜1:2.0
鉄道盛土	交通荷重の支持		1:1.5〜1:2.0
造成地盛土	建物、施設の荷重		1:1.8〜1:2.0

盛土の品質基準は、次の仕様書・指針・基準などを参照するものとする。
- 国土交通省：「土木工事共通仕様書」
- 農林水産省：「土地改良事業計画設計基準」
- 日本道路公団：設計要領 第二集、「土木工事共通仕様書」
- 都市基盤整備公団：「工事共通仕様書」
- 「日本道路協会：「道路土工 土質調査指針」
- 「日本道路協会：「道路土工 のり面と斜面安定工指針」

各用途別の要求品質は、第2編3.1.1(2)1)（P.83）およびその解説（P.84）に準ずる。

リサイクル材料を盛土に使用する際に最も注意しなければならないことは、地盤としての環境安全性である。したがって、その材料である石炭灰を対象に、環境安全性に関する試験を行い、基準を満足することを確認する必要がある。環境安全性が基準を満足できなければ、無処理での盛土への採用はできない。環境安全性の評価は第2編3.1.1(2)2)（P.83）およびその解説（P.85）に準ずる。

(3) 利用技術

無処理の石炭灰を盛土に使用する場合についての設計基準は、特に定められていないので、発注者の指定する指針・基準等に準ずる。また、締固めの品質管理・施工管理・施工機械の選定にかかわる項目は、発注者の定める仕様に従い、予め試験工事等を実施し施工が出来ることを確認する。

盛土の材料に望まれる要件は、その用途（道路・鉄道・宅地等）および構成部分（上部路体・下部路体等）により異なるが、基本的には、崩壊に対する安定性の確保・圧縮性・自重と上載荷重に対する支持力の確保である。これらは盛土の強度に関わってくる。盛土の強度確保のためには、造成時の締固めなどが重要な要因となる。石炭灰を適切な含水比で加湿し転圧締固めを行えば、盛土材として十分な強度が発現する。盛土に使用する石炭灰の強度発現は、締固め密度によって大きく変化する。転圧せずに盛り立てた低い密度の石炭灰地盤では、強度発現がほとんど期待できず、法面崩壊などの事故を起こすような事態を生じる可能性がある。十分に締め固めた場合は、N値が10～50の強度が得られている。

（参考文献）
1) ㈳地盤工学会：盛土の調査・設計から施工まで
2) ㈶土木研究センター：建設発生土利用技術マニュアル（第2版）
3) ㈳地盤工学会：廃棄物と建設発生土の地盤工学的有効利用

3.3.5 中詰め材

(1) 適用範囲

本項は、分級等をしていない原粉を中詰材に使用する場合に適用する。

中詰めとは、鋼製またはコンクリート部材で囲まれているところに、構造体の一部（加重材または充填材）として材料を充填し利用するものである。

(2) 試験評価方法

環境安全性基準と試験方法は第2編3.1.1(2)2)（P.83）およびその解説（P.85）に準ずる。

ただし、特殊な場合で直接地盤と接しないような処置を施された（側面および底面が完全に遮水されている）場合は、「土壌・地下水汚染に係る調査・対策指針運用基準」（環境庁水質保全局平成11年1月29日）に示されている「封じ込め」と考え、溶出基準は表3.3.5-1に示すような溶出量を採用してもよい。

表3.3.5-1 「封じ込め」の溶出量基準値

項　　　目	溶出量値Ⅱ
カドミウム	0.3mg/ℓ
全シアン	1 mg/ℓ
有機燐	1 mg/ℓ
鉛	0.3mg/ℓ
六価クロム	1.5mg/ℓ
砒素	0.3mg/ℓ
総水銀	0.005mg/ℓ
アルキル水銀	検出されないこと
PCB	0.003mg/ℓ
チウラム	0.06mg/ℓ
シマジン	0.03mg/ℓ
チオベンカルブ	0.2mg/ℓ
セレン	0.3mg/ℓ

(3) 利用技術

中詰めの目的である充填・加重等によって、要求品質が異なる。充填の場合は流動性・強度・非圧縮性であり、加重として中詰めを行う場合は質量である。それらの品質基準はなく、目的に応じてその都度設計により示される場合が多い。

施工時の上部からの投入可能性・輸送の可能性・施工環境等によって、粉体施工あるいはスラリー施工を検討する。粉体で使用する場合は、加湿を行いながら十分に転圧する必要がある。スラリー施工の場合は圧送管を用いるので、施工上の品質（流動性、分離性等）を検討する必要がある。

3.3.6 裏込材

(1) 適用範囲

本項は、分級等をしていない原粉を裏込材に使用する場合に適用する。

(2) 試験評価方法

裏込材は、擁壁・地下構造物等の背面または掘削面と構造物との間を埋める材料のことである。裏込めは地盤の一部となるので、環境安全性基準と試験方法は第2編3.1.1(2)2)（P.83）およびその解説（P.85）に準ずる。

(3) 利用技術

構造物の裏込めの要求品質は、第2編表3.1.1-1（P.84）の「工作物の埋戻し」に示される要求品質に示すとおりとする。施工性を重視する場合は、石炭灰はスラリーにして施工する。

3.3.7 土質改良材

(1) 適用範囲

本項は、分級等をしていない原粉を土質改良材に使用する場合に適用する。「土質改良」とは、軟弱地盤に対して粉体またはスラリー状の石炭灰単体を混合し、石炭灰の自硬性を利用して固化するものである。また、ポゾラン反応による長期強度発現性を期待し、セメントを混合する場合もある。

(2) 試験評価方法

1) 品質基準と試験方法

セメントまたは石灰に準じた配合選定試験を行わなければならない。ただし、基準材齢は石灰系改良材と同一とする。また、土質改良材として、改良硬化に影響を与える自硬性を確認する必要がある。石炭の産地と燃焼方式による石炭灰の化学的組成の違い、特に自硬性の強度発現に大きく関わって来る SiO_2・Al_2O_3・CaO の成分の量が問題となる。石炭灰の自硬性による強度発現は、以下の3種の反応が主体となっている。

①生石灰の水和反応

②石灰分とシリカ・アルミナとのポゾラン反応

③エトリンガイト生成反応

地盤と石炭灰との相性にも配慮するため、事前に室内試験を実施して発現強度を確認する必要がある。

2) 環境安全性基準と試験方法

環境安全性基準と試験方法は第2編3.1.1(2)2)（P.83）およびその解説（P.85）に準ずる。石炭灰は、産炭地によって重金属等の有害物質により基準値を越えることがあるため、図3.3.7-1に示すような出荷管理体制を整えておくことが望ましい。

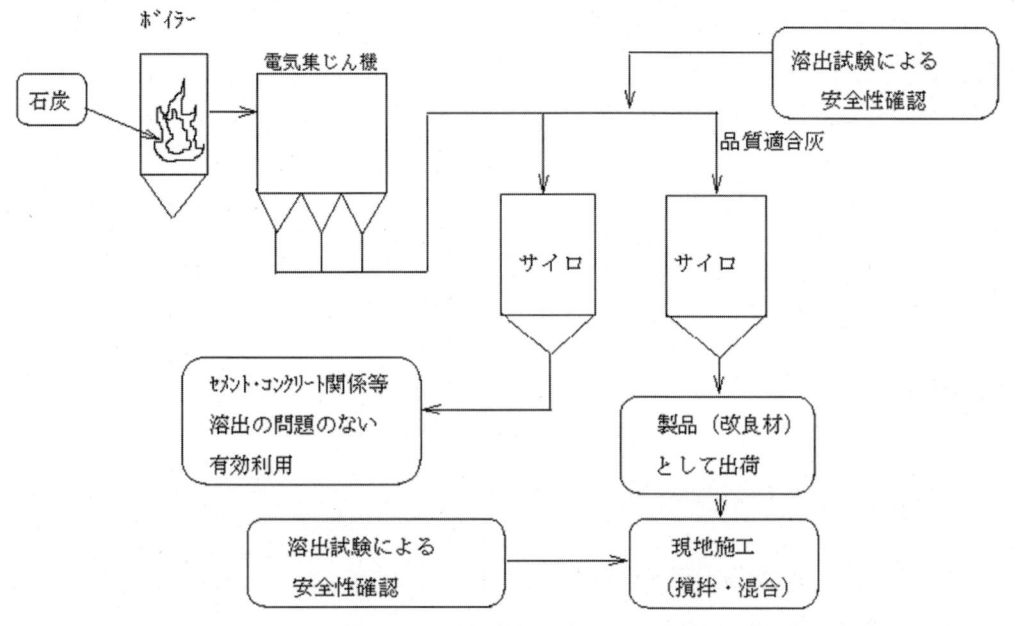

図3.3.7-1　石炭灰の土質改良材としての出荷体制の例

(3) 利用技術

土質改良材に使用する石炭灰は、事前に配合試験を実施し、その効果を確認する。その試験方法はJGS T 821-1990「安定処理土の締め固めをしない供試体作成方法」(地盤工学会)に準ずる。

(利用例)
1) 港湾の浚渫土処理後の造成（岡山県）641トン

(参考文献)
1) 斎藤　直：中国技術の石炭灰利用技術、CCT Jourmal Vol.4、2002年11月
2) 国土交通省中国地方整備局：石炭灰を使った安定処理設計マニュアル、平成13年11月
3) 中国電力株式会社：Geo Seed ジオシード（地盤改良材）、中国電力株式会社　HP http://www.energia.co.jp/energy/general/eco/eco7-5.html.

4 廃ガラス

廃棄物の概要

第2編5（P.128）と同じ。

4.1 粉砕処理

廃ガラスの粉砕処理に関する解説は第2編5.1を参照。

4.1.1 アスファルト舗装の表層用骨材

(1) 適用範囲

ガラスカレット入りアスファルト混合物は、ガラスカレットが有する反射特性（光が当たると反射する）を生かして表層に施工される。路面が光を反射するので、自動車運転手と歩行者の視認性が向上する。また、夜間の道路・照明の少ない山間部道路・見通しの悪い交差点などでは、自動車運転手と通行者に安全上の注意を喚起する。したがって、カレットを混合した舗装は、車道部に使用されることが多い。舗装計画交通量区分では250以上1,000未満台/日・方向（旧要綱のB交通相当）以下の例が多い。耐流動対策を講じることによって重交通道路（実績では舗装計画交通量1,000以上3,000台/日・方向未満の道路）でも試験施工であれば使用可能である。

(2) 試験方法

1) 品質基準と試験方法

適用する道路舗装の種類に応じて「舗装設計施工指針」・「舗装施工便覧」等の品質規格を準用する。

品質基準に定められた各品質項目の試験方法は、「舗装試験法便覧」に示されるそれぞれの方法による。

2) 環境安全性基準と試験方法

環境安全性基準と試験方法は、第2編1.1.1(2)2)（P.26）に準ずる。ガラスは、環境安全面での有害性が少ない素材であるが、不純物が混ざっていたりする場合には有害物質の溶出が懸念される。そのため、よく洗浄されたガラスカレットを使用する必要がある。また、加熱アスファルト混合物に使用する場合には、鋭利な角を有するガラスカレットは、取り扱い上あるいは舗装供用上での安全性の観点から、角取りを行ったものを使用するのが望ましい。

(3) 利用技術

ガラスカレット入りアスファルト混合物の性状を表4.1.1-1に示す。ガラスカレット混入率が大きくなるほど、剥離抵抗性（残留安定度）は小さくなる。したがって、カレットの混入率は10％程度が上限である。これ以上の混入率では、アスファルト混合物特性の所要基準値を満足できない場合がある。

表4.1.1-1　カレット使用混合物の配合および性状

配合種別		標準	A-1	A-2	B-1	B-2
骨材配合比率（%）	砕石6号	37.5	32.5	27.5	37.5	37.5
	砕石7号	20.0	15.0	10.0	20.0	20.0
	粗砂	32.0	32.0	32.0	20.0	10.0
	細砂	5.0	5.0	5.0	6.5	6.5
	石粉	5.5	5.5	5.5	6.0	6.0
	カレット13.2〜4.75mm	—	5.0	10.0	—	—
	カレット4.75〜2.36mm	—	5.0	10.0	—	—
	カレット2.36mm以下	—	—	—	10.0	20.0
最適As量　（%）		6.4	6.4	6.3	6.1	5.9
マーシャル密度（g/cm³）		2.338	2.342	2.322	2.344	2.341
空隙率（%）		4.5	3.7	4.1	4.1	3.9
飽和度（%）		76.2	79.6	77.5	77.0	77.3
安定度（kN）		11.5	12.1	10.3	10.9	9.4
フロー値（1/100cm）		30	30	27	29	26
残留安定度（%）		95.8	94.4	86.0	94.2	89.5
動的安定度（回/mm）		490	320	—	320	—
すべり抵抗値（BPN）	研磨前	63	70	57	58	60
	研磨後	57	53	53	51	51
反射率（%）	研磨前	5.19	4.83	5.11	5.33	4.99
	研磨後	4.98	4.89	5.12	4.92	4.67

　供用後のガラスカレット入りアスファルト舗装の追跡調査結果を表4.1.1-2に示す。（舗装計画交通量1,000≦T＜3,000（台/日・方向）未満の道路）

表4.1.1-2　供用後の路面性状調査結果

項目		ガラスカレット入り舗装		密粒度アスファルト混合物（13）	
		建設時	4年後	建設時	4年後
縦断形状 σ（mm）		1.8	1.97	—	—
横断形状（mm）		1〜2	2〜4	—	—
すべり抵抗値（BPN）		58.4	60.7	62.0	64.0
動摩擦係数（μ）	20km/h	0.56	0.67	0.60	0.68
	40km/h	0.51	0.62	0.54	0.64
	60km/h	0.47	0.60	0.50	0.62

　路面観察では、供用2年以降にガラス骨材の若干の飛散が認められるが、路面の性状は一般舗装

（密粒）と大差ない。路面の反射効果と視認性は、4年経過した状態でも良好な機能を維持している。

アスファルトプラントにおけるガラスカレットの投入方法には、「間接加熱方式」と「直接加熱方式」があるが、その概要を表4.1.1-3に示す。

表4.1.1-3　カレットの投入方法

種別	間接加熱方式	直接加熱方式
投入方法	カレットを常温のままミキサに計量投入し、高温材との熱交換により加温乾燥させ混合物とする。	一般の骨材と一緒にドライヤを通して加熱乾燥させ、振動ふるいで分級されたものを計量混合する。
利点	1) 一般の混合物とカレット使用混合物との製造切り替えが容易に行える。 2) カレット投入量の管理を確実に行える。 3) 再生骨材の投入装置を利用できる。 4) 再生骨材投入装置を用いることにより、都市型に多いサイロ式骨材貯蔵のプラントでも対応できる。	1) ドライヤを通して加熱乾燥するため、多少含水比が高くても支障ない。また、多量の投入にも対応できる。 2) 振動ふるいにより分級されるので、粒径の大きなガラス片はオーバーサイズとして除去される。 3) コールドホッパ式骨材供給設備であれば、これを利用できる。
欠点	1) カレットの含水比が高い場合や多量の投入には無理がある。 2) カレットをミキサに直接投入するため、粒径の大きいガラス片が混入していた場合、そのまま混合物に入ってしまう。	1) 一般混合物とカレット使用混合物との製造切り替えを行う場合、ストックされた加熱骨材を完全に抜取らなければならず、効率が悪い。 2) カレット使用混合物の製造開始時は、投入量がばらつく可能性があり、これを防ぐためには安定するまで加熱骨材を抜取ればよいが、この骨材は一般用に使えない。

ガラスカレットを使用した混合物は、ロードローラによる転圧作業時に、混合物中のカレットが粉砕され細粒化する懸念がある。しかし、これまでの施工例では、このような現象はほとんど認められていない。さらに供用後の路面では、走行車両によってカレットが飛散することにも注意する必要がある。

ガラス入り舗装を破砕・分級した「ガラス入り再生骨材」は、通常のアスファルトコンクリート用再生骨材と同様に使用できることが実証されている。ただし、ガラスカレットの使用量の増大に伴うアスファルト混合物の性状低下と、舗装の繰返しリサイクルによる再生アスファルト混合物へのカレットの蓄積を考慮して、ガラス混合率は10％程度以下を目途とする。

(4) 課題

① 利用実績

ガラスカレット入りアスファルト混合物の適用例は多い。これらの例をもとに得られた課題は、ガラスカレットのはく離の抑制と走行自動車によるガラスカレットの飛散の防止である。

② 供給性

ガラスカレットを製造する製びん工場は大都市に集中しているため、必要量の効率的な入手が可能

か調査する必要がある。

③ 繰返し利用性

施工後8年のガラス入り舗装の再生舗装（ガラス入り舗装を剥ぎ取り、破砕・分級したガラス入り再生骨材使用）を一般公道に適用した施工時の調査結果によると、以下の知見が得られている。

　1) ガラス入り再生骨材の性状（密度・粒度・アスファルト量・回収アスファルトの針入度等）は、通常の再生骨材とほぼ同様の結果を示す。

　2) 混合物性状試験（水浸マーシャル安定度試験・ホイールトラッキング試験）は基準値を満足するが、ガラス混入率の増加に伴い動的安定度が低下するため、ガラス混入率は10％が上限である。

　3) 路面の反射特性である輝度は、通常のアスファルト舗装以上の値を示す。

　4) 作業性・転圧時の挙動・仕上がり性等の施工性は、通常のアスファルト混合物と同じである。

したがって、ガラス混入率が10％を超えなければ繰返し利用が可能である。

④ 経済性

ガラスカレットを購入する場合には天然骨材使用よりも割高となる場合もある。

⑤ 必要性

建設資材としての利用はカレットの大量消費につながるので、その採用が期待されている。

⑥ 二酸化炭素の発生量

ガラスは、岩石などに組成が近い無機質である。またガラスカレットは、廃ガラスびんを細かく砕き粒度選別して製造するので、破砕工程において電力が消費される。したがって、その電力を作るための二酸化炭素が発生する。

（利用例）

1) 内山、池崎、飯田：ガラス入り合材の性状および試験舗装、第20回日本道路会議論文集、1993年
2) 湯川、井山、下田：ガラスびんカレットのアスファルト舗装への再利用、舗装、1997年4月
3) 内山、池崎、永島：ガラス入りアスファルト舗装の長期供用性、舗装、1998年10月
4) 岡本、針谷、口分田：ガラスカレット入りアスファルト混合物の反射特性、舗装、1999年3月
5) 山内、大和、鈴木：施工後8年のガラス入り舗装の再生舗装について、第24回日本道路会議論文集、2001年

（参考文献）

1) 竹下、野瀬、関、佐野：光反射型舗装の施工事例について、土木学会第49回年次学術講演会、1994年
2) 古川、藤林：廃ガラス骨材入りアスファルト混合物の性状、第21回日本道路会議論文集、1995年
3) 阿部、吉田：破砕ガラスを利用したアスファルト舗装施工事例、第21回日本道路会議論文集、1995年
4) 島村、中田、守田：最終処分場におけるガラス廃材のアスファルト舗装への適用例、第21回日本道路会議論文集、1995年
5) 大道、藤井、打田：ガラス系リサイクル骨材を用いた加熱混合物についての一考察、第22回日本道路会議論文集、1997年
6) 市川、金城、佐々木：ガラス廃材混入アスコンの性状について、第22回日本道路会議論文集、1997年
7) 今井、増井、樋山：ガラス粒混入アスファルト混合物に関する2、3の検討、第22回日本道路会議論

文集、1997年
8) 肉丸、半田、田中：ガラス系不燃物のアスファルト舗装への再利用、第22回日本道路会議論文集、1997年
9) 井山、下田：ガラスびんのアスファルト舗装への再利用、第22回日本道路会議論文集、1997年
10) 岡本、針谷、口分田：廃ガラス入りアスファルト混合物の施工事例、第22回日本道路会議論文集、1997月
11) 内山、池崎、永島：ガラス入り舗装の長期供用性とその再生の可能性について第22回日本道路会議論文集、1997年
12) 谷越、杉本、奥村：硝子屑を利用したアスファルト舗装、第22回日本道路会議論文集、1997年

4.1.2 樹脂系舗装の表層用骨材

(1) 適用範囲

本項は、ガラスカレット入り樹脂系混合物（骨材の一部あるいは全部にカレットを用いたポリマー系舗装材）を、歩行者系舗装として用いる場合に適用する。

(2) 試験評価方法

ポリマー系舗装材料に関する品質規格（歩行者系ポリマー舗装材料：推奨規格および施工要領、平成5年・ポリマー舗装材料協会）を表4.1.2-1に示す。

表4.1.2-1　ポリマー系舗装材料の品質規格

項目 舗装の種類	促進耐候性	すべり抵抗性（BPN値）湿潤	すべり抵抗性（BPN値）乾燥	接着性（接着強さ）（N/cm²）	耐摩耗性（摩耗量）（mg）	透水性（透水係数）（cm/sec）
樹脂モルタル舗装	良好	45<	65<[注2]	100<または下地破砕	1,000>	—[注1]
天然玉砂利舗装	良好	45<	65<[注2]	100<または下地破砕	1,000>	1×10^{-2}<

注1）：舗装材料自体その性能を有していないため、または測定困難なため設定せず。
注2）：乾燥路面のすべり抵抗は、参考値とする。

また、ガラスカレット入りポリマー舗装材料の物性を表4.1.2-2に示す。

表4.1.2-2　ポリマー舗装材料の物性

項目	物性値	備考
曲げ強度	8.6（MPa）	JIS A 5209-1994
圧縮強度	29.2（MPa）	
すべり抵抗	95～98（dry） 49～54（wet）	ASTM E-303 ASTM E-303
透水係数	2.0×10^{-2} cm/sec	JIS A 1218に準拠
耐摩耗性	0.011 g	JIS A5209-1994

ポリマー舗装は、材料の色合いを生かし景観に配慮した舗装が施工可能である。排水性舗装などの

機能性舗装として利用される場合もある。

使用するポリマーは、舗装用材料としての耐久性や耐候性などに優れたものを選定する必要がある。また、ガラスカレットの吸水率は低く、ポリマーとのなじみが悪いので、ポリマーの選定にあたっては、ガラスカレットの接着性を吟味する必要がある。

(3) 課題

①園路と歩道等に施工されることが多い。歩行者とくに幼児と高齢者が転んだ場合などの安全性を確保する必要がある。ガラス骨材の破砕面を丸く加工し、路面にトップコートを散布するなど歩行者に対する配慮が必要である。

②繰返し再生利用の可能性についての検討が必要である。

(参考文献)
1) 兵藤、伊藤：廃ガラスを利用した舗装、第21回日本道路会議論文集、1995年
2) 永渕、藤村、吉村：廃ガラスびん等を利用した反射型景観透水性舗装の検討、第22回日本道路会議論文集、1997年
3) 廣田、小野田、永瀬：高輝度反射型舗装の現場適用例－視認性向上－、第22回日本道路会議論文集、1997年
4) 大道、宇藤、小佐々：ガラス系再生資材を用いた樹脂舗装について、第22回日本道路会議論文集、1997年
5) 吉村：廃ガラスびんの舗装への適用例、第22回日本道路会議論文集、1997年
6) 難波、吉村：廃ガラスびんカレットを使用した薄層カラー樹脂モルタル舗装、舗装、1998年5月
7) 宇藤、深田、野本：リサイクルガラスの：舗装に対する適用について、第24回日本道路会議論文集、2001年

4.1.3 インターロッキングブロック用骨材

(1) 適用範囲

本項は、ガラスカレットをインターロッキングブロック用骨材として使用する場合に適用する。

(2) 試験評価方法

インターロッキングブロック協会の品質および寸法の規格を表4.1.3-1、表4.1.3-2に示す。

ガラスカレットはコンクリート骨材の一部として使用する。

表4.1.3-1 インターロッキングブロックの強度および透水係数

種類	曲げ強度	透水係数
普通インターロッキングブロック	4.9N/㎟	―
透水性インターロッキングブロック	2.9N/㎟	1×10^{-2}cm/sec 以上

表4.1.3-2 インターロッキングブロック寸法の許容差

種類	長さ	幅	厚さ
普通インターロッキングブロック	±3mm	±3mm	±3mm
透水性インターロッキングブロック			+5mm、−1mm

ガラスカレットは、アルカリ骨材反応を生じる恐れがあるので、コンクリート中のアルカリ量を3 kg/m³以下にして使用しなければならない。

(3) 利用技術

1) 設計方法

ガラスカレットを用いたインターロッキングブロック舗装の設計手順は、通常のインターロッキングブロック舗装と同様である。

2) 施工方法

施工手順は、通常のインターロッキングブロック舗装と同様である。

3) 記録および繰返し利用性

ガラスカレットをインターロッキングブロック舗装に利用する場合、発注者は使用材料調書（ガラスカレットの試験成績票を含む）・施工図面・配合設計書等の工事記録を保存し、繰返し再生利用と処分に際して利用できるように備える。

ガラスカレットは、その性質が大きく変化するものではないので、再利用しても特に支障はない。

(4) 課題

①ガラスカレットは、セメントモルタルとの付着性が良くないので、規格を満足するブロックを製造するためには、ガラスカレットの混入量を制限するかポリマーコンクリートとする必要がある。ポリマーコンクリートを用いた場合には、通常のインターロッキングブロックより製造費用が高くなる。

②ガラスを表面に出し光を反射させることで、意匠性をもたせることができる。逆に、ガラスを表面に出したくない場合には、表面の仕上げにガラスカレットを使用せず、通常のモルタルを用いればよい。なお、表面にガラスを出す場合には、歩行者が転んだ際の安全に配慮して、ガラスカレットは破砕面を丸く加工したものを用いる。

③ブロック自体が破損していない場合には、そのまま再利用が可能である。また、透水性ブロックの透水性能が低下した場合には、高圧水による洗浄を行う。破損したブロックは、破砕して再度ブロック用の材料にするかあるいは路盤材料に混合して利用する。

4.2 溶融・発泡

4.2.1 緑化保水材

発泡廃ガラスは、多孔質連続間隙構造で軽量かつ強固な特性をもっており、製造条件により密度および吸水・非吸水が調節可能である。発泡廃ガラスの中でも特に吸水性の大きいものは、屋上緑化や斜面緑化等の緑化保水材として利用されている。発泡廃ガラスの利用形態は、塊状・粗粒状および板状がある。

都市部に多く林立する高層建築物の屋上を緑化することで、ヒートアイランド対策と生態系の回復に有効である。屋上緑化は東京都など一部の都市で条例化され施工されている。

(1) 課題

① ガラスカレットの品質向上

　原料としてガラスカレットを使用する場合、市町村の分別収集により回収したガラスカレットの品質を向上させることが重要である。異物として、特に問題となっているのは、非鉄金属類・陶磁器・石類、異質ガラス（耐熱食器・調理器等の結晶化ガラス・電球・蛍光灯等）である。現状では、回収された空きびんに混入してくる異物を完全に除去することが困難であるため、異物混入による生産設備への影響や製品歩留まりの影響等の問題が生じている。ガラスカレットの利用率をさらに高めるためには、カレットの発生段階での異物混入防止の徹底とカレット処理段階での品質向上が必要である。

　消費者と地方自治体が資源を分別排出・収集する段階で、異物の混入を極力排除する仕組みと普及啓発活動が課題となる。

② 輸送コスト

　原料（ガラスカレットあるいはガラスびん）の輸送コストおよび発泡廃ガラスの輸送コストによっては、製品価格の上昇が問題となる。製品価格の上昇を防ぐためには、安定した需給関係を構築することが課題となる。

(2) 利用例

① 屋上緑化

　塊状あるいは粗粒状の発泡廃ガラスを使用する場合には、遮水シートまたは防水マット上に発泡廃ガラスを敷設し、上部を吸出し防止マットにて被覆させ、排水層と保水層を併用させた排水・保水マット層を構築する。この排水・保水マット層の上部に、培養土などの植生層を設置して屋上緑化を実施する。一方、板状の発泡廃ガラスを利用する場合には、排水・保水マット層は、遮水シートまたは防水マット上にポリエステル製の排水マットを敷設し、その上部に板状の発泡廃ガラスを保水層として設置する。

　屋上緑化では、床面への積載荷重の制限（荷重制限量としては1 m²当たり80kgが標準）があるが、発泡ガラスを利用することにより積載荷重を約30kgまで軽量化できた例もある。

　なお、屋上緑化と屋上庭園を併用する場合には、低・高木の樹木を植樹させることになるため、保水を考慮して約1 mの植樹層を設けているのが一般的である。発泡廃ガラスを使用する場合、保水効果に優れているため、植樹層が30〜50 cmと従来の半分以下の厚さで済んだ例もあり、建築物への負担を大幅に低減することが可能である。

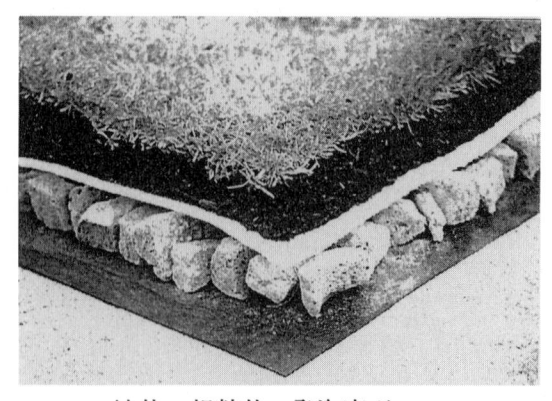

塊状・粗粒状の発泡廃ガラス 　　　　　　発泡廃ガラスボード

図4.2.1-1　発泡廃ガラスを用いた屋上緑化[1]

② 斜面緑化への利用

　粗粒状発泡ガラスの植物生育基盤材への混合および板状のセメント製品に発泡廃ガラスを埋込んだガラスボードを用いる2通りの岩盤斜面緑化が実施されている。なお、ガラスボードは厚層基盤材の滑り抑止と保水性向上のために設置される。

　多孔質で連続間隙を有している発泡廃ガラスは吸水性に優れ、植物の生育に必要とされる基盤内間隙を保持して草木類の生育を助け、根系の発育を良好にさせる。

　発泡廃ガラスは、化学的に安定しているので有害物質の流出はない。また、軽量であるために優れた耐久性と施工性も有している。したがって、発泡廃ガラスを斜面の生育基盤材に混合することにより、保水性が向上し、長期にわたり保水性に富む斜面の緑化が形成可能となる。

（利用例）
1) 佐賀県東松浦郡北波多村　村道徳須恵～大杉線道路改良工事　斜面緑化工事
2) 佐賀県東松浦郡北波多村　帆柱農免道路斜面工事（試験施工）
3) 佐賀県伊万里市内　国見水平地区　ぼた斜面工事（試験施工）
4) 福岡県アクロス福岡・屋上緑化
5) ゴルフ場ＦＷ排水改良工事（スーパーソル）
6) ＰＨＰ本社屋上緑化工事（スーパーソル）
7) 北大阪急行既設配車庫屋上緑化工事（スーパーソル）

ガラスボードの設置状況　　　　　　従来工法との比較

発泡廃ガラスボード

図4.2.1-2　発泡廃ガラスを用いた岩盤斜面緑化[2)、3)]

（参考文献）
1) 原　裕・鬼塚克忠・佐藤磨美・桃崎節子：ガラスの資源化―発泡廃ガラス材を用いた屋上緑化、廃棄物学会、第12回廃棄物学会研究発表会講演論文集Ⅰ、pp.469～471、2001年
2) 原　裕・鬼塚克忠・江口厚喜・佐藤磨美：ガラス廃棄物の再資源化―発泡廃ガラス材を用いた斜面緑化工法―、廃棄物学会、第11回廃棄物学会研究発表会講演論文集Ⅰ、pp.483～485、2000年
3) 原　裕・鬼塚克忠・佐藤磨美・桃崎節子：環境に配慮した斜面緑化の事例―発泡廃ガラス材を用いた緑化―、地盤工学会、土と基礎、Vol.49、No.10、pp.13～15、2001年
4) 原　裕・鬼塚克忠・横尾磨美・桃崎節子：発泡廃ガラス材を用いた斜面緑化工法、地盤工学会、土と基礎、Vol.47、No.10、pp.35～37、1999年
5) 新環境管理設備事典編集委員会編：廃棄物処理・リサイクル、㈱産業調査会事典出版センター、pp.176-179
6) 飲料容器のリサイクル戦線第3回「ガラスびんリサイクル促進協議会の活動状況」、都市と廃棄物 Vol.31、No.10、2001年
7) 財団法人建設物価調査会：建設用リサイクル資材ハンドブック、2000年12月

4.2.2　湧水処理材

湧水が多い場所での緑化工事では、植物の根腐れや植物生育基盤材の剥離や流出が生じる。この湧水処理のため、発泡廃ガラスを利用することが有効である。

(1) 課題

第3編4.2.1(1)（P.190）に準ずる。

(2) 利用例

特に湧水が多い切土法面での適用例がある。当該地では、過去2回にわたり生育基盤材による緑化工法が試みられた。降雨による湧水が多く、生育基盤材の剥離あるいは流出がある困難な状況において、発泡廃ガラスを湧水処理材として利用して植物の育成環境を改善させた例がある。

発泡廃ガラスと現地発生土を土嚢詰めにし、現場打ち吹付け法枠内に敷設することで、湧水の排水効果を図った。その結果、土嚢詰めした発泡廃ガラスが水分を吸水・保水し、植物生育基盤材へ供給することも可能になった。幽邃処理材としての発泡廃ガラスの使用は、降雨時の湧水処理にも優れ、湧水による斜面の浸食防止と植物生育基盤材吹付けの植生基盤として効果が期待できる。

湧水処理した法面 　　　　　　その後の緑化状態

発泡廃ガラスを混入した土嚢を法枠内に設置した状態

図4.2.2-1　発泡廃ガラスを用いた湧水処理材[1]、[2]

(参考文献)
1) 原　裕・鬼塚克忠・江口厚喜・佐藤磨美：ガラス廃棄物の再資源化—発泡廃ガラス材を用いた斜面緑化工法—、廃棄物学会、第11回廃棄物学会研究発表会講演論文集Ⅰ、pp.483〜485、2000年
2) 原　裕・鬼塚克忠・佐藤磨美・桃崎節子：環境に配慮した斜面緑化の事例—発泡廃ガラス材を用いた緑化—、地盤工学会、土と基礎、Vol.49、No.10、pp.13〜15、2001年
3) 原　裕・横尾磨美・江口厚喜・桃崎節子：発泡廃ガラス材を用いた斜面緑化工法の事例—湧水処理と植生の保水材として—、地盤工学会、地盤工学における生態系を考慮した環境評価に関するフォーラム（第2回）、pp.43〜48、1999年

4.2.3　地盤改良材

　発泡廃ガラスは、安定処理混合材として軟弱地盤の深層混合処理・路床土の浅層混合処理・圧密促進のためのドレーン材への適用例がある。

(1) 課題

第3編4.2.1(1)（P.190）に準ずる。

(2) 利用例

初期含水比が大きいシルト質粘土などの軟弱な路床土において、石灰やセメントによる地盤改良が一般的に行われている。石灰やセメントの他にさらに発泡廃ガラスを改良材として用いた事例（図4.2.3-1）がある。

石灰やセメント単独の場合より大きな改良効果が得られる。一方、石灰やセメントの混合量も削減できる。これは、石灰やセメントとの水和反応による含水量の低下と、粗骨材としての発泡廃ガラスの吸水性の効果の相乗効果によるものである。

発泡廃ガラスは、製造条件により吸水性と絶乾密度が異なる。発泡廃ガラスを地盤改良材へ適用する場合は、比較的吸水性が小さいものを用いる方が良い。

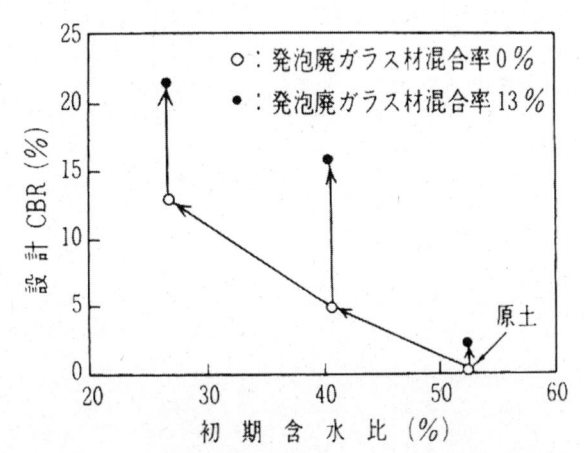

図4.2.3-1 初期含水比の違いによる地盤改良効果[1]、[2]

（利用例）
・佐賀県東松浦郡鎮西町波戸地内　道路工事

（参考文献）
1) 鬼塚克忠・横尾磨美・原　裕・吉武茂樹：発泡廃ガラス材の工学的特性と有効利用の一例、地盤工学会、土と基礎、Vol.47、No.4、pp.19〜22、1999年
2) 吉竹茂樹・鬼塚克忠・原　裕・落合一明・岡部弘幸：廃ガラス材を利用した軟弱路床土の改良、第33回地盤工学研究発表会、pp.2521〜2522、1998年
3) 財団法人建設物価調査会：建設用リサイクル資材ハンドブック、平成12年12月

4.2.4 軽量骨材

(1) 課題

第3編4.2.1(1)（P.190）に準ずる。

(2) 利用例

発泡廃ガラスのうち、独立間隙構造を有する非吸水性のものは、軽量で断熱性能に優れ、強度が大きい。この特性を利用して、コンクリート二次製品の軽量骨材に使用して、防音材・保温材を製造し

た事例がある。発泡廃ガラス骨材は、アルカリ骨材反応に対する防止対策を行って、コンクリート二次製品に使用すれば、製品の軽量化を図ることもできる。また、軽量コンクリートだけでなく、軽量アスファルト用骨材としての適用も可能である。

軽量骨材　　　　　　　　　　軽量骨材を利用した透水床板

図4.2.4-1　発泡廃ガラスの軽量骨材[5]

表4.2.4-1　発泡廃ガラス軽量骨材の性能[5]

品名	粒度 (mm)	単位容積質量 (kg/ℓ)	点荷重強度 (kgf)	吸水率 24h (%)	熱伝導率 (kcal/mh℃)
1号	1.2アンダー	0.38～0.48	1～2	10以下	0.086
2号	1.2～2.5	0.29～0.42	3～5	10以下	
3号	2.5～5.0	0.26～0.38	3～7	10以下	
3M	5.0アンダー	0.36～0.47	1～7	10以下	

表4.2.4-2　発泡廃ガラス軽量骨材の化学組成[2]　（mass%）

Ig.loss	SiO_2	Al_2O_3	Fe_2O_3	MgO	CaO	Na_2O	K_2O	SO_3
1.3	68.2	6.3	0.6	0.6	9.5	11.7	1.3	0

（利用例）
1)　大阪学院大学2号館新築工事（軽量骨材、スーパーソル）

（参考文献）
1)　(財)クリーン・ジャパン・センター編：廃棄物リサイクル技術情報一覧（産業廃棄物編改訂版）、pp.231～232、2001年3月
2)　山本達：超軽量・高強度・低吸水性廃ガラス骨材の開発、クリーンジャパン139号、pp.26～28、2001年
3)　原　裕・鬼塚克忠・横尾磨美・安田功：ガラス廃棄物の再資源化—建設分野への利用—、第10回廃棄物学会研究発表会講演論文集、pp.445～447、1999年
4)　横尾磨美・原　裕・石川達夫：発泡廃ガラス材を用いた軽量コンクリートの基礎的研究、土木学会、シンポジウム「コンクリートと資源の有効利用」、pp.II-85～92、1998年
5)　財団法人建設物価調査会：建設用リサイクル資材ハンドブック、2000年12月

5 廃ゴム（廃タイヤ）

廃棄物の概要

2003年の廃タイヤの生産量は104万トン、リサイクル率は87％である。

廃ゴムと廃タイヤは、舗装材や舗装用ブロック・タイルなど道路用材や公園・遊戯広場等における造園材としての利用が一般的である。廃タイヤを利用する場合の処理方法には、現場で直接使用が可能な材料とする（マテリアルリサイクル）方法と工場で材料として使用する（プロダクトリサイクル）とがある。それら利用形態の長所、短所および課題を表5-1に示す。

表5-1 工場製品として利用する場合の課題

利用方法		長所	短所	課題等
マテリアルリサイクル	再生ゴム	コンパウンドの加工性改良ゴムとして再利用	物性低下が大きい コストメリットはない	タイヤへの利用は、困難。加工性を生かしたタイヤ以外への適用は可。
	ゴム粉	ゴムの弾性が活用可能 多様な形状に加工可能	ゴム配合物としては物性低下が大 コストが高い	需要拡大可能性有り。表面改質処理技術が開発されれば用途拡大可能である。
プロダクトリサイクル	更生タイヤ	タイヤとして再利用 コストメリットがある	需要増期待薄い	乗用車用更生タイヤは販売が難しい環境にある。

廃タイヤの利用のためのリサイクル処理技術には、表5-2に示す5種類の方法がある。

表5-2 タイヤのリサイクル方法[1]

リサイクル方法	形態	主用途
① マテリアルリサイクル a．オープン　材料ごとに分解・分別して、他の製品の材料として使用する。	ゴム粉	鉄道用軌道パッド・工事保護用マット・ゴム弾性舗装材・ゴムブロック・凍結防止舗装材・透水性舗装材
	再生ゴム	ベルト・ホース・ゴム板・工事用ゴム製品
b．クローズド　材料ごとに分解、分別し同一製品の材料に再利用する。	ゴム粉 再生ゴム	農業用タイヤ等のゴムコンパウンド等
② プロダクトリサイクル　再生処理をして、製品の長寿命化を図る。	原形のまま	再生タイヤ
③ ケミカルリサイクル　熱分解・化学分解によって低分子の材料等に還元する。	ガス・カーボンブラック・活性炭	燃料・配合剤・吸着剤等
④ サーマルリサイクル　熱エネルギー利用	カット・原形	セメント用燃料・金属精錬用燃料・ボイラー・発電等
⑤ 原形利用（他に転用する）	原形のまま	防舷材・魚礁・土留め・遊戯具等

①～③は加工利用、④は熱利用、⑤は原形利用ともいわれる。

廃ゴムと廃タイヤを造園材に適用した事例は文献2)にも示されているが、芝生・グラウンド透水型人工芝ゴムチップ2層マット・衝撃緩和性床材遊戯面の安全マット・防草用シート等がある。

(参考文献)
1) 社団法人 日本自動車タイヤ協会：タイヤリサイクルハンドブック、2000年8月
2) 財団法人 建設物価調査会：建設用リサイクル資材ハンドブック、2000年12月

5.1 粉砕・再生処理

(1) 処理の概要

① 粉砕処理（ゴム粉）

ゴム粉の生産は、常温における機械破砕が主流である。液体窒素で冷凍してから破砕する冷凍粉砕法も実用化されている。超高圧水を用いる方式・二軸スクリュータイプ押出機を用いて粉砕する方式等の実用化も海外で検討されている。

冷凍粉砕によるゴム粉は、粒子を0.1mm程度まで小さくすることができるが、コストが高いので、あまり広くは用いられていない。

② 再生処理（再生ゴム）

再生ゴムは、廃タイヤを破砕（粗破砕→細砕）し、繊維・スチールワイヤー等ゴム粉以外のものを除去する。さらに再生剤（有機ジサルファイド・エステル酸等）とオイル（アロマチック油等）を混合・加熱し、ロールでシート状にして生産される。スチールタイヤが主流となった現在では、原料となる廃タイヤはスチールタイヤをビード付のまま切断し、粗砕クラッカーロールに投入しているため、スチールを完全に除去する必要がある。

(2) 物理化学的性質

ゴム粉の規格は、JIS K 6316「ゴム粉」および日本ゴム協会標準規格 SRIS 0002「ゴム粉」に規定されている。

5.1.1 アスファルト舗装用骨材

5.1.1-1 凍結抑制舗装

(1) 適用範囲

廃タイヤゴムチップ（以下、ゴムチップという）を凍結抑制舗装のアスファルト混合物に添加する場合に適用する。

ゴムチップをアスファルト混合物に適用した凍結抑制舗装は、舗装の表面にできた薄い氷層の上を車両が走行する際、ゴムチップの弾力作用により舗装面の氷を破砕し、路面が露出する機能を持つ舗装である。本舗装が凍結抑制効果を発揮するためには、ある程度の交通量が必要となる。したがって、適用箇所の選定は留意する必要がある。また、耐久性向上のために、バインダーには改質アスファル

トを使用する。

(2) 試験評価方法

1) 品質基準と試験方法

廃ゴムタイヤのゴムチップは、JIS K 6316「ゴム粉」および日本ゴム協会標準規格SRIS 0002「ゴム粉」に規定に準ずる。

ゴムチップは使用済みタイヤを切断あるいは粉砕して繊維・ワイヤー類等の混入物を除去し分級工程を経て5mm以下の粒状にしたものを使用する。ゴム粒子の粒径は、通常表5.1.1-1に示すものが使用されている。

表5.1.1-1 ゴム粒子の粒径

ふるい目	通過質量百分率
13.2 mm	100 %
4.75mm	95～100 %
2.36mm	30～50 %
0.60mm	5～15 %

これらのゴムチップを用いた凍結抑制舗装の設計方法は、技術が一般化されていないため、技術基準はなく、建設技術審査証明を取得した技術等の中から、現地の状況に合うものが採用されている。

アスファルト・アスファルト乳剤・粗骨材・細骨材およびフィラーの品質確認試験は、必要に応じて舗装試験法便覧によって行う。

2) 環境安全性基準と試験方法

アスファルト混合物に添加するゴムチップの環境安全性基準と試験方法および安全性の管理は、第2編3.1.1(2)2)（P.83）に準ずる。すなわち、26項目の溶出試験、9項目の含有量試験を行ってその品質を保証しなければならない。

ゴムチップ以外のアスファルト混合物に用いられている材料は、通常の材料としての品質確認試験を行う。

(3) 利用技術

1) ゴムチップの添加量

ゴムチップの添加量が適切でないと、締固めに支障をきたすので注意を要する。添加量は、骨材の最大粒径・粒度などを考慮し、骨材に対して質量比で2～4％の範囲で選定する。

2) 混合物の粒度

混合物の骨材粒度は、最大粒径20mmまたは13mmのものから施工厚さ等を考慮して選定する。混合物の施工厚さは、骨材の最大粒径が13mmの場合は40mm、最大粒径が20mmの場合は50mm程度とすることが望ましい。

施工箇所が、轍路面のオーバーレイ工事の場合は、事前に切削またはレベリングをして、均一な施工厚を確保する必要がある。

3) 配合設計手順

ゴムチップ添加混合物は、通常のアスファルト混合物とは異なり、マーシャル安定度による評価は

困難であるため、空隙率等から設計アスファルト量を求める。

ゴムチップ添加混合物の配合設計手順を図5.1.1-1に示す。

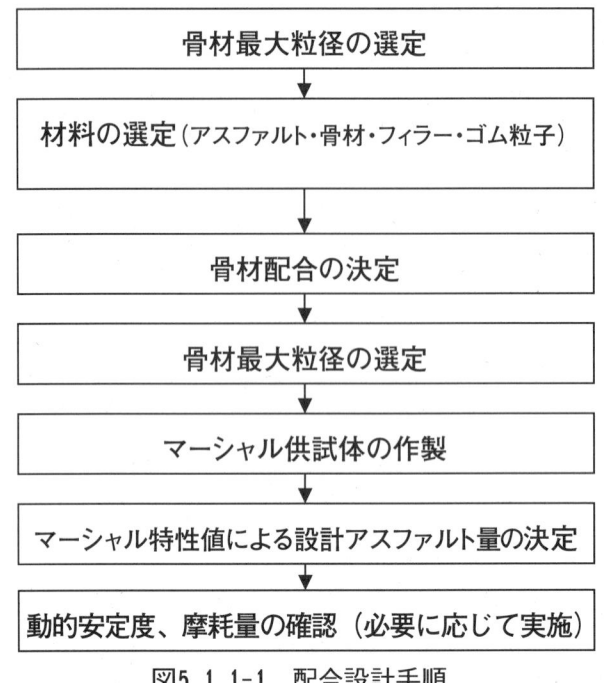

```
┌─────────────────────────────────┐
│      骨材最大粒径の選定          │
└─────────────────────────────────┘
                ↓
┌─────────────────────────────────┐
│ 材料の選定（アスファルト・骨材・フィラー・ゴム粒子） │
└─────────────────────────────────┘
                ↓
┌─────────────────────────────────┐
│        骨材配合の決定            │
└─────────────────────────────────┘
                ↓
┌─────────────────────────────────┐
│      骨材最大粒径の選定          │
└─────────────────────────────────┘
                ↓
┌─────────────────────────────────┐
│      マーシャル供試体の作製      │
└─────────────────────────────────┘
                ↓
┌─────────────────────────────────┐
│ マーシャル特性値による設計アスファルト量の決定 │
└─────────────────────────────────┘
                ↓
┌─────────────────────────────────┐
│  動的安定度、摩耗量の確認（必要に応じて実施） │
└─────────────────────────────────┘
```

図5.1.1-1　配合設計手順

4）混合物の製造

ゴムチップは骨材投入の後、ドライミキシング時に投入する。混合温度は185℃を超えない範囲で、アスファルトの粘度・温度曲線から求め、改質アスファルトを使用する場合は、アスファルト提供者が提示する条件を参考にして決定する。

混合物の製造手順を図5.1.1-2に示す。混合時間は、通常のアスファルト混合物の場合よりも、10〜20秒程度長くなるので、製造能力は30％程度低下する。

```
┌─────────────────┐
│ 骨材投入 ← （ドライミキシング） │
└─────────────────┘
          ↓
┌─────────────────┐
│ ゴムチップ投入 ← （ドライミキシング） │
└─────────────────┘
          ↓
┌─────────────────┐
│ （改質）アスファルト噴射 ← （ドライミキシング） │
└─────────────────┘
          ↓
┌─────────────────┐
│      排　　出      │
└─────────────────┘
```

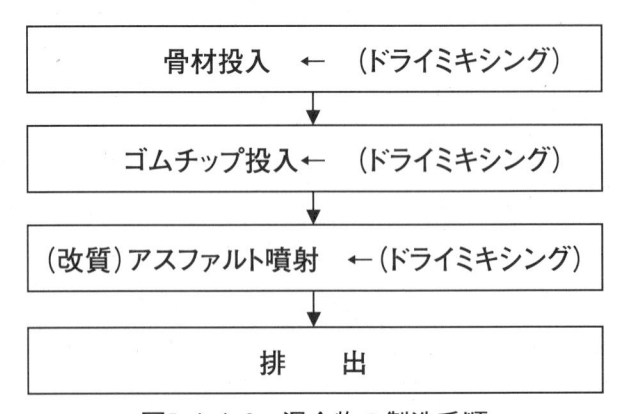

図5.1.1-2　混合物の製造手順

5）運搬

ゴムチップ入り混合物は、運搬中に温度低下が起こらないように保温対策を行う。ゴムチップ入り混合物の施工には、転圧時の混合物の温度管理が重要であり、運搬中に温度低下が起こらないようにしなければならない。また、運搬中に材料分離が生じないような配慮も必要である。

6）施工

通常のアスファルト舗装に準ずる。混合物には弾力性を有するゴム粒子が混入しているため、転圧には十分な注意が必要である。転圧は、ロードローラによる初転圧・振動ローラによる二次転圧（水平振動ローラも可）およびタイヤローラによる仕上げ転圧とし、ローラの散水量はできるだけ少なくする。

(4) 課題

1) 環境安全性

ゴム粉の規格は、JIS K 6316「ゴム粉」および日本ゴム協会標準規格 SRIS 0002「ゴム粉」に規定されている。しかし、この規格で満足される材料も環境基準に関する試験を行う必要がある。

2) 利用実績

冬期路面の交通安全対策としてかなり行われている。「他産業リサイクル材料の試験施工の実績について」のアンケート調査でも、冬期路面の交通安全対策として、このような舗装がかなり行われていることが報告されている。

3) 供給性

ゴム粉は、年間10万トン程度リサイクルされており、供給性には問題がない。廃タイヤリサイクルは、全体で100万トン程度あるが、舗装への利用に占める割合は小さく、需要が増えたとしても問題にならない。

4) 繰返し利用性

プラント混合時には、混合物の過加熱に特に注意する必要がある。ゴムチップ入りアスファルト混合物を繰返し再生利用する場合、ドライヤによる加熱等高温混合により、有毒ガスが発生する懸念および異臭を放つことがあるため、プラント混合時にゴムの溶解温度よりも高温に加温することは避けなければならない。

5) 経済性

リサイクル材料を利用することによって、材料費は新規に製造するより安くなる。

6) 必要性

廃タイヤリサイクルは、全体で100万トン程度あるが、舗装への利用は有力な利用分野となっている。舗装以外でのリサイクル用途が多いが、用途拡大として、舗装などの建設分野への有効利用が注目されている。

7) 二酸化炭素発生量

ゴム粉を製造する際に電力を消費するので、少量であるが二酸化炭素を発生する。しかし、新たに製造するよりははるかに発生量の抑制効果がある。

（参考文献）
1) 吉井、香川、光谷：ゴム粒子混入型低騒音舗装の多機能性とその評価、第22回日本道路会議論文集、1997年
2) 大橋、浜口、谷口：ルビット舗装の凍結抑制メカニズムについて、第20回日本道路会議論文集、1993年
3) 稲葉、勝俣：東北地方における凍結抑制舗装（ルビット舗装）の供用性, 第20回日本道路会議論文集、

1993年
4) 栗木、増田、帆苅：使用済みタイヤを混入したアスファルト舗装の粘弾性挙動と混合物性状に関して、第21回日本道路会議論文集、1995年
5) 毛利、口分田、藤野：廃タイヤチップを利用したアスファルト混合物の施工事例、第21日本道路会議論文集、1995年
6) 谷口、稲葉、大橋：粒状ゴム系凍結抑制舗装のメカニズムと効果、道路建設、1995年7月
7) 田口、帆苅、原：使用済みタイヤのアスファルト混合物への利用、舗装30-3、1995年
8) ㈳日本自動車タイヤ協会：タイヤリサイクルハンドブック、2004年

5.1.1-2　多孔質弾性舗装

(1)　適用範囲

粒状、またはファイバー状のゴムチップをウレタン樹脂で舗装面に接着して多孔質弾性舗装とする場合に適用する。多孔質弾性舗装体は、工場で加圧成型してブロック状のものとして製造されている。

ウレタン樹脂で接合した多孔質な舗装材料は、騒音低減効果を主目的とした弾性舗装に適用される。また、この舗装の混合物の空隙率は35％以上程度あり、透水機能も有する。多孔質弾性舗装は、実大規模の試験施工試験において排水性舗装に比べて騒音低減率が著しく改善されるという結果が得られている。

(2)　試験評価方法

1) 品質基準と試験方法

ゴムチップは使用済みタイヤを切断あるいは粉砕して、繊維・ワイヤー類等の混入物を除去し、分級工程を経て粒状、またはファイバー状にしたものとする。

ゴムチップには、直径1～2mmのファイバー状のものが使用されている。廃ゴムタイヤのゴムチップは、JIS K 6316「ゴム粉」に規定されているが、ファイバー状のものはJISになっていない。また、これらの製品を用いた舗装の品質基準は技術が一般化されていないため公的な技術基準はなく、発注者が用途に応じて仕様を定めて採用している。

2) 環境安全性基準と試験方法

廃ゴムタイヤのゴムチップの環境安全性基準と試験方法および安全性の管理は、第2編3.1.1(2)2)（P.83）に準ずる。高分子有機材料系のリサイクル材料は、現時点では環境保全上の基準はないので、26成分の溶出試験と9種類の含有量試験を行う。

3) 骨材等

アスファルト混合物に用いられる骨材等の他の材料は、通常の材料の試験方法に準じて品質確認試験を行う。これらの品質確認試験は、必要に応じて「舗装試験法便覧」によって行うものとする。

(3)　利用技術

1) 舗装ブロックの製造

ゴムチップまたはファイバー状のゴムとウレタン樹脂を工場で加圧成型してブロック状のものにし、舗装の材料とする。ブロックの大きさは、幅1m×1m、厚さ2～5cmに成型されている例がある。

2) 施工

成型されたゴムブロック状の舗装材料を、エポキシ系接着剤などで舗装路面に貼付ける。

(4) 課題

1) 環境安全性

ゴム（廃タイヤ）再利用の場合の環境基準は現在定められていない。したがって第2編4.1.1(2)2)（P.105）に準じて環境安全性を確認してから使用する。

2) 物理化学的特性

ゴム粉の規格は、JIS K 6316「ゴム粉」および日本ゴム協会標準規格 SRIS 0002「ゴム粉」に規定されているが、ファイバー状のものには規格が定められていない。JIS K 6316「ゴム粉」および日本ゴム協会標準規格 SRIS 0002「ゴム粉」の規格は、タイヤの種類と粉砕方法によって区分されており、これらを適用することで品質は確保できる。なお、ファイバー状のものは品質基準がないので、ゴム粉に準じて品質を確認してから使用する。

3) 利用実績

道路の騒音低減舗装として最近試験施工が行われている。「他産業リサイクル材料の試験施工の実績について」のアンケート調査では、騒音低減対策として試験施工を実施していることが報告されている。

4) 供給性

ゴム粉は、年間10万トン程度リサイクルされており、供給性には特に問題がない。廃タイヤリサイクルは、全体で100万トン程度はあるが、舗装への利用に占める割合は小さく、今後需要が増したとしても問題にならない。

5) 繰返し利用性

結合材としてウレタン樹脂等の硬化性樹脂を使用したものは、再使用は難しい。結合材としてウレタン樹脂等の硬化性樹脂を使用したものは、再リサイクルする場合の結合材とゴムの分離が難しく、再リサイクルは困難になる。

6) 経済性

リサイクル材料を利用することによって新規に製造するよりはコスト削減になる。ゴム粉自体は新規に製造するよりはコスト削減になるが、これを舗装に添加した場合、ゴム粉が舗装に対して相対的に高価なので、通常の舗装と比べてコスト増になる。

7) 必要性

廃タイヤリサイクルは、全体で100万トン程度はある。舗装以外でのリサイクル用途が多いが、用途拡大として、舗装など建設分野への有効利用が注目されている。

8) 二酸化炭素発生量

ゴム粉を製造する際に電力を消費するので、多少二酸化炭素を発生するが、新たに製造するよりははるかに抑制効果が得られる。

（参考文献）
1) 明嵐、久保：多孔質弾性舗装の耐久性と騒音低減量－基礎的測定による特性把握、土木学会第49回年

次学術講演会、1994年
2) Seishi Meiarashi："Porous Elastic Road Surface as Urban Highway Noise Measure"、Transportation Research Record、Journal of Transportation Board No.1880、Energy and Environmental Concerns、pp.151-157、2004
3) Toshiaki Fujiwara, Seishi Meiarashi, Yoshiharu Namikawa and Masaki Hasebe："Reduction of equivalent continuous A-weighted sound pressure levels by porous elastic road surfaces"、Applied Acoustics Vol.66、pp.751-887、July 2005

5.1.1-3　歩道用弾性舗装

(1) 適用範囲

ゴムチップと樹脂バインダーを混合して舗設する歩道用弾性舗装に適用する。

樹脂バインダーには、耐候性およびゴムチップとの接着性に優れた湿気硬化型の、一液型あるいは二液型のウレタン樹脂を使用する。

ウレタン樹脂には、顔料を添加したしたものと、透明なものがあるが、どちらも使用可能である。

(2) 試験評価方法

1) 品質基準と試験方法

ゴムチップには、廃タイヤを粉砕した粒径0.5～5mmのものを使用する。着色するためには、エチレンプロピレン共重合体ゴム（EPDM）を粉砕したものを用いてもよい。

廃ゴムタイヤのゴムチップは、JIS K 6316「ゴム粉」の規定に従う。他の材質のチップも物理的性質にはこの規格を準用する。ゴムチップにEPDMを用いる場合も性能条件は一般のゴムチップに準ずる。

2) 環境安全性基準と試験方法

ゴムチップの環境安全性基準と試験方法および安全性の管理は、第2編3.1.1(2)2)（P.83）に準ずる。すなわち、26項目の溶出量試験、9項目の含有量試験を行ってその品質を保証しなければならない。

3) ゴムチップ以外の品質確認試験

必要に応じて「舗装試験法便覧」の方法等に従うものとする。

(3) 利用技術

1) 混合物の製造

非透水性の場合は、樹脂バインダーとゴムチップの粒径の小さいものでペースト状にして表面に積層する。

透水型の場合は、ゴムチップを樹脂バインダーで接着させてゴムチップの空隙を残すようにする。

2) 舗装構造

ゴムチップ舗装は薄層なので、一般にアスファルト舗装またはコンクリート舗装の上に施工する。

弾性ゴムチップ舗装の非透水型および透水型の構成断面例を図5.1.1-3、図5.1.1-4に示す。

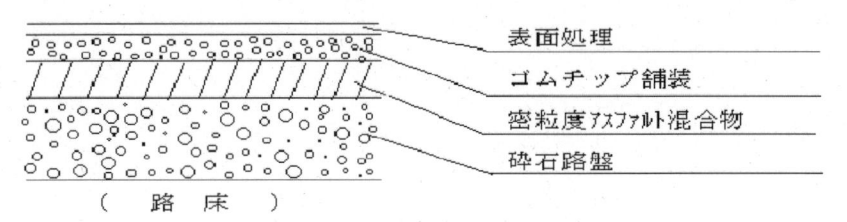

図5.1.1-3　弾性ゴムチップ舗装の構成断面例（非透水型）

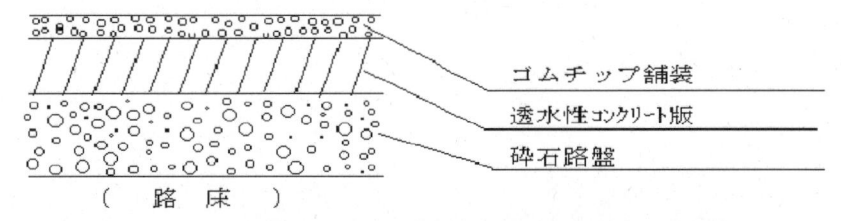

図5.1.1-4　弾性ゴムチップ舗装の構成断面例（透水型）

3）混合

ウレタン樹脂の湿気硬化型を用いる場合は、表面に皮ばりとゲル状物があるものは使用してはならない。

ミキサーや骨材が水で濡れている場合は、乾燥させてから使用するものとする。

混合量は、可使時間以内に使い切る量とする。

4）施工

ゴムチップ舗装は弾力性に富む舗装であるため、用途目的に応じて、一般に舗装厚を0.7～2.5cmの範囲で設定して施工を行う。施工上の留意点は下記のとおりである。

①路面温度、天候、気温、可使時間等を検討したうえで、施工可能であるかどうかを慎重に判断する。特に、降雨時および5℃以下の場合は施工を避ける。

②作業中は火気に注意するとともに、シンナーの管理は厳重に行う。

③材料の混合は、舗設直前に行い練り溜めはしない。

④下地の舗装が新設の場合、はく離の原因となるので、アスファルト舗装の場合は2週間以上、コンクリート舗装の場合は同じく2週間以上（寒冷期では4週間以上）放置してから施工する。

⑤締固めはコテ等を用いて押えながら、過度に荷重をかけないように行う。また、加熱ローラ等の施工機械を用いて、均一な締固めと仕上げを行う。

(4) 課題

①環境安全性・物理化学的特性・供給性・繰返し利用性・経済性・必要性・二酸化炭素発生量は、第3編5.1.1-2（P.203）に準ずる。

②利用実績としては、遊歩道等で施工されている。膝に負担の少ない舗装として、遊歩道等で施工されているが、施工実績はあまり多くない。

③透水型の場合、ゴムチップの飛散・脱落が見られることがあるので日常の管理が必要である。透水型の場合非透水型に比べて粒度が粗いので、ゴムチップの飛散・脱落が起こらないよう施工に注意する。またゴムチップの飛散・脱落が起こった場合は、広がらないうちに早めに補修する。

④非透水型で塗膜の変色が認められる場合は、色彩的な違和感を与えないように補修する必要があ

る。顔料を用いてカラー化した場合、塗膜の変色が認められることがあるので、混合には注意する必要がある。

⑤弾力性は概ね確保されるが、ゴムチップの長期耐久性の向上、低温時の施工などの検討が必要である。

結合材として反応系の高分子材料を用い低温時に施工する場合は、施工温度に注意しないと硬化不良を生ずる場合がある。

5.1.1-4　歩道用弾性ブロック舗装

(1)　適用範囲

ゴムチップと樹脂バインダーを混合してブロック状に成型して舗設する歩道用弾性舗装に適用する。

弾性ブロック舗装には、粉砕したゴムチップに液状ウレタン樹脂バインダを添加混合し、金型に詰めて加熱圧縮成型した弾性ブロックを使用する。ブロックの寸法は30×30×2～3cm程度のものを用いる。

弾性ブロックは、ゴム材料単体のブロックが主体であるが、コンクリート基材にゴムブロックを貼付けたものもある。ゴムチップとしては、着色されたEPDMゴム、クロロプレンゴム、ウレタンゴム等を用いる場合でも安全性に関する考え方は一般のゴムチップと同様とする。

(2)　試験評価方法

1）　品質基準と試験方法

ゴムチップには、廃タイヤを粉砕した粒径0.5～5mmものを使用するが、その他、着色されたエチレンプロピレン共重合体ゴム（EPDM）、クロロプレンゴム、ウレタンゴム等も用いることが出来る。

廃ゴムタイヤのゴムチップの規格は、JIS K 6316「ゴム粉」による。

2）　環境安全性基準と試験方法

ゴムチップの環境安全性基準と試験方法および安全性の管理は、第2編3.1.1(2)2)（P.83)に準ずる。すなわち、26項目の溶出量試験、9項目の含有量試験を行ってその品質を保証しなければならない。

3）　ゴムチップ以外の品質確認試験

必要に応じて「舗装試験法便覧」等によって行う。一般にアスファルト混合物に用いられている材料は、環境安全性に対する試験の必要はなく、必要に応じて品質確認試験を行う。

(3)　利用技術

1）　舗装構造

本舗装は、歩行感を重視する歩道に適用する。基本的な舗装構造としては、アスファルト混合物・コンクリート版等の基盤が構築されている下地上に敷設するブロック舗装である。ただし、下地条件・使用品目によっては、接着剤を用いて部分接着あるいは全面接着を行い、二層構造をとることもある。

弾性ブロック舗装の構成断面例を図5.1.1-5に示す。

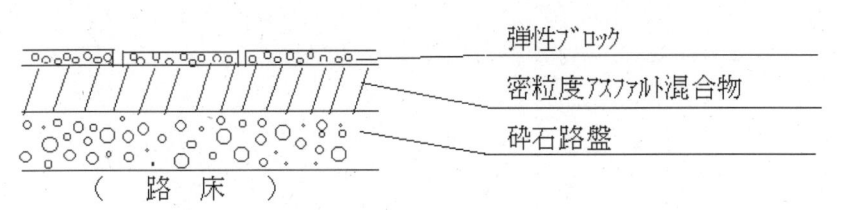

図5.1.1-5 弾力性ブロック舗装の構成断面例

2) 施工

一般に傾斜のない平坦な場所では敷置き、または部分接着工法を採用する。傾斜のある場所では全面接着工法を採用する。施工上の留意点は下記のとおりである。

①下地は、不陸のないように平坦に仕上げる。

②ゴム材料単体からなるブロックは、熱による伸縮があるために平坦な場所でも必要により部分接着をしておく。これは、夏期におけるブロックの膨張による端部の盛り上がり等を防ぐ目的で実施する。

(4) 課題

①環境安全性・物理化学的特性・利用実績・供給性・繰返し利用性・経済性・必要性・二酸化炭素発生量は、第3編5.1.1-3（P.205）に準ずる。

②供用中に損傷のひどくなった部分は、ブロックを交換する。基盤（コンクリートブロック等）との接着が悪いと界面ではがれる場合があるので、施工には配慮する必要がある。

③ガソリン、灯油等は弾性ブロックを膨張させるので注意を要する。ゴムはガソリン等の石油類アルコール等に弱いので、直接接しないように注意する必要がある。

6 古紙

廃棄物の概要

古紙の再利用率は2004年で60.4％（1996年で53.8％）[1]である。古紙の再生利用には、製紙原料としての利用と製紙原料以外の利用としては包装資材・土木・建設資材・農業資材などがある。

6.1 粉砕熱圧処理

製紙原料以外に古紙を利用する割合は再生利用の1％未満（2004年には0.66％）[1]であるが、その中でも主な用途は固形燃料である。熱圧成形による再生処理は少ない（1996年で約5％、2000年で約3％と減少傾向にある）[1]。

(1) 処理の概要

古紙の解繊方法には、湿式解繊と乾式解繊がある。コンクリート用型枠へ利用する場合の乾式解繊による熱圧成形のボードの製造方法を図6.1-1に示す。

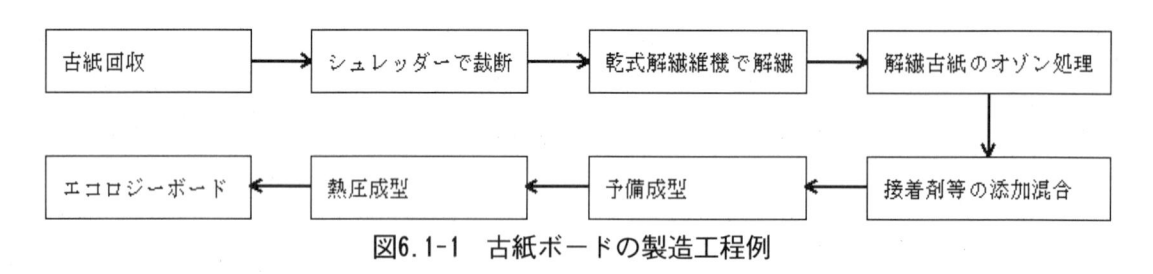

古紙回収 → シュレッダーで裁断 → 乾式解繊維機で解繊 → 解繊古紙のオゾン処理 → 接着剤等の添加混合 → 予備成型 → 熱圧成型 → エコロジーボード

図6.1-1 古紙ボードの製造工程例

(2) 物理化学的性質

古紙の解繊方法には、湿式と乾式がある。機械的に解繊する乾式方法で古紙から回収して製造した繊維の基本性状を表6.1-1に示す。新紙の原料の植物繊維に比べて繊維長は1/3以下になり、強度も1/2以下に低下する。強度の必要なリサイクル材料には新植物繊維や他の材料からなる繊維を加えるなどすれば低下した強度は補われる。

表6.1-1 古紙の基本性状

項　目	単　位	古　紙	植物繊維
密度	g/cm³	1.55	1.52
最長繊維長	μm	600	5,000
平均繊維長	μm	300	1,100
平均繊維幅	μm	45	45

（参考文献）
1) 財団法人古紙再生促進センター：紙リサイクルハンドブック　2005、http://www.prpc.or.jp/kami-handbook2005/1.htm
2) ㈶クリーン・ジャパンセンター編：最新リサイクルキーワード第3版、経済調査会、1997年

6.1.1 コンクリート型枠

(1) 適用範囲

本項は、古紙を原材料として熱圧処理で製造されるパネルをコンクリート用型枠として用いる場合に適用する。パネルの原材料には、古紙単体以外に廃プラスチックや各種の結合材・繊維・補強材料等を配したものも含める。ただし、型枠はコンクリート硬化後に取り外すものとする。

(2) 試験評価方法

コンクリート型枠についての評価項目、試験・調査方法および確認項目は表6.1.1-1に示す。

表6.1.1-1 古紙利用コンクリート型枠の評価項目、試験・調査方法および確認項目

評価項目	試験・調査名	主な試験・調査方法
パネルの力学特性	1）剛性試験 2）曲げ耐力試験	JIS A 8652「金属製型枠パネル」 曲げ耐力試験
せき板の耐久性	1）吸水率試験 2）吸水厚さ膨張率試験 3）湿潤時の曲げ強さ試験 4）耐アルカリ性試験	JIS A 5905「繊維板」 JIS A 5905「繊維板」 JIS A 5905「繊維板」に準拠 コンクリート型枠用合板 JAS
型枠の加工性	1）釘引き抜き耐力試験 2）切断・孔開時間調査	釘（N45）をその長さの1／2まで板面に垂直に打ち込み、最大引き抜き耐力を測定 丸ノコ、電動ドリルによる製品の切断、孔開けを行う
型枠の施工性	1）現場調査 2）仕上がり調査	現場において、合板性型枠に使用する器具類が同様に使えることを確認する コンクリートを打ち込み、材齢7日後、型枠を外してコンクリート面を調査する

古紙利用コンクリート型枠の品質管理規格値を表6.1.1-2に示す。

表6.1.1-2 古紙利用コンクリート型枠の管理規格値

項目	単位	規格値	試験方法
曲げ特性 載荷点下のたわみ量	Mm	5.0以下	・JIS A 8652「金属製型枠パネル」 ・供試体形状：長さ1800×幅900×高さ72 　（板厚12＋さん木60）mm ・載荷方法：2点支持2点載荷、支間長900mm、3等分載荷、荷重10kN／m
吸水率	％	5.0以下	JIS A 5905「繊維板」
吸水厚さ膨張率	％	1.0以下	JIS A 5905「繊維板」
湿潤時曲げ強さ[1]	N/mm²	13.0以上	JIS A 5905「繊維板」に準拠
耐アルカリ性	—	軽微な変色のみ[2]	コンクリート用型枠用合板 JAS

①侵漬時間は、20℃の水中に3時間
②軽微な変色のみであり、膨れ・はがれ・著しいつやの変化はない

(3) 利用技術

1) 設計

表6.1.1-1に示した「評価項目、試験・調査方法および確認項目」により、コンクリート用型枠としての品質を満足するように設計するとよい。

2) 施工

型枠の組立て・設置・解体は、合板製型枠の場合と同等の作業性を有していることを確かめて施工するのがよい。

3) 繰返し再生利用および処分

古紙利用コンクリート用型枠を他の用途への利用・再々利用・加工あるいは撤去処分等を行う場合は、当該型枠の製造者と協議するとよい。

(4) 課題

使用実績が十分でないので、当該型枠の転用可能回数が明らかになっていない場合が多い。型枠の転用回数は、力学特性・耐久性・そり・表面の平滑度等について、事前に確認することが必要である。

古紙＋廃プラスチックの型枠はコンクリートとの剥離性が良いので解体しやすいが、型枠の高所からの落下を避け、せき板面に傷がつかないように注意することが、転用可能回数の増加につながる。また、保管においても屋内保管を原則とし、屋外保管の場合は保護カバーをかけるなどの対策が必要である。

（利用例）
1) 地下躯体の型枠（古紙の型枠）　80㎥　大阪市住宅局営繕部　試験施工（型枠として8回程度の転用回数の確保が困難）
2) 現場打ちコンクリート型枠（古紙＋廃プラスチックの型枠）　3,550㎡　関東地方整備局甲府工事事務所　2回転用
3) 路側擁壁のフーチング型枠（古紙＋廃プラスチックの型枠）　4,300㎡　関東地方整備局甲府工事事務所　2回転用

（参考文献）
1) ㈲三和建材：土木系材料・技術審査証明報告書　木製合板を使用しないコンクリート用型枠「エコパル・パネル」、㈶土木研究センター、平成9年7月

7 木くず

廃棄物の概要

第2編4（P.102）と同じ。

7.1 炭化

木材を低酸素雰囲気で加熱燃焼すると、有機物の熱分解反応により木材は炭化する。木材を炭化させることにより、腐食防止効果あるいはミクロなポーラス構造に起因する油分の吸収・生物膜の形成および微粒子の補足効果等の性質が付与される。

7.1.1 土壌改良材

(1) 適用範囲

本項は、粉砕後炭化した木くずを土壌改良材として使用する場合に適用する。

土壌に混ぜることにより粒度が調整でき、軽い土壌をつくることができる。また、土壌に保水性、保温性・浄化機能を付与し、粘土質地盤を植生可能な地盤に改良する効果も期待できる。

(2) 試験評価方法

環境安全性については、第2編4.1.1(2)2)（P.105）に準ずる。

(3) 利用技術

本材料は、軽量で土壌の物理特性（透水性・通気性・保水性・保温性）に優れ、雨による土壌の流亡を防止する効果がある。また、農薬と化学肥料の多用で荒廃した農地の地力を回復し、土壌中の有用微生物を増強し、地力を増進する効果も期待される。本材料の用途は　軟弱地盤の改良・粘土質地盤の改質・芝の肥土・目土等とする。

(4) 使用例

関東地方整備局と京都市が、造成工事と公園整備工事の土壌改良材として使用した事例がある。

7.1.2 護岸用土留材

(1) 適用範囲

本項は、木くずを炭化処理し、これを防食加工した金網内に充填して蛇籠などの代替品として使用する場合に適用する。

チップの間隙形状が植物と小動物の生息空間を提供し、自然環境の回復・保全に効果を発揮する。河川護岸用の丸太材と土留材などの代替品となる。

(2) 試験評価方法

環境安全性については、第2編4.1.1(2)2)（P.105）に準ずる。

(3) 利用技術

河川・湖沼・調整池・濠・庭園池等の自然環境改善。

(4) 利用実績

建設工事で数例の利用実績がある。

7.2 木粉＋プラスチック

建設工事から発生した木くず、あるいは街路樹を剪定したときに発生する剪定くずを木粉にし、ポリエチレン等の廃プラスチックを混ぜて圧力を加え、混合溶融することにより成形したものである。

7.2.1 型枠材

(1) 適用範囲

本項は、木くずで作られる木粉にプラスチックを加えた材料を型枠に使用する場合に適用する。

建設工事でコンクリート打設型枠として使用してきた合板型枠は、熱帯雨林の原生林を主原料としているので、合板型枠の使用は地球温暖化等につながる熱帯雨林減少の一要因となっている。その対策として、木くず利用の型枠なども製造されている。合板型枠と比較して、施工性と強度等について遜色のない強度・施工性を有する木粉＋プラスチック製型枠が開発されている。

(2) 試験評価方法

木製型枠に適用される基準に準ずる。

第3編6.1.1(2)（P.209）も参考にすると良い。

(3) 利用技術

静岡県富士市で、橋脚フーチング部に（14基中5基：5回転用）使用された例がある[1]。これらの型枠は吸水が少ないものの、同じ厚さの合板より重くてすべりやすい・硬くて切断しにくいという欠点がある。また、転用回数は、実績が少ないため今後の検証が必要である。

7.2.2 土木用資材

(1) 適用範囲

本項は、木くずで作られる木粉にプラスチックを加えた材料を、木材の代用として土木資材に使用する場合に適用する。

(2) 試験評価方法

使用に先立ち、代用する木材と同等以上の強度を有することを確認しなければならない。

(3) 利用技術

ベンチ・ブロック・ポール等を作製している例がある。

（利用例）

平成11年～平成14年に使用された実績では以下のようなものがある。

1) 園内ボードウォーク床板・公園内ベンチ・遊歩道ベンチ材（神奈川県）
2) 公園内橋梁高欄（高知県）
3) 広場の柵・ベンチ・縁台（宮崎県）
4) 園路の塩害対策型立入防止柵（関東地方整備局）
5) 桟橋（近畿地方整備局）
6) 国道の防護柵（四国地方整備局）
7) 公園内サイン板および支柱（四国地方整備局）

また、参考文献[2]には、木質舗装平板・道路用ポール・柵等の事例が紹介されている。

（参考文献）
1) 建設副産物リサイクル広報推進会議：国道1号富士由比BP田子の浦高架橋橋脚における事例、建設リサイクル、Vol.17．2001秋号、2001年
2) 財団法人 建設物価調査会：建設用リサイクル資材ハンドブック、平成12年12月

第4編
今後の検討を待つ材料

1 石炭灰

廃棄物の概要

　第2編3（P.81）と同じ。

1.1　溶融固化

(1)　処理の概要

　溶融固化処理は、概ね1,200℃以上の高温の条件下で石炭中の灰分を融液の状態とした後、冷却して固形物にする処理である。

　灰溶融炉は、石炭火力発電所で通常用いられている微粉炭焚ボイラの全面に耐火材を配した燃焼室を設けて、通常よりも高温で石炭を燃焼させる溶融炉である。この溶融炉で溶融すると石炭灰は溶融し、灰ではなく、揮発分の分離・化学的安定・均質化の進んだスラグとして排出される。

　この形式の溶融炉は、海外では大型発電用ボイラとして数十缶が運用された豊富な実績がある。ドイツ等ではこれから得られるスラグは環境に悪影響を与えないとされ、種々の土木資材に適用されている。

　我が国においてはテストプラントで水砕スラグを製造し、アスファルト混合物用細骨材とし、室内試験・試験施工・追跡調査が行われたことが報告されている[1]。なお、我が国の灰溶融炉型ボイラは自分の燃焼室で発生する灰だけでなく、他のボイラで発生した石炭灰も加え合わせて、溶融固化処理することも出来るなどの工夫がなされている。

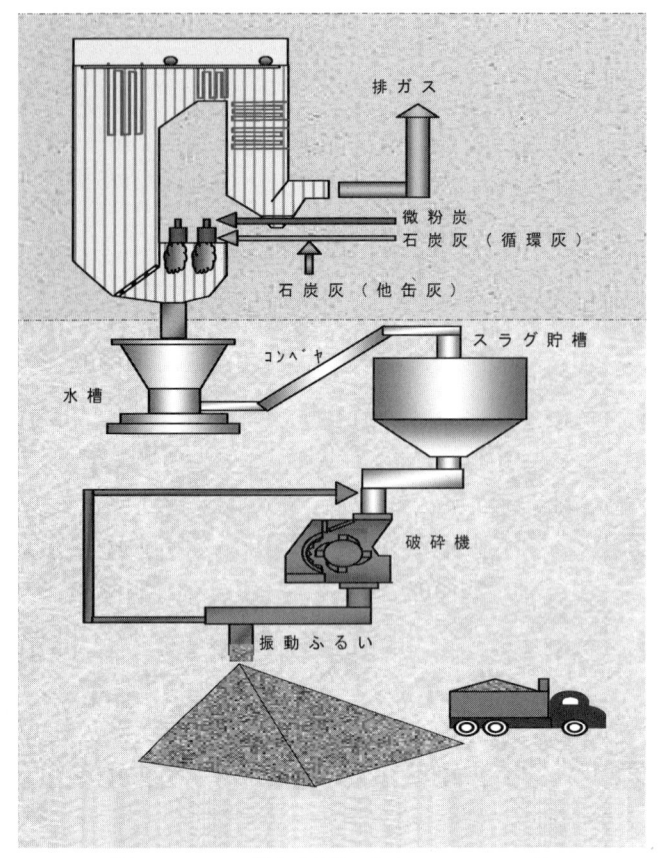

図1.1-1 石炭灰溶融ボイラシステム[3]

(2) 物理化学的性質

1) 溶融スラグの組成

　我が国の石炭灰溶融スラグの成分組成については、例えば SiO_2;64.8%・Al_2O_3;21.4%・Fe_2O_3;6.1%・CaO;2.9%・MgO;0.9%あるいは同順に56.5%・25.3%・11.1%・4.6%・0.9%という例から、山砂と同様の成分組成であるとされている。これらは、表1.1-1に示すドイツの石炭灰溶融スラグの成分組成ともほぼ同様である。なお、ドイツではこのスラグを玄武岩とほぼ同じ組成としている。また石炭灰溶融スラグは、一般焼却灰溶融スラグと成分組成だけでなく、外観・物理性状なども極めて類似している。

表1.1-1 ドイツ炭石炭灰スラグの組成

成分	スラグ（ドイツ炭）含有量（%）
SiO_2	45～55
CaO	2～6.5
Al_2O_3	24～31
Fe_2O_3	3～10
Na_2O	0.4～0.5
K_2O_2	3～5
MgO	1.1～3
PbO	≦ 0.1

TiO_2	0.9〜1.2
MnO	0.1〜0.2
ZnO	0.1〜0.3
SO_3	0.3〜0.7
Cl	< 0.01
その他	3〜3.5

2) スラグの物理化学的性状

　国内の例として、水砕スラグを破砕機で粒度分布と粒子形状を整えた細骨材の外観を写真1.1-1に、物理性状を表1.1-2に示す。その環境安全性に係る重金属溶出試験結果を表1.1-3に示す。

写真1.1-1　石炭灰溶融水砕スラグの外観[3]

表1.1-2　石炭灰溶融水砕スラグの物理性状（天然砂との比較）

試験項目	スラグ（g/cm³）	粗砂（g/cm³）	細砂（g/cm³）
表乾密度	2.602	2.562	2.547
カサ密度	2.598	2.524	2.553
見掛密度	2.616	2.624	2.632
吸水率%	0.33	1.52	2.06
塑性指数	NP	NP	NP
4.75mm	—	100.0	100.0
2.36mm	100.0	96.5	94.3
600μm	57.8	59.7	75.6
300μm	28.3	15.3	49.6
150μm	11.5	0.6	7.3
75μm	5.9	0.4	2.3

表1.1-3 石炭灰溶融水砕スラグの溶出試験結果

検査項目	溶出試験 土環基準(mg/ℓ)	検出限界(mg/ℓ)	燃焼炭 大同 試験舗装用	大同	ハンターバレー	太平洋	タイガーヘッド	イラワラ	エンシャム
カドミウム	0.01≧	0.001	ND	ND	ND	ND	ND	ND	ND
鉛	0.01≧	0.005	ND	ND	ND	ND	ND	ND	ND
六価クロム	0.05≧	0.005	ND	ND	ND	ND	ND	ND	ND
砒素	0.01≧	0.001	ND	0.001	ND	ND	ND	ND	ND
総水銀	0.0005≧	0.0001	ND	ND	ND	ND	ND	ND	ND
セレン	0.01≧	0.001	ND	ND	ND	ND	ND	ND	ND
ふっ素	(0.8≧)	0.1	ND	ND	−	ND	ND	ND	ND
ほう素	(1≧)	0.05	ND	ND	−	ND	ND	ND	ND

注）財団法人日本食品分析センターによる計量結果

表1.1-4は、ドイツスラグタップボイラ（灰溶融ボイラ）から発生するスラグの土質工学的特性を示す。この石炭灰溶融スラグ（ドイツ炭）の特徴は以下のとおりである。

・ガラス状の物質になっている。
・形状は0〜10mmの粒状で、鋭利な角を持った扁平な粒子である。
・化学的には中性で、環境に悪影響を与えない。
・セメントを少量加えて、適当に調整されたスラグは、圧縮強度は8N/mm²程度のものが得られる。
・生成したまま堆積されたスラグは、高い透水性を有する（表1.1-4参照）。
・石灰あるいはセメントと化学反応して固化する。
・荷重を受けると、粒子は潜在的に存在した応力面に沿って破壊する。衝撃式破砕機を用いて破砕すると、潜在的破砕面が少なくなって、扁平質の粒状が改善される。
・スラグは屋外での集積、中間貯蔵が可能である。

表1.1-4 スラグの土質工学的特性

土粒子密度	2.4 〜 2.6 g/m³
締固め密度	1.3 〜 1.5 kg/cm³
透水係数	2 〜 3×10⁻³ m/s

表1.1-5 石炭灰溶融スラグ骨材を使用した混合物の性状

項目・特性	配合種	配合① スラグ0%	配合② スラグ10%	配合③ スラグ20%
	6号砕石	35.8	35.8	35.8
	7号砕石	19.8	19.8	20.7
	スクリーニングス	13.2	9.4	5.7

混合物の配合（%）	石炭灰溶融スラグ	−	9.4	18.8
	粗砂	12.3	8.5	4.7
	細砂	8.5	6.7	3.8
	石粉	4.7	4.7	4.7
	アスファルト	5.7	5.7	5.8
骨材合成粒度 通過質量百分率 %	19.0mm	100.0	100.0	100.0
	13.2mm	99.1	99.1	99.1
	4.75mm	62.5	62.5	62.4
	2.36mm	42.2	42.8	42.5
	600μm	25.5	25.8	25.3
	300μm	15.0	15.2	15.0
	150μm	7.7	8.1	8.3
	75μm	5.8	5.9	6.0
混合物性状	密度（g/cm³）	2.381	2.378	2.378
	理論密度（g/cm³）	2.480	2.477	2.472
	空隙率（%）	4.0	4.0	3.8
	飽和度（%）	76.5	76.5	77.8
	安定度（kN）	9.8	9.2	8.8
	フロー値（1/100cm）	23	23	24
	残留安定度（%）	87	87	87

(3) 課題

1) 物理化学特性

国内では試験製造段階であり、品質はよく調査する必要がある。

2) 利用実績

石炭灰溶融スラグ骨材は、海外では使用実績が多くとも、国内ではテストプラントで試験製造し、2件で使用しただけであるが、海外のように商業ベースで多くの灰溶融型ボイラが実稼働する必要がある。石炭灰溶融スラグは、フライアッシュに比べて環境安全性が勝ると考えられる。海外では骨材として多くの使用実績があることと、国内で使用実績のある一般焼却灰溶融水砕スラグと外観・成分組成・物理性状等が近似していることから、国内でも生産されるようになれば、天然砂の代替として加熱アスファルト混合物等に利用できるものと考えられる。また、石炭火力発電所では、一カ所あたり数十万トン/年の石炭灰が発生しており、石炭灰のままでのリサイクルが限界に達したとき、リサイクル材料として有望である。

3) 二酸化炭素の発生量

溶融スラグは加熱アスファルト混合物用骨材として使用する場合に、施工時の二酸化炭素発生量が従来の材料と比べて増すことはない。しかし、その製造時に1,200℃以上の高温で溶融するため、石

炭を800℃程度で燃焼し灰とする従来方式に比べれば、二酸化炭素の発生量は増加する。

（参考文献）
1) 加藤他：石炭灰溶融スラグのアスファルト舗装用細骨材への利用、舗装、2001年3月
2) 稲田他：石炭灰溶融スラグのアスファルト舗装用細骨材への利用、第24回日本道路会議一般論文集、2001年10月
3) 川崎重工業㈱：パンフレット、石炭灰溶融スラグ
4) エネルギー土木委員会：石炭灰の土木材料としての利用技術の現状と展望—埋立、盛土、地盤改良、㈳土木学会、1990年4月
5) BVK社技術資料：A Granulate with many possibilities（steag）
6) Von K.-H.Puch、W.vom Berg：Nebenprodukte aus kohlebefeuerten Kraftwerken、VGB-Kraftwerkstechnik、1997、Helt 7

2 瓦・陶磁器くず

廃棄物の概要

　生産工場と建設工事以外で発生する瓦と陶磁器くずは、土木分野では、単体で利用したり他の材料と混合したりして、舗装用ブロック・タイル等の道路用材として利用するのが一般的である。

　参考文献1)には以下のようなものが記載されている。

　①景観舗装材・擬石コンクリート平板（廃瓦）
　②リサイクルレンガ（砕石廃泥・廃瓦・アルミナ廃材）
　③透水性セラミックブロック（陶磁器廃材）
　④陶製床ブロック（陶磁器くず・窯業廃土）
　⑤透水性セラミックブロック（陶磁器くず・下水汚泥焼却灰）
　⑥焼成レンガ（セラミック廃土・建築用セラミック廃材・上水道泥土）
　⑦汚泥焼成レンガ（下水汚泥焼却灰・陶管くず・洗砂）
　⑧透水性セラミック・ブロック（陶磁器くず）
　⑨透水セラミック舗装材（鉄鋼スラグ・陶磁器くず）
　⑩下水汚泥リサイクルブロック（下水汚泥焼却灰・セルベン（陶磁器）・工場廃泥）
　⑪セラミックブロック（陶磁器くず・窯業廃土・下水汚泥焼却灰）

　調査結果によれば平成11年～平成14年に陶磁器くずを道路に適用された例には、以下のものがある。

　①平板の表面に廃材を貼付した歩道平板（廃ガラス・タイル・瓦、千葉県）
　②園路の舗装材（瓦ダスト、富山県）・保水性タイル（廃磁器製品、沖縄県）
　③インターロッキング舗装（陶器粉砕片、近畿地方整備局）
　④路盤材料（廃瓦、熊本県）
　⑤透水性舗装のフィルター材（タイル砕、中部地方整備局）

　また、平成11年～平成14年に陶磁器くずを道路以外で適用した例には、以下のようなものがある。

　①建築外溝工事のタイル（下水汚泥焼却灰・陶磁器くず、山形県）
　②コンクリート二次製品の細骨材（廃瓦再生コンクリート、福井県）
　③防草マルチング材（廃棄瓦、北陸地方整備局）

（参考文献）
1) 財団法人 建設物価調査会：建設用リサイクル資材ハンドブック、平成12年12月

3 貝殻

廃棄物の概要

　漁業系廃棄物は北海道だけでも40～50万トン/年、ホタテを中心とする廃棄貝殻の量は約187,000トン/年（平成14年度)[1]でその減量とリサイクルが大きな課題となっている。

　国土交通省東北地方整備局は溶融スラグ・石炭灰（クリンカアッシュ）・カキ殻などの有効利用に関するガイドライン[2]をまとめている。その中で、カルシウムを主成分とするカキ殻を、サンドマット代替材（貝殻をそのまま利用）として適用することが出来ることを確認している。盛土試験では、砂と同等の沈下量と施工性が得られることを確認している。

　貝殻のリサイクル材料利用は、北海道に多くみられる。平成11年～平成14年の利用例には次のようなものがある。

　①道路（除雪車の転回場）の凍結抑制材料（ホタテ貝殻、北海道）
　②アスファルト舗装工事のフィラー（ホタテ貝殻、北海道開発局）
　③水質浄化材（ホタテ貝殻、北海道開発局）
　④暗渠被覆物（貝殻、北海道開発局）
　⑤地盤改良工事の中詰工（ホタテ貝殻、北海道開発局）
　⑥歩道用タイル（ホタテ貝殻、北海道開発局）
　⑦浚渫土砂の土粒子を吸着し、脱水効率を上げる凝集材（ホタテ貝殻、北海道開発局）
　⑧地盤改良材（ホタテ貝殻、北海道開発局）
　⑨植樹帯および交通島の防草舗装（カキ殻・ホタテ貝殻、東北地方整備局）

（参考文献）
1) 北海道水産林務部：平成15年度漁業系廃棄物生産量調査（平成14年度分）、平成16年3月
2) 国土交通省東北地方整備局 ゼロエミッション社会を目指す技術開発委員会　廃棄物・溶融スラグ利用技術等専門委員会：カキ殻のサンドマット代替材としての利用に関するガイドライン(案)、平成15年3月

4 廃プラスチック

廃棄物の概要

　1955年に10万トン/年であったプラスチックの生産量は、1997年の1,520万トン/年をピークに減少傾向にあるが、それでも2002年の生産量は1,385万トン/年である。

　廃プラスチック総排出量も近年は横ばい状況であるが、2002年で990万トン、有効利用は逆に増加の傾向で2002年には542万トン（55％）となっている[1]。

　原材料としてのプラスチックは種類によって表4-1に示すように種々の用途に用いられている。

表4-1　プラスチックの種類と用途[2]

区　分	種　類	用　途
熱可塑性プラスチック	ポリエチレンテレフタレート	ペットボトル・テープ・フィルム
	高密度ポリエチレン	灯油缶・びん・網
	ポリ塩化ビニル	卵パック・ラップ
	低密度ポリエチレン	ポリ袋・通信ケーブル・ふた
	ポリプロピレン	浴槽・自動車部品・注射器
	ポリスチレン	キャビネット・トレイ・おもちゃ
	その他の熱可塑性プラスチック	ボールペンの軸・看板・ほ乳びん
熱硬化性	熱硬化性プラスチック	ボタン・食器・ヨットの本体

　廃プラスチックは、産業系の廃プラスチックと、一般廃棄物として排出される廃プラスチックに大別される。一般廃棄物として排出される廃プラスチックの量は産業系廃プラスチックの量に比べてはるかに多く、処理・処分についての課題も多い。そのため、ゴミの減量化・資源化の観点から、廃プラスチックを分別し、リサイクルすることが社会的にも重要視されてきた。しかし分別された廃プラスチックには各種プラスチックが混合し、食品残渣などによる汚れもあるため、技術的にはリサイクルが可能であっても経済性・用途で難題を抱えている。

　産業系廃プラスチックは、比較的容易に分別できるためリサイクルも容易である。しかし、廃プラスチックは排出時の状態によって、処理する技術と再生シムテムが異なるので、再生処理が経済的となる回収システムの開発も重要な課題である。

（参考文献）
1) 社団法人プラスチック処理促進協会：「プラスチックリサイクルの基礎知識2004年」
2) 中村三郎：入門ビジュアルエコロジー「リサイクルのしくみ」日本実業出版社、1998年9月

4.1 粉砕・再生処理

(1) 処理の概要

廃プラスチックのリサイクル技術を示すと以下のとおりである。

1) マテリアルリサイクル

① 粉砕・単純再生（材料再生）

加工段階で発生する良質の廃プラスチック（くずと余剰材料・成形不良品など樹脂別に仕分けができ、色別の仕分けもできるもの）を原料としてこれを粉砕し、再生ペレット・顆粒等の状態の成形原料とする。次に過熱成型して製品とする。熱可塑性プラスチックが対象となり、主に産業廃棄物系の廃プラスチックで行われている。

② 粉砕・複合再生（製品再生）

製造・加工・流通過程から排出される廃プラスチックのうち単純再生に適さないものを原料とし、溶融固化して棒と杭その他製品を直接生産する。ポリエチレン・ポリプロピレン・ポリスチレン等の熱可塑性プラスチックを樹脂別に破砕し、一定の混合比で配合した後、溶融混練して製品を成形する。棒・杭・板・土木建設資材・包装運搬資材・農漁業資材等が製造されている。

2) ケミカルリサイクル

廃プラスチックを熱分解と解重合により、モノマーとオリゴマー（ポリマー重合の中間体）に戻す技術である。アクリル樹脂・ポリエステルは早くからモノマー回収が行われている。ポリアミドについても製造工程の開発が行われ、ポリウレタンもケミカルリサイクルが可能である。

3) サーマルリサイクル

再生利用に向かない廃プラスチックを焼却処理するのではなく、重油・石炭の代替燃料とする技術である。燃焼で発生する熱エネルギーは、蒸気あるいは電力に変えて利用する。

本マニュアルでは1)のマテリアルリサイクルの①と②を対象とする。

(2) 物理化学的性質

販売包装・流通包装・自動車・電気・電子製品・建設資材などに使用されたプラスチック資材は、使用環境により劣化の程度に違いがある。一般に、新しい製品に比べ性能が劣り、製品のままで再利用するのは困難な場合が多い。

また、壁紙・タイルカーペットは紙や繊維が張り合わされており、自動車・電気・電子製品に使用されたものは、塗装・金属部品のインサート・ボルト締め等が行われているので、再利用に当たっては、これら異種材料との分離が必須である。

マテリアルリサイクルとケミカルリサイクルを行う場合には、他の材料を添加し、リサイクル材料の性能に応じた製品の製造を行い、リサイクルによる性能劣化を克服することが可能である。

4.1.1 アスファルト舗装用改質材

(1) 課題

①アスファルト混合物は、高温で混合処理されるため、廃プラスチックが混入した再生混合物の特性あるいは分解による有毒ガス発生等の調査検討が必要である。また、産業系廃プラスチックは種類別に分別回収できるものが多いが、一般系廃プラスチックは異種のものが混在するので、アスファルトと混合溶融するときに、一部が変質をきたす可能性が高い。したがって、バインダー改質材としては使用を制限される可能性が高い。

②改質材料として新規の熱可塑性樹脂を採用する場合には、アスファルトあるいは骨材との相溶性・親和性・低温脆性等について慎重に対処する必要があるが、廃プラスチックの場合も同様である。

③繊維強化プラスチック（FRP）微粉末と熱可塑性プラスチックを混合したアスファルトのバインダー性状試験結果によると、熱可塑性プラスチックは混合時には融けているものの、冷却後、アスファルトと分離してしまうものが多い。種類によっては全く溶解せず、バインダーの性状に変化のないものもみられる。

また、混合物性状による試験結果によると、FRP粉末とゴム粉末を加えたものは、締固め密度あるいはマーシャル安定度が低下する傾向がある。

（利用例）

利用例は多く、文献 1 ）～ 4 ）にその例が記載されている。

（参考文献）
1) 日本改質アスファルト協会・技術委員会：廃プラスチックの状況と舗装用途への利用調査（その1）、改質アスファルト No.3、1994年
2) 日本改質アスファルト協会・技術委員会：廃プラスチックの状況と舗装用途への利用調査（その2）、改質アスファルト No.4、1995年
3) 西村、坂本：再生プラスチック、再生ゴムを混合したアスファルトおよび混合物の試験、土木学会第50回年次学術講演会、平成7年9月
4) 鎌田、稲葉、山田：プラスチック粒入りアスファルト混合物のレオロジー的性質、土木学会第49回年次学術講演会、平成6年9月

4.1.2 アスファルト舗装用骨材

(1) 課題

①ドライヤ加熱により高温混合となるため、有毒ガスが発生する危険性があるため、注意が必要である。

②舗装の強度不足が懸念されることから、廃プラスチック骨材の添加は、別途に補強材や硬化剤等を添加する必要がある場合もある。

③ペレット・粉末または砕石状のものを使用したアスファルト混合物は、最適アスファルト量が決定不能であること、あるいは添加効果の欠如が報告されている。現状では、廃プラスチックを5mm程度に粉砕し、骨材の一部としている。供用性調査も含めて検討が必要である。

④プラスチック類は紫外線に弱い。道路表面部は劣化によりひび割れや脆弱化が起こりやすいので、

廃プラスチックを表層に使用するには、十分な配慮が必要である。

⑤プラスチック粒子混入の場合は、プラスチックの部分溶解によるアスファルト性状への影響を考慮する必要がある。プラスチックの軟化点は、120～130℃程度であり、プラスチック粒子を含む再生骨材の加熱時には相当部分が溶解し、アスファルト物性に与える影響が大きい。また、混合・施工工程にも影響を与える場合がある。

⑥試験施工結果によると、平坦性は良好であるが、通常のアスファルト混合物の場合に比べ、光沢に欠ける。また、転圧時にヘアクラックが生じやすい等の現象の見られるものがある。施工性および仕上がり性の観点から、検討が必要である。

⑦廃プラスチックの塊を骨材として使用するには、破砕したり粒状に加工したりする費用がかかり、市販材料よりかなり高いコストとなる。加工費の低コスト化および発生量と社会的要請を考慮した対応が必要である。

（利用例）

　参考文献1)～11)に利用例が記載されている。

（参考文献）
1) 日本改質アスファルト協会・技術委員会：廃プラスチックの状況と舗装用途への利用調査（その1）改質アスファルト No.3、1994年
2) 日本改質アスファルト協会・技術委員会：廃プラスチックの状況と舗装用途への利用調査（その2）、改質アスファルト No.4、1995年
3) 西崎、坂本、新田：廃FRPを利用したアスファルトの物性試験、第22回日本道路会議論文集、1997年
4) 松島、光谷、片岡：廃プラスチック骨材混入アスファルト混合物の性状、第21回日本道路会議論文集、1995年
5) 穴戸、横引、坂本：廃プラスチック入り舗装の追跡調査事例、第22回日本道路会議論文集、1997年
6) 山田、和田、光谷：廃プラスチック骨材混入アスファルト舗装の供用性状について、第22回日本道路会議論文集、1997年
7) 鎌田、山田：プラスチックアスファルト混合物の動的安定度と疲労破壊回数、第21回日本道路会議論文集、1995年
8) 宍戸、坂本、横引：廃プラスチックのアスファルト混合物への利用、第21回日本道路会議論文集、1995年
9) 光谷：廃プラスチックの舗装材料の実用化に向けて、道路建設、1996年8月
10) 山田、稲葉：廃プラスチックのアスファルト混合物用材料としての利用、舗装、Vol29、No.7、1994年
11) 菅原、坂本、松下：廃プラスチックのアスファルト混合物への利用、道路建設、1997年9月

4.1.3　プラスチック工場製品（擬木、杭等）

(1) 課題

　高分子有機材料系のリサイクル材料に対する環境保全上の基準はない。無機、金属系では、土壌の環境基準が一つの判断基準と考えられるが、ゴムやプラスチックのような有機材を想定していない。

したがって、これらリサイクル材料を土壌、地下水などと接する条件で使用するに当たっては、適切な試験を行う必要がある。

廃プラスチックからの再生製品は、土木資材を中心に多くの種類の製品が造られている。これらの製品の多くは、木材やコンクリート製品と競合し、代替品としてプラスチックの特徴を生かして使用され需要を伸ばしてきている。廃プラスチックから、従来の材料では得られない特長を有したリサイクル品も製造されている。しかし、プラスチックは従来の材料と物性が全く異なり、プラスチックも種類毎に物性が異なる点に注意する必要がある。

再生プラスチック工場製品の特徴として以下のようなことがあげられる[1]。

　＜長　所＞
・耐食性・耐薬品性・耐候性・耐磨耗性・弾力性がある。
・複雑な形状の製品でも一体成型が容易である。
・無機材料等の充填材の混入や心材を挿入した強化製品ができる。
・軽量であるので、施工が容易で着色と塗装も可能である。
・施工現場での組み合わせ、組立てが容易である。

　＜短　所＞
・木材に比べて、熱膨張係数が大きい。
・荷重で曲がることがある（心材等を挿入したものを除く）。
・火災に弱い。

廃プラスチックを利用した工場製品を再度リサイクルすることは、品質の劣化から無理な場合もある。この場合、サーマルリサイクルに使用すれば特に問題は生じない。

（利用例）

廃プラスチックの工場製品の利用例は、平成11年〜平成14年の調査では、以下に示すものがある。

①プラ擬木階段（神奈川県）
②プラ擬木柵（富山県）
③吸出し防止材・盛土内排水材（福井県）
④公園内ベンチ・公園内プラ擬木・プラ擬木階段（山口県）
⑤駐車場プラ擬木柵（宮崎県）
⑥プラ擬木柵（沖縄県）
⑦プラ擬木柵（北海道開発局）
⑧根固め用袋体（関東地方整備局）
⑨電線共同溝防護板（中部地方整備局）
⑩根固め用袋体（北陸地方整備局）
⑪根固め用袋体、防草シート（四国地方整備局）
⑫根固め用袋体、擁壁水抜パイプ（九州地方整備局）
⑬公園内プラ擬木階段（仙台市）

⑭公園内プラ擬木柵、ため池プラ擬木安全柵（仙台市）
⑮市設霊園内プラ擬木（大阪市）
⑯発泡樹脂入り境界ブロック
⑰発泡樹脂入りL型擁壁（北九州市）

参考文献2)には、再生プラスチック擬木、再生プラスチック杭・板・ベンチ・ブロック等数多く例が紹介されている。

（参考文献）
1) プラスチックリサイクル技術（CMC Books）、シーエムシー、2000年7月
2) 財団法人 建設物価調査会：建設用リサイクル資材ハンドブック、2000年12月

5 未記述のリサイクル材料

　本マニュアルでは記述していないが、国土交通省、県、指定都市に対して行ったアンケート調査に使用の記載が有ったリサイクル材料の用途には、下記のようなものがある。

リサイクル材料	用途
焼却灰溶融スラグ	植栽基盤・配管保温筒及びロックウール製品
下水汚泥焼却灰	アスファルト合材（3件）・セメント原料（3件）・埋戻し材（4件）
下水処理水（再生水）	せせらぎ用水・冷暖房用水・機械用水等
浄水汚泥	法面緑化工（2件）
石炭灰	法面緑化・保水材（4件）、補強土壁（衝撃吸収層）・基盤材
石炭灰・屑ガラス	緑化基材・浄化基材（2件）
再生ウール（回収衣料品）	防草シート
廃タイヤ	砂防ダムの間詰護岸の緩衝材・法面保護材
古紙	高含水掘削土改良材
キューポラスラグ・鋳物砂	コンクリート二次製品（2件）・盛土材
脱硫石こう	土質改良材（2件）
焼成クロム鉱さい	路盤材料（2件）

付属資料

1. 土壌の汚染に係る環境基準について

平成3年8月23日
環境庁告示第46号

改正平成5環告19・平成6環告5・平成6環告25・平成7環告19・平成10環告21・平成13環告16

公害対策基本法（昭和42年法律第132号）第9条の規定に基づく土壌の汚染に係る環境基準について次のとおり告示する。

環境基本法（平成5年法律第91号）第16条第1項による土壌の汚染に係る環境上の条件につき、人の健康を保護し、及び生活環境を保全するうえで維持することが望ましい基準（以下「環境基準」という。）並びにその達成期間等は、次のとおりとする。

第1 環境基準

1. 環境基準は、別表の項目の欄に掲げる項目ごとに、同表の「環境上の条件」の欄に掲げるとおりとする。
2. 1の環境基準は、別表の項目の欄に掲げる項目ごとに、当該項目に係る土壌の汚染の状況を的確に把握することができると認められる場所において、同表の測定方法の欄に掲げる方法により測定した場合における測定値によるものとする。
3. 1の環境基準は、汚染がもっぱら自然的原因によることが明らかであると認められる場所及び原材料の堆積場、廃棄物の埋立地その他の別表の項目の欄に掲げる項目に係る物質の利用または処分を目的として現にこれらを集積している施設に係る土壌は、適用しない。

第2 環境基準の達成期間等

環境基準に適合しない土壌は、汚染の程度や広がり、影響の態様等に応じて可及的速やかにその達成維持に努めるものとする。

なお、環境基準を早期に達成することが見込まれない場合にあっては、土壌の汚染に起因する環境影響を防止するために必要な措置を講ずるものとする。

別表

項目	環境上の条件	測定方法
カドミウム	検液1ℓにつき0.01mg以下であり、かつ、農用地においては、米1kgにつき1mg未満であること。	環境上の条件のうち、検液中濃度に係るものにあっては、日本工業規格K0102（以下「規格」という。）55に定める方法、農用地に係るものにあっては、昭和46年6月農林省令第47号に定める方法
全シアン	検液中に検出されないこと。	規格38に定める方法（規格38.1.1に定める方法を除く。）
有機燐（り	検液中に検出されないこと。	昭和49年9月環境庁告示第64号付表1に掲げる方

ん）		法または規格31.1に定める方法のうちガスクロマトグラフ法以外のもの（メチルジメトンにあっては、昭和49年9月環境庁告示第64号付表2に掲げる方法）
鉛	検液1ℓにつき0.01mg以下であること。	規格54に定める方法
六価クロム	検液1ℓにつき0.05mg以下であること。	規格65.2に定める方法
砒（ひ）素	検液1ℓにつき0.01mg以下であり、かつ、農用地（田に限る。）においては、土壌1kgにつき15mg未満であること。	環境上の条件のうち、検液中濃度に係るものにあっては、規格61に定める方法、農用地に係るものにあっては、昭和50年4月総理府令第31号に定める方法
総水銀	検液1ℓにつき0.0005mg以下であること。	昭和46年12月環境庁告示第59号付表1に掲げる方法
アルキル水銀	検液中に検出されないこと。	昭和46年12月環境庁告示第59号付表2及び昭和49年9月環境庁告示第64号付表3に掲げる方法
PCB	検液中に検出されないこと。	昭和46年12月環境庁告示第59号付表3に掲げる方法
銅	農用地（田に限る。）において、土壌1kgにつき125mg未満であること。	昭和47年10月総理府令第66号に定める方法
ジクロロメタン	検液1ℓにつき0.02mg以下であること。	日本工業規格K0125の5.1、5.2または5.3.2に定める方法
四塩化炭素	検液1ℓにつき0.002mg以下であること。	日本工業規格K0125の5.1、5.2、5.3.1、5.4.1または5.5に定める方法
1,2-ジクロロエタン	検液1ℓにつき0.004mg以下であること。	日本工業規格K0125の5.1、5.2、5.3.1または5.3.2に定める方法
1,1-ジクロロエチレン	検液1ℓにつき0.02mg以下であること。	日本工業規格K0125の5.1、5.2または5.3.2に定める方法
シス-1,2-ジクロロエチレン	検液1ℓにつき0.04mg以下であること。	日本工業規格K0125の5.1、5.2または5.3.2に定める方法
1,1,1-トリクロロエタン	検液1ℓにつき1mg以下であること。	日本工業規格K0125の5.1、5.2、5.3.1、5.4.1または5.5に定める方法
1,1,2-トリクロロエタン	検液1ℓにつき0.006mg以下であること。	日本工業規格K0125の5.1、5.2、5.3.1、5.4.1または5.5に定める方法
トリクロロエチレン	検液1ℓにつき0.03mg以下であること。	日本工業規格K0125の5.1、5.2、5.3.1、5.4.1または5.5に定める方法

テトラクロロエチレン	検液1ℓにつき0.01mg以下であること。	日本工業規格K0125の5.1、5.2、5.3.1、5.4.1または5.5に定める方法
1,3-ジクロロプロペン	検液1ℓにつき0.002mg以下であること。	日本工業規格K0125の5.1、5.2または5.3.1に定める方法
チウラム	検液1ℓにつき0.006mg以下であること。	昭和46年12月環境庁告示第59号付表4に掲げる方法
シマジン	検液1ℓにつき0.003mg以下であること。	昭和46年12月環境庁告示第59号付表5の第1または第2に掲げる方法
チオベンカルブ	検液1ℓにつき0.02mg以下であること。	昭和46年12月環境庁告示第59号付表5の第1または第2に掲げる方法
ベンゼン	検液1ℓにつき0.01mg以下であること。	日本工業規格K0125の5.1、5.2または5.3.2に定める方法
セレン	検液1ℓにつき0.01mg以下であること。	規格67.2または67.3に定める方法
ふっ素	検液1ℓにつき0.8mg以下であること。	規格34.1に定める方法または昭和46年12月環境庁告示第59号付表6に掲げる方法
ほう素	検液1ℓにつき1mg以下であること。	規格47.1若しくは47.3に定める方法または昭和46年12月環境庁告示第59号付表7に掲げる方法

備考	
1	環境上の条件のうち検液中濃度に係るものにあっては付表に定める方法により検液を作成し、これを用いて測定を行うものとする。
2	カドミウム、鉛、六価クロム、砒(ひ)素、総水銀、セレン、ふっ素及びほう素に係る環境上の条件のうち検液中濃度に係る値にあっては、汚染土壌が地下水面から離れており、かつ、原状において当該地下水中のこれらの物質の濃度がそれぞれ地下水1ℓにつき0.01mg、0.01mg、0.05mg、0.01mg、0.0005mg、0.01mg、0.8mg及び1mgを超えていない場合には、それぞれ検液1ℓにつき0.03mg、0.03mg、0.15mg、0.03mg、0.0015mg、0.03mg、2.4mg及び3mgとする。
3	「検液中に検出されないこと」とは、測定方法の欄に掲げる方法により測定した場合において、その結果が当該方法の定量限界を下回ることをいう。
4	有機燐(りん)とは、パラチオン、メチルパラチオン、メチルジメトン及びEPNをいう。

付表

検液は、次の方法により作成するものとする。

1. カドミウム、全シアン、鉛、六価クロム、砒(ひ)素、総水銀、アルキル水銀、PCB及びセレンは、次の方法による。

(1) 採取した土壌の取扱い

採取した土壌はガラス製容器または測定の対象とする物質が吸着しない容器に収める。試験は

土壌採取後直ちに行う。試験を直ちに行えない場合には、暗所に保存し、できるだけ速やかに試験を行う。

(2) 試料の作成

採取した土壌を風乾し、中小礫、木片等を除き、土塊、団粒を粗砕した後、非金属製の2mmの目ふるいを通過させて得た土壌を十分混合する。

(3) 試料液の調製

試料（単位g）と溶媒（純水に塩酸を加え、水素イオン濃度指数が5.8以上6.3以下となるようにしたもの）（単位mℓ）とを質量体積比10％の割合で混合し、かつ、その混合液が500mL以上となるようにする。

(4) 溶出

調製した試料液を常温（おおむね20℃）常圧（おおむね1気圧）で振とう機（あらかじめ振とう回数を毎分約200回に、振とう幅を4cm以上5cm以下に調整したもの）を用いて、6時間連続して振とうする。

(5) 検液の作成

(1)から(4)の操作を行って得られた試料液を10分から30分程度静置後、毎分約3,000回転で20分間遠心分離した後の上澄み液を孔径0.45μmのメンブランフィルターでろ過してろ液を取り、定量に必要な量を正確に計り取って、これを検液とする。

2．ジクロロメタン、四塩化炭素、1,2－ジクロロエタン、1,1－ジクロロエチレン、シス－1,2－ジクロロエチレン、1,1,1－トリクロロエタン、1,1,2－トリクロロエタン、トリクロロエチレン、テトラクロロエチレン、1,3－ジクロロプロペン及びベンゼンは、次の方法による。

(1) 採取した土壌の取扱い

これらの物質は揮発性が高いので、採取した土壌は密封できるガラス製容器または測定の対象とする物質が吸着しない容器に空げきが残らないように収める。試験は土壌採取後直ちに行う。試験を直ちに行えない場合には、4℃以下の冷暗所に保存し、できるだけ速やかに試験を行う。ただし、1,3－ジクロロプロペンに係る土壌にあっては、凍結保存するものとする。

(2) 試料の作成

採取した土壌からおおむね粒径5mmを超える中小礫、木片等を除く。

(3) 試料液の調製

あらかじめかくはん子を入れたねじ口付三角フラスコに試料（単位g）と溶媒（純水に塩酸を加え、水素イオン濃度指数が5.8以上6.3以下となるようにしたもの）（単位mℓ）とを質量体積比10％の割合となるようにとり（注1）（注2）、速やかに密栓する。このとき、混合液が500mℓ以上となるようにし、かつ、混合液に対するねじ口付三角フラスコのヘッドスペースができるだけ少なくなるようにする。

(4) 溶出

調製した試料液を常温（おおむね20℃）常圧（おおむね1気圧）に保ちマグネチックスターラーで4時間連続してかくはんする（注3）。

(5) 検液の作成

(1)から(4)の操作を行って得られた試料液を10分から30分程度静置後、ガラス製注射筒に静かに吸い取り、孔径0.45μmのメンブランフィルターを装着したろ紙ホルダー（用いるメンブランフィルターの直径に適合するものであってステンレス製またはこれと同等以上の材質によるもの）を接続して注射筒の内筒を押し、空気及び始めの数mLを排出し、次に共栓付試験管にろ液を分取し、定量に必要な量を正確に計り取って、これを検液とする（注4）。

（注1）使用するねじ口付三角フラスコに使用するかくはん子を入れ質量を測定する。これに水を満たして密栓し、その質量を測定する。前後の質量の差からねじ口付三角フラスコの空げき容量（単位mL）を求める。一度空げき容量を測定しておけば、同一容器及び同一かくはん子を用いることとすれば毎回測定する必要はなく、2回目以降はその空げき容量を用いてよい。

（注2）試料1g当たりの体積（mL）を測定し、（注1）により求めた空げき容量からヘッドスペースを残さないように加える水の量を調整してもよい。

（注3）試料と水が均一に混じってかくはんされるようマグネチックスターラーを調整すること。また、試料液が発熱しないようにすること。

（注4）ろ液の分取後測定までの操作中、測定の対象とする物質が損失しないように注意すること。

3．有機燐（りん）、チウラム、シマジン及びチオベンカルブは、次の方法による。

(1) 採取した土壌の取扱い

採取した土壌はガラス製容器または測定の対象とする物質が吸着しない容器に収める。試験は土壌採取後直ちに行う。試験を直ちに行えない場合には、凍結保存し、できるだけ速やかに試験を行う。

(2) 試料の作成

採取した土壌を風乾し、中小礫、木片等を除き、土塊、団粒を粗砕した後、非金属製の2mmの目のふるいを通過させて得た土壌を十分混合する。

(3) 試料液の調製

試料（単位g）と溶媒（純水に塩酸を加え、水素イオン濃度指数が5.8以上6.3以下となるようにしたもの）（単位mL）とを質量体積比10％の割合で混合し、かつ、その混合液が1,000mL以上となるようにする。

(4) 溶出

調製した試料液を常温（おおむね20℃）常圧（おおむね1気圧）で振とう機（あらかじめ振とう回数を毎分約200回に、振とう幅を4cm以上5cm以下に調整したもの）を用いて、6時間連続して振とうする。

(5) 検液の作成

(1)から(4)の操作を行って得られた試料液を10分から30分程度静置後、毎分約3,000回転で20分間遠心分離した後の上澄み液を孔径0.45μmのメンブランフィルターでろ過してろ液を取り、定量に必要な量を正確に計り取って、これを検液とする。

4．ふっ素及びほう素は、次の方法による。
(1) 採取した土壌の取扱い
　　　採取した土壌はポリエチレン製容器または測定の対象とする物質が吸着若しくは溶出しない容器に収める。試験は土壌採取後直ちに行う。試験を直ちに行えない場合には、暗所に保存し、できるだけ速やかに試験を行う。
(2) 試料の作成
　　　採取した土壌を風乾し、中小礫、木片等を除き、土塊、団粒を粗砕した後、非金属製の2mmの目のふるいを通過させて得た土壌を十分混合する。
(3) 試料液の調製
　　　試料（単位g）と溶媒（純水に塩酸を加え、水素イオン濃度指数が5.8以上6.3以下となるようにしたもの）（単位ml）とを質量体積比10％の割合で混合し、かつ、その混合液が500ml以上となるようにする。
(4) 溶出
　　　調製した試料液を常温（おおむね20℃）常圧（おおむね1気圧）で振とう機（あらかじめ振とう回数を毎分約200回に、振とう幅を4cm以上5cm以下に調整したもの）を用いて、6時間連続して振とうする。振とう容器は、ポリエチレン製容器または測定の対象とする物質が吸着若しくは溶出しない容器を用いる。
(5) 検液の作成
　　　(1)から(4)の操作を行って得られた試料液を10分から30分程度静置後、毎分約3,000回転で20分間遠心分離した後の上澄み液を孔径0.45μmのメンブランフィルターでろ過してろ液を取り、定量に必要な量を正確に計り取って、これを検液とする。

2．土壌汚染対策法施行規則（抄）

平成14年12月26日
環境省令第29号

最終改正　平成17環境省令28

（指定区域の指定に係る基準）

第18条　法第5条第1項の環境省令で定める基準のうち土壌に水を加えた場合に溶出する特定有害物質の量に関するものは、特定有害物質の量を第5条第3項第4号の環境大臣が定める方法により測定した結果が、別表第二の上欄に掲げる特定有害物質の種類の区分に応じ、それぞれ同表の下欄に掲げる要件に該当することとする。

2　法第5条第1項の環境省令で定める基準のうち土壌に含まれる特定有害物質の量に関するものは、特定有害物質の量を第5条第4項第2号の環境大臣が定める方法により測定した結果が、別表第三の上欄に掲げる特定有害物質の種類の区分に応じ、それぞれ同表の下欄に掲げる要件に該当することとする。

別表第二　（第18条第1項関係）

特定有害物質の種類	要　件
カドミウム及びその化合物	検液一リットルにつきカドミウム〇・〇一ミリグラム以下であること。
六価クロム化合物	検液一リットルにつき六価クロム〇・〇五ミリグラム以下であること。
シマジン	検液一リットルにつき〇・〇〇三ミリグラム以下であること。
シアン化合物	検液中にシアンが検出されないこと。
チオベンカルブ	検液一リットルにつき〇・〇二ミリグラム以下であること。
四塩化炭素	検液一リットルにつき〇・〇〇二ミリグラム以下であること。
一・二―ジクロロエタン	検液一リットルにつき〇・〇〇四ミリグラム以下であること。
一・一―ジクロロエチレン	検液一リットルにつき〇・〇二ミリグラム以下であること。
シス―一・二―ジクロロエチレン	検液一リットルにつき〇・〇四ミリグラム以下であること。
一・三―ジクロロプロペン	検液一リットルにつき〇・〇〇二ミリグラム以下であること。
ジクロロメタン	検液一リットルにつき〇・〇二ミリグラム以下であること。
水銀及びその化合物	検液一リットルにつき水銀〇・〇〇〇五ミリグラム以下であり、かつ、検液中にアルキル水銀が検出されないこと。

セレン及びその化合物	検液一リットルにつきセレン〇・〇一ミリグラム以下であること。
テトラクロロエチレン	検液一リットルにつき〇・〇一ミリグラム以下であること。
チウラム	検液一リットルにつき〇・〇〇六ミリグラム以下であること。
一・一・一―トリクロロエタン	検液一リットルにつき一ミリグラム以下であること。
一・一・二―トリクロロエタン	検液一リットルにつき〇・〇〇六ミリグラム以下であること。
トリクロロエチレン	検液一リットルにつき〇・〇三ミリグラム以下であること。
鉛及びその化合物	検液一リットルにつき〇・〇一ミリグラム以下であること。
砒素及びその化合物	検液一リットルにつき砒素〇・〇一ミリグラム以下であること。
ふっ素及びその化合物	検液一リットルにつきふっ素〇・八ミリグラム以下であること。
ベンゼン	検液一リットルにつき〇・〇一ミリグラム以下であること。
ほう素及びその化合物	検液一リットルにつきほう素一ミリグラム以下であること。
ポリ塩化ビフェニル	検液中に検出されないこと。
有機りん化合物	検液中に検出されないこと。

別表第三　（第18条第2項関係）

特定有害物質の種類	要　件
カドミウム及びその化合物	土壌一キログラムにつきカドミウム百五十ミリグラム以下であること。
六価クロム化合物	土壌一キログラムにつき六価クロム二百五十ミリグラム以下であること。
シアン化合物	土壌一キログラムにつき遊離シアン五十ミリグラム以下であること。
水銀及びその化合物	土壌一キログラムにつき水銀十五ミリグラム以下であること。
セレン及びその化合物	土壌一キログラムにつきセレン百五十ミリグラム以下であること。
鉛及びその化合物	土壌一キログラムにつき鉛百五十ミリグラム以下であること。
砒素及びその化合物	土壌一キログラムにつき砒素百五十ミリグラム以下であること。
ふっ素及びその化合物	土壌一キログラムにつきふっ素四千ミリグラム以下であること。
ほう素及びその化合物	土壌一キログラムにつきほう素四千ミリグラム以下であること。

3．土壌含有量調査に係る測定方法を定める件

平成15年3月6日
環境省告示第19号

　土壌汚染対策法施行規則（平成十四年環境省令第二十九号）第五条第四項第二号の規定に基づき、環境大臣が定める土壌含有量調査に係る測定方法を次のように定める。

　土壌汚染対策法施行規則第五条第四項第二号の環境大臣が定める土壌含有量調査に係る測定方法は、次のとおりとする。

一　別表の特定有害物質の種類の欄に掲げる特定有害物質について付表に掲げる方法により作成した検液ごとに、別表の測定方法の欄に掲げる方法により調査対象物質の量を測定すること。

二　付表の2により作成した試料の質量とこれを摂氏百五度で約四時間乾燥して得たものの質量とを比べて当該試料に含まれる水分の量を測定し、一により測定された調査対象物質の量を当該乾燥して得たもの一キログラムに含まれる量に換算すること。

別表

特定有害物質の種類	測定方法
カドミウム及びその化合物	日本工業規格K0102（以下「規格」という。）55に定める方法
六価クロム化合物	規格65.2に定める方法
シアン化合物	規格38に定める方法（規格38.1に定める方法を除く。）
水銀及びその化合物	昭和46年12月環境庁告示第59号（水質汚濁に係る環境基準について）（以下「水質環境基準告示」という。）付表1に掲げる方法
セレン及びその化合物	規格67.2または67.3に定める方法
鉛及びその化合物	規格54に定める方法
砒（ひ）素及びその化合物	規格61に定める方法
ふっ素及びその化合物	規格34.1に定める方法または規格34.1ｃ）（注＃6第3文を除く。）に定める方法及び水質環境基準告示付表6に掲げる方法
ほう素及びその化合物	規格47.1若しくは47.3に定める方法または水質環境基準告示付表7に掲げる方法

付表

　検液は、以下の方法により作成するものとする。

1　採取した土壌の取扱い

　　採取した土壌はポリエチレン製容器または測定の対象とする物質が吸着若しくは溶出しない容器に収める。試験は土壌採取後直ちに行う。試験を直ちに行えない場合には、暗所に保存し、で

きるだけ速やかに試験を行う。
2 試料の作成

採取した土壌を風乾し、中小礫、木片等を除き、土塊、団粒を粗砕した後、非金属製の2mmの目のふるいを通過させて得た土壌を十分混合する。

3 検液の作成

(1) カドミウム及びその化合物、水銀及びその化合物、セレン及びその化合物、鉛及びその化合物、砒〈ひ〉素及びその化合物、ふっ素及びその化合物及びほう素及びその化合物については、次の方法による。

　ア 試料液の調製

　　試料6g以上を量り採り、試料（単位g）と溶媒（純水に塩酸を加え塩酸が1mol/ℓとなるようにしたもの）（単位mℓ）とを重量体積比3％の割合で混合する。

　イ 溶出

　　調製した試料液を室温（おおむね25℃）常圧（おおむね1気圧）で振とう機（あらかじめ振とう回数を毎分約200回に、振とう幅を4cm以上5cm以下に調整したもの）を用いて、2時間連続して振とうする。振とう容器は、ポリエチレン製容器または測定の対象とする物質が吸着若しくは溶出しない容器であって、溶媒の1.5倍以上の容積を持つものを用いる。

　ウ 検液の作成

　　イの振とうにより得られた試料液を10分から30分程度静置後、必要に応じ遠心分離し、上澄み液を孔径0.45μmのメンブランフィルターでろ過してろ液を採り、定量に必要な量を正確に量り採って、これを検液とする。

(2) 六価クロム化合物については、次の方法による。

　ア 試料液の調製

　　試料6g以上を量り採り、試料（単位g）と溶媒（純水に炭酸ナトリウム0.005mol（炭酸ナトリウム（無水物）0.53g）及び炭酸水素ナトリウム0.01mol（炭酸水素ナトリウム0.84g）を溶解して1ℓとしたもの）（単位mℓ）とを重量体積比3％の割合で混合する。

　イ 溶出

　　調製した試料液を室温（おおむね25℃）常圧（おおむね1気圧）で振とう機（あらかじめ振とう回数を毎分約200回に、振とう幅を4cm以上5cm以下に調整したもの）を用いて、2時間連続して振とうする。振とう容器は、ポリエチレン製容器または測定の対象とする物質が吸着若しくは溶出しない容器であって、溶媒の1.5倍以上の容積を持つものを用いる。

　ウ 検液の作成

　　イの振とうにより得られた試料液を10分から30分程度静置後、必要に応じ遠心分離し、上澄み液を孔径0.45μmのメンブランフィルターでろ過してろ液を採り、定量に必要な量を正確に量り採って、これを検液とする。

(3) シアン化合物については、次の方法による。

　ア 試料5～10gを蒸留フラスコに量り採り、水250mℓを加える。

イ 指示薬としてフェノールフタレイン溶液（5g/ℓ；フェノールフタレイン0.5gをエタノール（95％）50mℓに溶かし、水を加えて100mℓとしたもの）数滴を加える。アルカリの場合は、溶液の赤い色が消えるまで硫酸（1＋35）で中和する。

ウ 酢酸亜鉛溶液（100g/ℓ；酢酸亜鉛（二水塩）100gを水に溶かして1ℓとしたもの）20mℓを加える。

エ 蒸留フラスコを蒸留装置に接続する。受器には共栓メスシリンダー250mℓを用い、これに水酸化ナトリウム溶液（20g/ℓ）30mℓを入れ、冷却管の先端を受液中に浸す。なお、蒸留装置の一例は別図のとおりである。

オ 蒸留フラスコに硫酸（1＋35）10mℓを加える。

カ 数分間放置した後蒸留フラスコを加熱し、留出速度2～3mℓ/分で蒸留する（注1）。受器の液量が約180mℓになったら、冷却管の先端を留出液から離して蒸留を止める。冷却管の内外を少量の水で洗い、洗液は留出液と合わせる。

キ フェノールフタレイン溶液（5g/ℓ）2～3滴を加え、開栓中にシアン化物イオンがシアン化水素となって揮散しないよう手早く酢酸（1＋9）で中和し、水を加えて250mℓとし、これを検液とする（注2）。

(注1) 留出速度が速いとシアン化水素が完全に留出しないので、3mℓ/分以上にしない。また、蒸留中、冷却管の先端は常に液面下15mmに保つようにする。

(注2) 留出液中に硫化物イオンが共存すると、ピリジン―ピラゾロン法等の吸光光度法で負の誤差を生ずるので、硫化物の多い試料については、酢酸亜鉛アンモニア溶液（酢酸亜鉛二水和物12gに濃アンモニア水35mℓを加え、さらに水を加えて100mℓとしたもの）10mℓを加えて沈殿除去する。

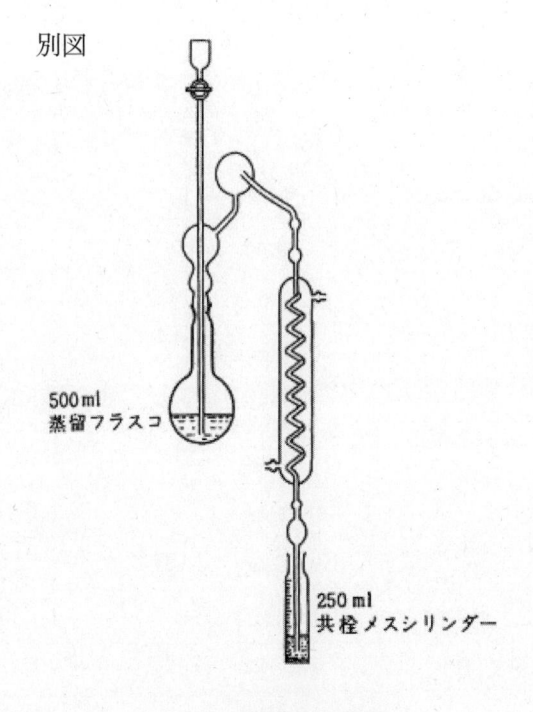

別図

シアン蒸留装置（例）

4．環境リスク評価基準値

　本マニュアルにおける環境リスク評価基準値は、「土壌の汚染に係る環境基準について」（平成3年環境庁告示第46号）（水田にのみ適用される銅の溶出量基準を除く。）及び「土壌汚染対策法施行規則」（平成14年環境省令第29号）第18条第1項及び別表第2で定めている有害物質の溶出量と、「土壌汚染対策法施行規則」第18条第2項及び別表第3で定めている有害物質の含有量の値を採用しており、まとめると次表のようになる。

11．本マニュアルにおける環境リスク評価基準値
（溶融スラグ等高温で溶融もしくは同等の処理したものは○印だけを採用）

項　目	溶出量基準	含有量基準
○カドミウム及びその化合物	0.01mg/ℓ以下	150mg/kg以下
○六価クロム化合物	0.05mg/ℓ以下	250mg/kg以下
シマジン	0.003mg/ℓ以下	
シアン化合物	検出されない事	50mg/kg以下（遊離シアン）
チオベンカルブ	0.02mg/ℓ以下	
四塩化炭素	0.002mg/ℓ以下	
1,2-ジクロロエタン	0.004mg/ℓ以下	
1,1-ジクロロエチレン	0.02mg/ℓ以下	
シス-1,2-ジクロロエチレン	0.04mg/ℓ以下	
1,3-ジクロロプロペン	0.002mg/ℓ以下	
ジクロロメタン	0.02mg/ℓ以下	
○水銀及びその化合物	0.0005mg/ℓ以下	15mg/kg以下
○セレン及びその化合物	0.01mg/ℓ以下	150mg/kg以下
テトラクロロエチレン	0.01mg/ℓ以下	
チウラム	0.006mg/ℓ以下	
1,1,1-トリクロロエタン	1mg/ℓ以下	
1,1,2-トリクロロエタン	0.006mg/ℓ以下	
トリクロロエチレン	0.03mg/ℓ以下	
○鉛及びその化合物	0.01mg/ℓ以下	150mg/kg以下
○砒素及びその化合物	0.01mg/ℓ以下	150mg/kg以下
ふっ素及びその化合物	0.8mg/ℓ以下	4,000mg/kg以下
ベンゼン	0.01mg/ℓ以下	
ほう素及びその化合物	1mg/ℓ以下	4,000mg/kg以下
ポリ塩化ビフェニル（ＰＣＢ）	検出されないこと	
有機リン化合物	検出されないこと	
アルキル水銀	検出されないこと	

建設工事における他産業リサイクル材料
利用技術マニュアル

2006年4月10日　第1版第1刷発行

編　著　独立行政法人土木研究所

発行者　松　林　久　行
発行所　株式会社大成出版社
　　　　東京都世田谷区羽根木1—7—11
　　　　〒156-0042　電話 03(3321)4131(代)
　　　　http://www.taisei-shuppan.co.jp/

©2006　独立行政法人土木研究所　　　　印刷　亜細亜印刷
落丁・乱丁はおとりかえいたします。
ISBN4-8028-9263-2

R100
古紙配合率100%再生紙を使用しています

◎好評発売中の建設リサイクル関連図書◎

「建設リサイクル法」で再資源化等が義務付けられている建設発生木材。
土木工事での現場内利用を中心に、
法制度や木質の特性を活かしたリサイクル方法を詳しく紹介!

土木工事現場における現場内利用を主体とした

建設発生木材リサイクルの手引き(案)

[編著] 独立行政法人 土木研究所

●B5判 ●130頁
●定価1,995円
　（本体1,900円）

【総　論】発生・リサイクルの現状やリサイクルの考え方、「廃棄物処理法」や「建設リサイクル法」などの法規制を詳しく解説。
【技術編】品質区分と適用用途、チップ化、リサイクル方法、現場における用途別利用方法などを技術的な側面から詳しく解説。
【資料編】リサイクルに関する各種制度、再生利用技術の概要、現場での事例集など豊富な資料を同時収録。

建設リサイクルの基礎資料を手のひらサイズにコンパクトに収録!
建設リサイクルハンドブック2006
編集／建設リサイクルハンドブック編纂研究会
●B6判・420頁・定価1,575円（本体1,500円）
ハンディサイズに情報満載。建設副産物の現状や推進計画2002、発生土等の有効利用に関する行動計画、建設リサイクルのルール、要綱・通知類、各種法令などを収録した、必要なときにすぐ見られる基礎資料集の決定版!!

建設発生土等の有効利用推進方策がこの1冊で良くわかる!
建設発生土等有効利用必携
編著／建設発生土等有効利用研究会
●A4判・160ページ・定価1,680円（本体1,600円）
建設発生土等有効利用検討会での議論（報告）から建設発生土等の有効利用に関する行動計画（平成15年10月国土交通省策定）の内容等、具体的な施策がよくわかる。建設発生土等の有効利用に関するルール（法令等）を網羅し、計画・設計段階から工事完了までの各段階における実務上の留意点を簡潔に解説!!

平成14年5月30日に全面施行となった建設リサイクル法の本邦唯一の逐条解説書
改訂版 建設リサイクル法の解説
編著／建設リサイクル法研究会
●A5判・340ページ・定価2,625円（本体2,500円）
条文ごとにその趣旨や内容のポイントを記述、用語の定義や対象建設工事の考え方、書面の記載内容などの関連するQ&Aを交えて詳しく解説。

建設リサイクル法全面施行に完全対応!
新訂 建設副産物適正処理推進要綱の解説
編集／建設副産物適正処理推進要綱広報推進会議
●A5判・352ページ・定価2,310円（本体2,200円）
循環型社会の形成を推進するための数多くの法令等の制定・改定を踏まえ、平成14年5月30日に新たに改正された「建設副産物適正処理推進要綱」の内容を、キーワードや豊富な資料を盛り込み逐条解説。

建設リサイクル法に基づく届出の作成等、事務手続が良く分かる!
改訂版 建設リサイクル法に関する工事届出等の手引(案)
編著／建設リサイクル法実務手続研究会
●A4判・140ページ・定価630円（本体600円）
建設リサイクル法における分別解体等・再資源化等など、基礎情報を整理、解説。対象建設工事における届出の方法を記述するとともに、届出書のパターンごとの記載の方法と法定以外の様式類の標準様式を例示。

建設汚泥リサイクル推進のための関係者必携の書
建設汚泥リサイクル指針
編著／㈶先端建設技術センター
●A4判・268ページ・定価4,935円（本体4,700円）
建設汚泥のリサイクル推進について「総論」「制度編」「技術編」に分け、最新の知見、諸制度についての解説を加えてとりまとめた指針を収録。各項目にわたって関係諸制度の内容や施工事例等、豊富なデータも同時に収録。

建設副産物・リサイクルの総合情報誌
季刊 建設リサイクル
企画・編集／建設副産物リサイクル広報推進会議
●年4回発行・A4判・定価1,260円（本体1,200円）／定期（年間）購読料5,760円〈送料込〉
学界・官界・建設産業界の第一線で活躍中の実務者により、建設リサイクルを取り巻く法制度の動向や新たな技術開発等を、わかりやすく紹介。最新情報が満載の総合情報誌。

建設リサイクル実務のすべてをカバーする実務法規集の決定版!
建設リサイクル実務要覧 加除式
編集／建設リサイクル実務要覧編纂研究会
●A5判・全3巻・定価9,240円（本体8,800円）
建設リサイクル推進の中心となる「建設リサイクル法」「廃棄物処理法」の他、関係諸法令等を完全収録!掲載内容に変更がある場合は、最新情報を盛り込んだ「追録」をお届けします。